微电子专业教材

# 新型微电子器件前沿导论

姜岩峰　张曙斌　汤思达　强 天　于平平　编著

化学工业出版社
·北京·

## 内容简介

本书帮助读者掌握新型电子器件的工作原理，了解微电子专业的发展趋势，主要内容包括半导体存储器、新型微能源器件、射频器件、新型集成无源器件、新型有机半导体器件。

本书适合微电子科学与工程专业本科生及研究生使用，也可供微电子技术研究人员参考。

**图书在版编目（CIP）数据**

新型微电子器件前沿导论 / 姜岩峰等编著. —北京：化学工业出版社，2022.5

ISBN 978-7-122-40934-8

Ⅰ. ①新… Ⅱ. ①姜… Ⅲ. ①微电子技术-电子器件-研究 Ⅳ. ①TN4

中国版本图书馆 CIP 数据核字（2022）第 039493 号

责任编辑：宋　辉
文字编辑：毛亚囡
责任校对：宋　玮
装帧设计：王晓宇

出版发行：化学工业出版社
（北京市东城区青年湖南街 13 号　邮政编码 100011）
印　　装：三河市延风印装有限公司
787mm × 1092mm　1/16　印张 12½　字数 300 千字
2022 年 7 月北京第 1 版第 1 次印刷

购书咨询：010-64518888
售后服务：010-64518899
网　　址：http://www.cip.com.cn
凡购买本书，如有缺损质量问题，本社销售中心负责调换。

定　　价：56.00 元　

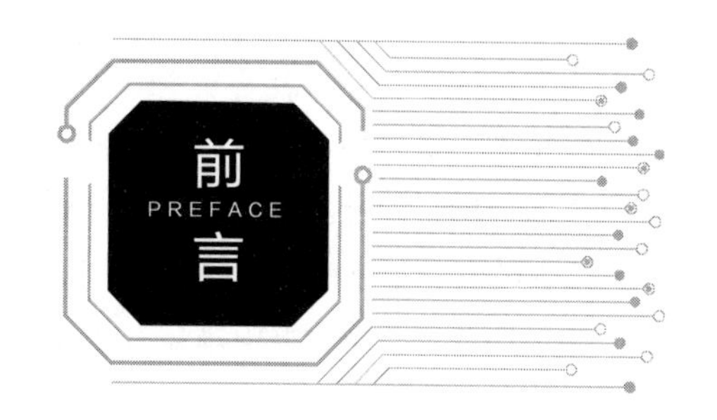


微电子学是信息领域的重要基础学科，它研究并实现信息的获取、传输、储存、处理和输出，是研究信息载体的科学，构成了信息科学的基石，其发展水平直接影响着整个信息技术的发展。

微电子技术最重要的应用领域就是计算机技术。计算机的发展建立在微电子技术基础之上，而计算机应用领域的拓宽，反过来更促进了微电子技术的发展。除了计算机以外，微电子技术在其他方面的应用也相当广泛，包括通信卫星、信息高速公路、气象预报、医疗卫生、能源、交通和日常生活等，各个领域无不渗透着微电子技术。

微电子技术影响着一个国家的综合国力以及人们的工作方式、生活方式和思维方式，被看作新技术革命的核心技术。毫不夸张地说，没有微电子，就没有今天的信息产业，就不可能有计算机、现代通信、网络等产业的发展，就没有今天的信息社会。因此，许多国家都将微电子技术作为重要的战略技术并高度重视，投入大量的人力、财力和物力进行研究和开发。

我国是全球最大的芯片市场。2018 年中兴事件“一石激起千层浪”，引起全国人民关心集成电路产业、关心“芯片”。大家都在问：为什么我国集成电路产业老是落后？其他行业都上去了，为什么集成电路还要国家用大量外汇进口？

以上问题，很难用几句话回答清楚。笔者认为，与其争论难有结果，不如各尽其职，发扬“钉子”精神，认真钻研，团结合作，力所能及地为国家集成电路技术和产业的发展添砖加瓦，贡献力量。

笔者从事微电子学高等教育多年，深感相关高等人才培养的艰辛。在实际教学和科研工作中，笔者切身感受到微电子技术令人眼花缭乱的更新迭代速度，作为长期奋战在科研第一线的高等教育工作者，非常希望将最新的研究进展与本科教学有机结合起来，使微电子专业的本科生在深入学习专业基础课程的同时，能够通过限选或选修的方式接触到微电子的前沿进展技术，这对于学生专业知识的培养无疑是非常有利的。

根据以上思路，江南大学微电子专业的教师在教学中增加了“新型微电子器件前沿导论”专业选修课，目的是作为专业基础课“半导体器件物理”的重要补充，使学生在系统学习半导体器件相关工作原理的基础上，通过本课程的学习，能够接触到目前前沿的热点研究内容，通过相关学习，达到“学以致用”的目的。

本书由江南大学微电子专业的姜岩峰、张曙斌、汤思达、强天和于平平编著，江南大学研究生丁艳艳、李岚钰、段伟、陈荣鹏、冯仕亮进行了整理工作，在此表示感谢。

本教材的目的是介绍近年来新发展的微电子器件的主要原理和特点，起到前沿导论的作用，可供微电子专业相关本科生、研究生、工程技术人员使用。由于微电子学及其产业发展迅猛，限于编著者水平，书中难免有疏漏之处，请读者不吝指出。

编著者

全书习题答案
扫码获取

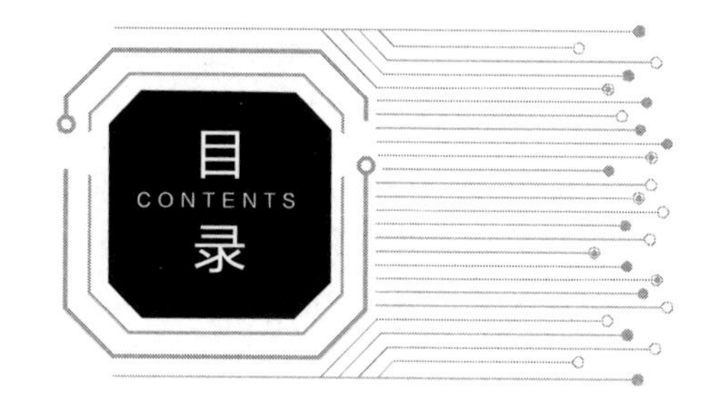
目
CONTENTS
录

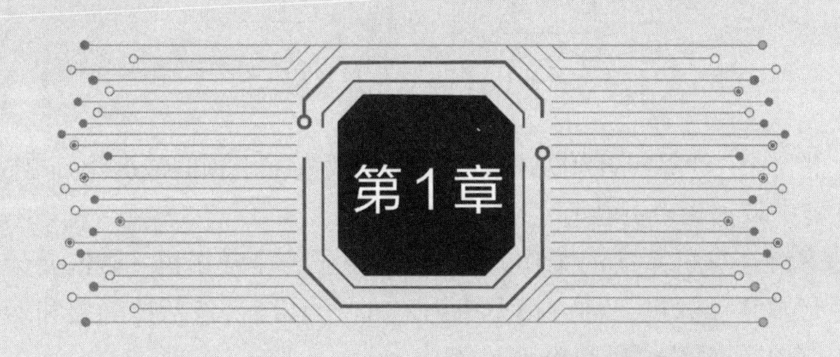


# 半导体存储器

## 1.1 存储器系统

存储器是计算机系统的重要组成部分，它在计算机中的作用是存放程序和数据。计算机是以存储程序的方式工作的，即计算机根据事先存入存储器中的程序来运行，因而存储器不仅使计算机具有记忆存储功能，而且是计算机能够自动运行的基础。

存储器是计算机的核心部件之一，直接影响着整个计算机系统的性能。不同类型的存储器件性能和成本都有较大差异，因此如何以合理的成本搭建出容量和速度都满足要求的存储器系统，始终是计算机体系结构设计中的关键问题。计算机体系结构的改进，一方面是不断提高存储器的存储速度，另一方面则是硬件结构上的不断完善。

本章简要介绍常用存储器件的结构和特点，讲述现代计算机系统中存储器的分层构建策略及关键技术。

为了更好地理解存储器在计算机系统结构中的作用，在此介绍经典的计算机体系结构——冯·诺依曼结构。

冯·诺依曼结构示意图（图 1-1）具有如下 3 个主要特征。

① 计算机以存储器为中心，由 5 大部分组成。其中，运算器用于数据处理；存储器用于存储程序和数据；控制器对程序代码进行编译并产生各种控制信号，从而协调各部件的工作；输入设备和输出设备则主要用于实现人机交互功能。

② 计算机内部的控制信息（图 1-1 中的虚线）和数据信息（图 1-1 中的实线）均采用二进制数表示，存放在存储器中。

③ 计算机按预先存储的程序工作，编译好的程序（包括指令和数据）预先经由输入设备

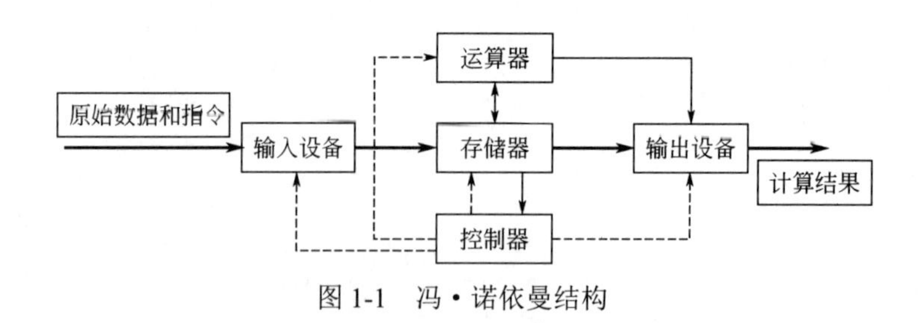

图 1-1　冯 • 诺依曼结构

输入并保存在存储器中；计算机开始工作后，在不需要人工干预的情况下，由控制器自动、高速地依次从存储器中取出指令并执行。

为了更好地理解计算机系统的工作，图 1-2 给出了一个基于冯 • 诺依曼架构的模型机结构。与复杂的现代数字计算机一样，模型机由 CPU 子系统（包括控制器和运算器）、存储器子系统和输入/输出子系统通过总线互连而成。

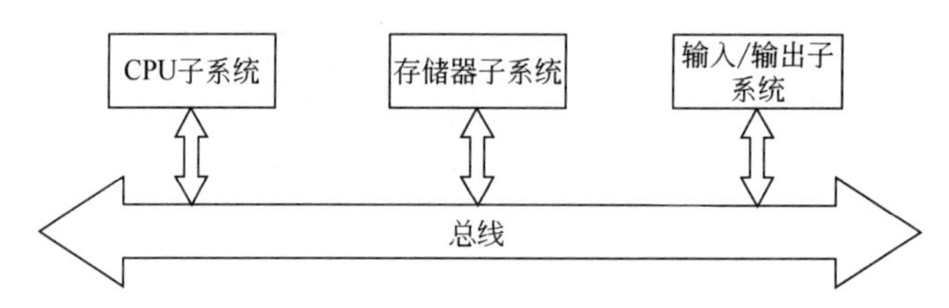

图 1-2　基于冯 • 诺依曼架构的模型机结构

## 1.1.1　存储器件的分类

存储器由存储介质（如半导体、磁和光等）和读/写数据的控制电路组成。不同的存储介质，采用不同的存储原理，而不同的读/写控制电路则决定了数据的存取方式。

（1）按存储介质分类

按存储介质分类，存储器可分为半导体存储器、磁介质存储器和光介质存储器。

① 半导体存储器　半导体存储器存取速度快，但成本较高，适合存放少量频繁使用的数据。根据不同的制造工艺和电路结构，半导体存储器可分为双极型、MOS、ECL 和 $I^2L$ 等多种类型；而根据在掉电后存储器内容是否仍然能够保存，半导体存储器可分为易失性和非易失性两大类。

对于目前常用的双极型半导体存储器和 MOS 型半导体存储器而言，前者的主要优点是存取时间短（通常为几纳秒到几十纳秒），但其集成度低，功耗大，而且价格较高，因此主要用于要求存取时间非常短的特殊应用场合；而由 MOS 工艺制造的随机存取存储器（Random Access Memory，RAM）集成度高，价格也比较便宜，因此大量应用在计算机系统中。

a. 易失性存储器　易失性存储器是指需要持续维持电源供应才能确保存储内容不变化丢失的存储器。换句话说，一旦电源供应中止，易失性存储器存储的内容就会改变。最常见的 MOS 型 RAM 就是易失性存储器，其有两种基本类型：静态 RAM（Static RAM，SRAM）和动态 RAM（Dynamic RAM，DRAM）。

SRAM 完全由晶体管实现，其基本存储单元是双稳态电路，存储的信息由双稳态电路的逻辑状态表征。

DRAM 则使用晶体管和电容实现，存储的信息由电容上的电位来表征。电容总存在充电/放电回路，因此即使不访问存储器，电容上的电荷也会发生变化，从而引起电位变化并导致存储信息的丢失。所以 DRAM 为保持存储的信息不丢失，需要定期刷新（类似于读/写访问），刷新周期为每秒几百甚至上千次。

由于 DRAM 存储器结构简单，其密度明显高于 SRAM，但因为不能在刷新操作的同时执行读/写操作，所以存取速度低于 SRAM。

在计算机系统中，一般采用速度较快但成本较高的 SRAM 构成高速缓冲存储器（Cache），而主存则一般采用成本较低、速度较慢，但集成度高的 DRAM 构成。

b. 非易失性存储器　非易失性存储器（No-volatile Memory，NVM）是指存储器的数据一直能够保持，即使系统掉电后，存储的数据也不受影响。但这种非易失性存储器的写速度较慢，且重写次数有限，所以如何提高写速度、如何提高读写次数，成为这一类存储器研究的主要内容。

最早的 NVM 是只读存储器（Read Only Memory，ROM），其存储内容在生产期间就被写入且不能更改。后来为满足软件开发人员在开发过程中修改程序的要求，推出了可以重新写入的 NVM，如 EPROM（可擦除可编程 ROM），可以利用专用的编写器写入数据，并利用紫外光照射擦除数据；而 EEPROM（电可擦除可编程 ROM）则可以利用电信号擦除数据，使用起来方便了很多。

目前计算机系统中使用较多的是 Flash（闪存）存储器，其存储密度和读性能可以和 DRAM 媲美，而且价格低廉，因此常用来作为便携的辅助存储器。但 Flash 的每次写入都有轻微的破坏性，寿命有限。Flash 存储器主要有 NOR Flash 和 NAND Flash 两种。NOR Flash 采用了类似 SRAM 和 DRAM 的随机读取技术，因此允许用户直接运行装载在 NOR Flash 中的代码，降低了系统中 SRAM 的需求量，从而节约了成本。NAND Flash 的存取以“块”的形式来组织，通常一次读取 512 字节（1 块），这种技术降低了 NAND Flash 的成本。

计算机系统中一般使用小容量的、速度较快的 NOR Flash 存储器来存储操作系统等重要信息，而使用大容量的、成本低廉的 NAND Flash 作为外部存储器。市面上 Flash 的主要生产厂家包括 Intel、AMD、美光、富士通和东芝，而生产 NAND Flash 的主要厂家有美光、三星和东芝。

② 磁介质存储器　磁介质存储器价格低，容量大，读写方便，信息可保存较长时间，通常用来作为辅助存储器。由磁性材料生产的存储器主要有磁带、软磁盘和硬盘。

早期的计算机多用磁带作为辅助存储器，但由于读写控制较复杂，不便于随机存取数据，现在主要用于一些特殊部门（如银行）对大量数据进行备份。而软盘容量较小且容易损坏，目前已逐步被 Flash 存储器取代。

磁介质硬盘目前仍然是计算机系统中主要的辅助存储设备之一，由于制造工艺技术的提高，硬盘容量愈来愈大，尺寸愈来愈小，并且价格愈来愈低，具有很强的市场竞争力，在未来相当长的时间内仍然是外部存储介质的主流技术。

一些特殊的硬盘能提供更好的性能，如磁盘阵列（Disk Array，DA）。DA 使用多个磁盘组合来代替一个大容量的磁盘，这不仅能够比较容易地构建大容量的磁盘存储系统，而且因为磁盘阵列中的多个磁盘可以并行工作，可以明显提高系统的性能。另外，为了提高存储可靠性，可以在磁盘阵列中增加冗余信息盘，这种磁盘阵列称为独立磁盘冗余阵列（Redundant

Array of Independent Disks，RAID）。

③ 光介质存储器　光介质存储器俗称“光盘”。多媒体技术的发展需要存储海量的数字信息，比硬盘价格更低的光盘解决了数字视频信息存储的需要。光盘容量大，体积小，方便携带，但其写入操作与读操作不同，需要专门处理，因此适合存放大量无需更改的数据。目前光盘有只读型、一次写入型和多次写入型等多种形式。

（2）按读写策略分类

存储器的读写策略包括存储器数据的访问方式和存取方式。

① 按数据访问方式分类　按数据访问方式的不同，存储器可分为并行存储器（Parallel Memory，PM）和串行存储器（Serial Memory，SM）。其中并行存储器可以同时读/写、传送多个位，速度相对较快，但需要较多的数据信号线。串行存储器每次读写传送 1 位，速度相对较慢，但只需要一根数据线。有些串行存储器的地址线甚至也是串行的，以减少存储器的连线数目。串行存储器适用于便携式系统。

② 按数据存取顺序分类　按数据存取顺序的不同，存储器可分为随机存取存储器（Random Access Memory，RAM）、顺序存取存储器（Sequential Access memory，SAM）和堆栈存取存储器（STACK）。

a. 随机存取存储器　随机存取又称为直接存取，在随机存取方式下，数据存取时不受任何特定顺序的限制。随机存取有两层含义：可按地址随机访问任意存储单元；访问存储单元所需的时间与数据存储的位置（即地址）无关。计算机系统中 CPU 直接寻址的存储器都采用随机存取方式。

b. 顺序存取存储器　在顺序存取方式下，数据按照特定的线性或时序顺序写入存储介质，并且可以按照完全相同的顺序读回。顺序存取也称为“先进先出”（First In First Out，FIFO），非常适合作为缓冲存储器。但因为存取时间取决于数据访问的读/写机制，以及所需访问的数据在存储介质中的位置，所以一般效率较低。磁带就是典型的顺序存取存储器。小容量的顺序存取存储器也称为队列（Queue），可用于缓冲数据。队列具有输入和输出两个相对独立的端口，当队列为非满状态时，输入端允许数据写入；另外，只要队列为非空状态，就允许将最先写入的内容依次经输出端口读出。

高速实时数据采集、高速通信及图像处理系统中常常使用队列进行数据缓冲。而为了提高指令读取速度，大多数计算机也都设置了指令队列，可以通过预取方式提前将若干条指令取入 CPU 内部。

c. 堆栈存取存储器　与队列不同，堆栈类似一个储物桶，它采用“先进后出”（First in Last Out，FILO）或称“后进先出”（Last In First Out，LIFO）的存取原则。堆栈通常一端固定（栈底），一端浮动（栈顶），压入数据（进栈）和取出数据（出栈）的操作都针对栈顶单元。栈顶的当前地址存放在专门的寄存器或存储单元，即堆栈指针（Stack Pointer，SP）中，其值能随着数据的进出自动修改。根据压入数据时 SP 的值是增大还是减小，可将堆栈分为向下生成和向上生成两类，如图 1-3 所示。其中，图 1-3（a）所示为堆栈向下生成，在压入数据时，SP 值减小；而图 1-3（b）所示为堆栈向上生成的 SP 值的变化示意图。

计算机可以使用堆栈来保存暂时不用的数据，在执行子程序和处理中断等操作时，也需要使用堆栈，并在需要时按反顺序弹出恢复。一般情况下，堆栈容量要求较大时可在主存中划定一个区域，或专门设置一个小存储器作为堆栈区；容量要求较小时可用一组寄存器来构建。

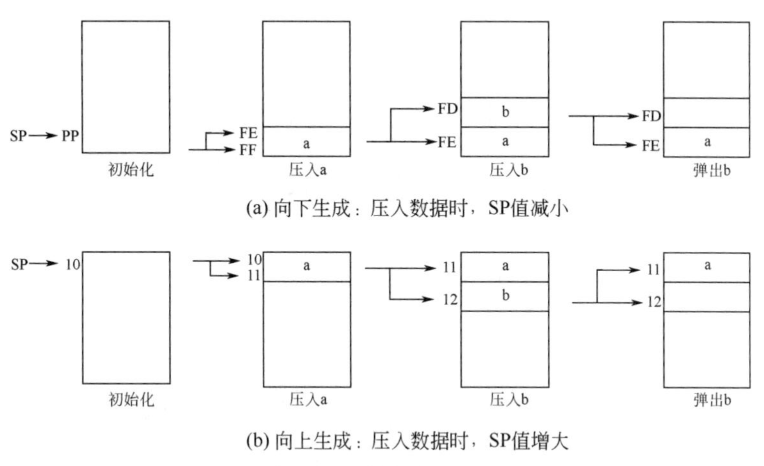

图 1-3　堆栈的生成方式

## 1.1.2　半导体存储芯片的基本结构与性能指标

冯·诺依曼计算机系统结构中的存储器主要是指现代计算机中的主存，由于计算机整体性能的要求，主存采用半导体存储器构成。前面介绍的磁盘和光盘一般看作辅助存储器。

上一节介绍过，根据掉电后数据是否丢失，半导体存储器可以分为易失性存储器和非易失性存储器。

（1）随机存取存储器

随机存取存储器芯片内部包括存储矩阵（存储体）及片内控制电路两大部分。存储矩阵由多个基本存储单元组成，每个基本存储单元用来存储 1 位二进制数信息。为了减少译码/驱动电路及芯片内部的走线，一般认为这些基本单元总是排成矩阵形式。存储矩阵（体）规模的大小直接决定存储芯片的容量。

片内控制电路则包括片内地址译码、片内数据缓冲和片内存储逻辑控制等几个部分。其主要工作原理如下：当 RAM 芯片接收到有效地址信号后，片内地址译码电路寻找到相应的一个或多个基本存储单元，并在存储逻辑控制电路的作用下通过片内数据缓冲完成数据读/写操作。

① 基本存储单元

a. 6 管 SRAM 基本存储单元　SRAM 的基本存储单元由双稳态锁存器构成。双稳态锁存器有两个稳定状态，可用来存储 1 位二进制数信息。只要不掉电，其存储的信息可以始终稳定地存在，故称其为“静态”RAM。SRAM 的主要特点是存取时间短，但集成度较低，成本较高。

图 1-4 给出了一个基本的 6 管（M1～M6）NMOS 静态存储单元。其中，$M_1$ 与 $M_2$ 构成一个反相器，$M_3$ 与 $M_4$ 构成另一个反相器。两个反相器的输入与输出交叉连接，构成作为基本数据存储单元的双稳态电路，两个稳态分别表示数据“0”和“1”。当 $M_1$ 导通且 $M_3$ 截止时，输出 QB 为“0”状态，Q 为“1”状态；当 $M_3$ 导通且 $M_1$ 截止时，输出 QB 为“1”状态，Q 为“0”状态。Q 或 QB 点的电平状态表示被存储数据的两种信息：“1”和“0”。图 1-4 中的 $M_5$ 和 $M_6$ 为门控管，其导通或截止由行选线确定，用来控制双稳电路输出端 Q 或 QB 与位线之间的连接状态。

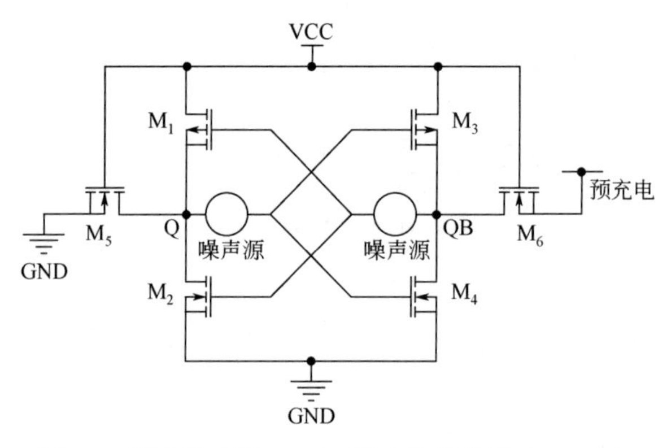


图 1-4　基本的 6 管 NMOS 静态存储单元（SRAM）

b. 单管 DRAM　为了减少基本存储单元管的数目，提高集成度，可以采用另外一种类型的存储器——DRAM。DRAM 的基本存储单元由一个 MOS 管和一个电容构成，如图 1-5 所示。DRAM 通过电容 $C$ 存储电荷来保存信息：电容 $C$ 上存有电荷时为逻辑“1”，没有电荷时为逻辑“0”。因为任何电容都存在电荷泄漏（即“放电现象”），时间长了，存放的信息就会丢失或出现错误，所以需要周期性地对这些电容定时充电（将存储单元中的内容读出再写入），以补充泄漏的电荷，这个过程称为“刷新”或“再生”。

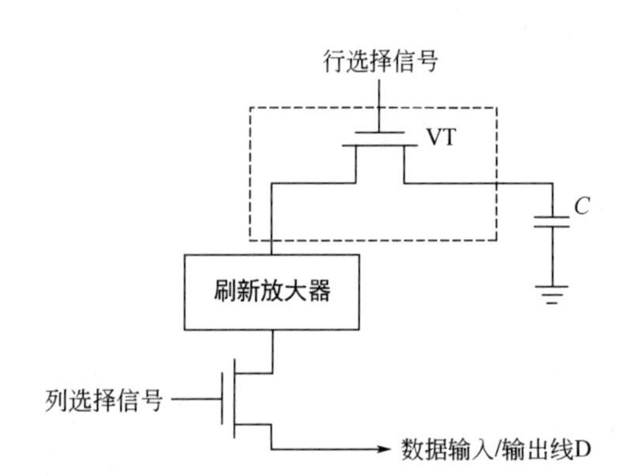


图 1-5　基本的单管动态存储单元（DRAM）

因为需要刷新，所以这种 RAM 称为“动态”RAM。对 DRAM 基本存储单元执行写操作时，CPU 送出的地址码经行、列地址译码器译码，首先使得相应的行、列选择信号均为“1”，MOS 管处于导通状态，该基本存储电路被选中，由外部数据线送来的信息，通过放大器（俗称“刷新放大器”）和 MOS 管传输到电容 $C$ 上完成写入。

对 DRAM 存储单元执行读操作时，刷新放大器读取被选中的基本存储电路中电容 $C$ 的电压值，并将此电压值放大转换至对应的逻辑电平“0”或“1”（如果电量水平大于 50%，就读取“1”值；否则读取“0”值），从而将数据信息读取到数据线上。

而对 DRAM 存储单元进行的刷新操作是逐行进行的。当行选择信号为“1”时，被选中行上所有基本存储单元中的电容信息都被送到各自对应的刷新放大器上，刷新放大器将信息放大后又立即重写入电容 $C$。在数据刷新期间，为了保证电容上的信息不会被送到数据线上，所有的列选择信号均置为“0”。刷新时间间隔一般要求在 1～100ms 之间。随着器件工作温度的增高，电容放电速度会变快，工作温度为 70℃时典型的刷新时间间隔为 2ms，即通常 2ms 内必须对 DRAM 中所有基本存储单元行刷新一遍。

② 存储器的片内控制电路　对存储器的数据进行读写操作的基本原理如下：首先由系统地址总线送来有效地址信号，经译码器电路进行译码后，选中存储矩阵中的基本存储单元，并在读/写逻辑的控制下通过数据缓冲器完成数据的输入/输出。

根据存储矩阵中基本存储单元排列方式的不同，片内译码电路可以有单译码和双译码两种基本结构。单译码也称为字译码，对应 $n \times m$ 的长方存储矩阵；双译码也称为复合译码，对应 $n \times n$ 的正方存储矩阵。容量较大的存储器可以采用单译码和双译码的混合方式。

单译码结构中只有一个（行）地址译码器，外部送来的地址信号经片内译码后产生字线（也称为行选择线），选中存储矩阵中的一行（字），该行（字）的 $N$ 位将同时输入或输出。基本存储单元以“$M$ 行（字）$\times N$ 列（位）”的形式排列，每行公用字选线 $a_i$，每列公用数据线 $D_i$。该 RAM 芯片的容量记为“$M \times N$ 位”，其数据引脚数目为 $N$，地址引脚数目为 $m$。显然，$m$ 与 $M$ 之间的关系是 $M=2^m$。单译码的优点是结构简单，缺点是当字数大大超过位数时，存储器会形成纵向很长而横向很窄的不合理结构，所以这种方式只适用于容量不大的存储器。

双译码结构中有两个地址译码器：行地址译码器和列地址译码器。外部送来的地址信号从两个方向分别译码后得到有效的行选信号和列选信号，然后共同确定被选中的一个基本存储单元。基本存储单元以“$N \times N$ 位”的形式排列，每行公用行选择线 $X_i$，每列公用列选择线 $Y_j$，所有基本存储单元公用数据线 $D_i$。该 RAM 芯片的容量记为“$M \times 1$ 位”，其数据引脚数目为 1，地址引脚数目为 $2n$。显然 $n$、$N$ 与 $M$ 之间的关系是 $M=2^{2n}$，$N=2^n$。与单译码结构相比，双译码结构可以有效减少片内选择线数目和驱动器数目。例如，当存储容量为 64K 单元（字）时，RAM 芯片地址引脚数为 16，其内部采用单译码方式时，片内需要选择线 $2^{16}=64000$ 条；而采用双译码方式时，片内只需 $2^8+2^8=512$ 条选择线。

（2）只读存储器

只读存储器又分为掩膜式 ROM（Mask ROM，MROM）和可编程 ROM（Programmable ROM，PROM）。用户可以通过某种手段对一次性可编程 RAM（One Time Programmable ROM，OTP ROM）一次性写入信息，而可擦除可编程 ROM（Erasable Programmable RAM，EPROM）则可进行多次擦写。可擦除可编程 ROM 又分为紫外线擦除 EPROM（Ultra Violet EPROM，UV-EPROM）和电擦除 EPROM（Electric EPROM，EEPROM/$E^2$PROM）。闪速存储器（Flash Memory）也是一种可以电擦除的非易失性半导体存储器。

① 掩膜式 ROM　掩膜式 ROM 芯片是制造厂根据 ROM 要存储的信息，对芯片图形（掩膜）通过二次光刻生产出来的，故称其为掩膜式 ROM。其存储的内容固化在芯片内，用户可以读出，但不能改变。这种芯片存储的信息稳定，大批量生产时成本很低，适用于存放一些可批量生产的固定不变的程序或数据。

图 1-6 所示是一个简单的 4×4 位掩膜 MOS 管 ROM，采用单译码结构，两位地址 $A_1$、$A_0$ 经过地址译码器译码后，可分别选中 4 个存储单元（每个单元存储 4 位）。在行、列交叉处

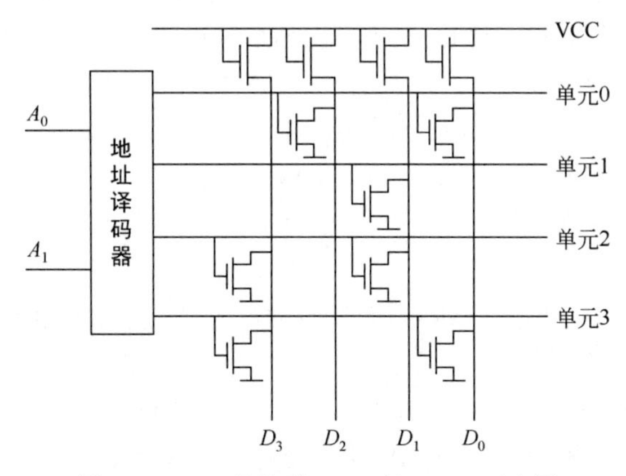


图 1-6　4×4 位掩膜 MOS 管 ROM 示意图

有 MOS 管连接表示存储“0”信息；没有连接 MOS 管则表示存储“1”信息。若地址线 $A_1A_0$=00，则选中单元 0，与其相连的 MOS 管（与位线交叉处）相应导通，位线 $D_2$、$D_0$输出为“0”，而位线 $D_3$、$D_1$没有 MOS 管与字线相连，则输出为“1”。因此，选中存储单元 0 时输出数据为“1010”。同理，单元 1 存放数据为“1101”，单元 2 存放数据为“0101”，单元 3 存放数据为“0110”。

② 一次性可编程 ROM　如果用户要根据自己的需要来确定 ROM 中的存储内容，则可使用一次性可编程 ROM，即 OTP ROM。OTP ROM 出厂时各单元内容全为“0”，用户可用专门的 PROM 写入器将信息写入。这种写入是破坏性的，因此对这种存储器只能进行一次编程。一旦编程之后，信息就永久性地固定下来。用户可以读出其内容，但是再也无法改变它的内容。OTP ROM 根据写入原理可分为结破坏型和熔丝型两类。

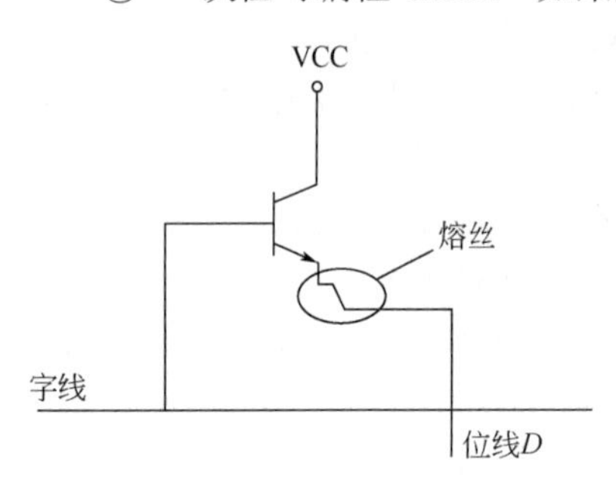

图 1-7　熔丝型 OTP ROM 基本存储单元示意图

图 1-7 所示是熔丝型 OTP ROM 一个基本存储单元的示意图。该基本存储电路由 1 个三极管和 1 根熔丝组成。出厂时每一根熔丝都与位线相连，存储的都是“0”信息。如果用户在使用前根据程序的需要，利用编程写入器将选中基本存储电路的熔丝烧断，则该存储元将存储“1”信息。由于熔丝烧断后无法再接通，因而 OTP ROM 只能一次编程写入，编程后就不能再修改。在正常只读状态工作时，加到字线上的是比较低的脉冲电位，足以开通存储元中的晶体管，但不会造成熔丝烧断，也就不会破坏原来存储的信息。

③ 可擦除可编程的 ROM　为了满足用户多次修改程序的需要，几种可擦除可编程的 ROM 得到了应用。这类芯片允许用户根据需要多次写入、修改和擦除所存储的内容，且写入的信息不会因为掉电而丢失。按照擦除的方法不同，可擦除的 PROM 分为两类：一类是通过紫外线照射来擦除，称为“UV-EPROM”或“光擦电写 PROM”；另一类是通过加高电压（相对工作电压而言的高电压）的方法来擦除，称为“EEPROM”或“电擦电写 PROM”。

需要注意的是，尽管 EPROM 芯片既可读出所存储的内容，也可对其擦除和写入，但它们和 RAM 还是有本质区别的。首先，它们不能像 RAM 芯片一样随机快速地写入和修改，它们的写入需要一定的条件；另外，RAM 中的内容在掉电之后会丢失，而 EPROM/EEPROM 中的内容一般可保存几十年。与掩膜 ROM 和 OTP ROM 相比，EPROM 的成本较高，可靠性较低，但它能多次改写，使用灵活，所以常用于产品研制开发阶段。

初期的 EPROM 元件用的是浮栅雪崩注入 MOS 管（Floating Gate Avalanche Injection Metal-Oxide-Semicondutor，FAMOS）。FAMOS 集成度低、速度慢，因此很快被性能和结构更好的叠栅注入 MOS（即 SIMOS）取代。SIMOS 管属于 NMOS 管，其结构如图 1-8（a）所示。

与普通 NMOS 管不同的是，SIMOS 有两个栅极，一个是控制栅 CG，另一个是浮栅 FG。FG 在 CG 的下面，被绝缘材料 $SiO_2$ 所包围，与四周绝缘。单个 SIMOS 管构成一个 EPROM 存储元件，如图 1-8（b）所示。SIMOS EPROM 芯片出厂时 FG 上是没有电子的，即都是“1”信息。编程写入时在 CG 和漏极 D 加高电压，通过向某些元件的 FG 注入一定数量的电子将它们写为“0”信息。

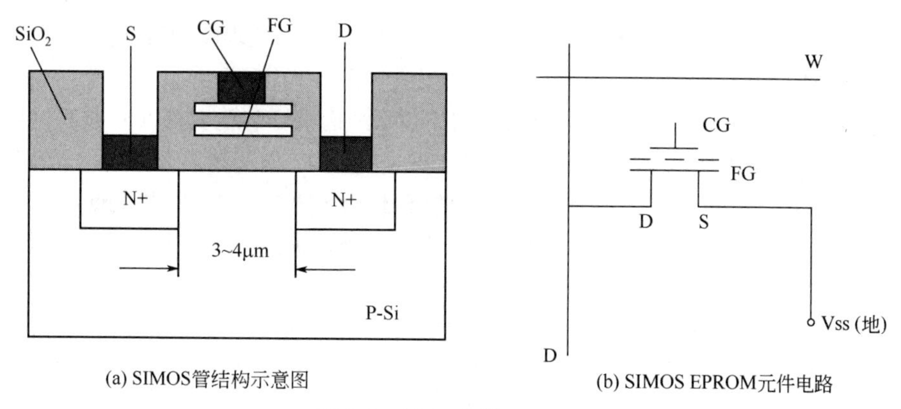

(a) SIMOS管结构示意图　　(b) SIMOS EPROM元件电路

图 1-8　SIMOS 型 EPROM

利用紫外线照射可以消除浮栅电荷，从而擦除 EPROM 中的信息。紫外线光子能量较高，可使浮栅中的电子获得能量，形成光电流从浮栅流入基片，因而使浮栅恢复初态。EPROM 封装方法与一般集成电路不同，其芯片上方有一个石英玻璃窗，只要将此芯片放入一个靠近紫外线灯管的小盒中照射约 20min 后，原信息已被全部擦除，恢复到出厂状态。写好信息的 EPROM 为了防止因光线长期照射而引起的信息破坏，常用遮光胶纸贴于石英窗口上。

EPROM 的擦除是对整个芯片进行的，不能只擦除某个单元或者某个位，擦除时间较长，并且擦/写均需离线操作，使用起来很不方便。因此，能够在线擦写的 EEPROM（也称为 $E^2$PROM）芯片取代 EPROM 得到了广泛应用。$E^2$PROM 采用金属氮氧化硅（NMOS）工艺，其基本存储单元结构如图 1-9 所示。$E^2$PROM 在绝缘栅 MOS 管的浮栅附近增加了一个栅极（控制栅），通过给控制栅加正电压，在浮栅和漏极之间形成隧道氧化物，利用隧道效应电子便可注入浮栅，完成数据的编程写入。如果向控制栅加负电压，就可以使浮栅上的电荷泄放，完成信息擦除。

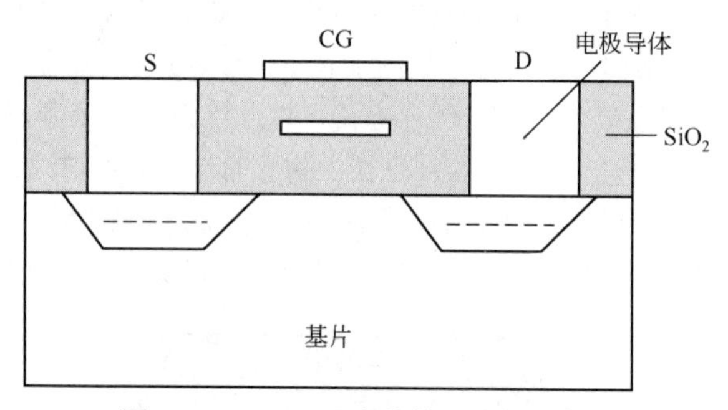

图 1-9　EEPROM 存储单元结构示意图

$E^2$PROM 的主要优点是能在应用系统中进行在线读写，并且可以实现字节或全片擦除，因而使用上比 EPROM 方便。但 $E^2$PROM 集成度较低、存取速度较慢，且重复改写的次数有限制（氧化层会被磨损）。

④ 闪速存储器（闪存）　EPROM 的编程时间相对 RAM 而言太长，特别是对大容量的芯片更是如此。1983 年 Intel 公司首先提出基于 EPROM 隧道氧化层的 ETOX（EPROM Tunnel Oxide）原理，并在 1988 年推出了可快速擦写的非易失性存储器 Flash Memory。随后东芝公司又推出基于冷电子擦除原理和 $E^2$PROM 的 NAND 体系结构的 Flash Memory。从原理上讲，

Flash Memory 属于 ROM 型存储器，但是它可以随时改写信息；从功能上讲，它又相当于 RAM，所以过去 ROM 与 RAM 的定义和划分已逐渐淡化。

闪速存储器根据采用的工艺不同具有不同的体系结构，目前至少有以下 5 种常用结构：最初的两种占主流的体系结构是 Intel 公司的“或非”NOR 型和东芝公司的“与非”NAND 型；后来，日立公司和三菱公司在 NOR 型的基础上汲取 NAND 型的优点，分别开发出“与”AND 型和采用划分位线技术的 DINOR 型；另外，美国 Sundisk 公司则采用一种独特的 Triple-Poly 结构来提高存储器的密度。

闪速存储器兼有 ROM 和 RAM 两者的性能，又有 DRAM 一样的高密度，具有大存储量、非易失性、低价格、可在线改写和高速度读等特性，是近年来发展最快、最有前途的存储器。其特点如下：

a. 区块（Sector）或页面（Page）组织。除了可进行整个芯片的擦除和编程操作外，还可以进行区块或页面的擦除和编程操作，从而提高了应用的灵活性。

b. 进行快速页面写入。CPU 可以将页数据按芯片存取速度（一般为几十纳秒到 200ns）写入页缓存，再在内部逻辑的控制下，将整页数据写入相应页面，大大加快了编程速度。

c. 有内部编程控制逻辑。当编程写入时，由内部逻辑控制操作，CPU 可做其他工作。CPU 可以通过读出验证或状态查询获知编程是否结束，从而提高 CPU 的效率。

d. 有在线系统编程能力。擦除和写入都无须将芯片取下。

e. 具有软件和硬件保护能力。可以防止有用数据被破坏。

除了以上特点之外，在通过外部接口对 Flash 进行读写操作时，由于 Flash 内部设有命令寄存器和状态寄存器，因而可以通过软件实现灵活控制，可以采用命令方式使闪存进入各种不同的工作状态，例如整片擦除、页面擦除、整片编程、字节编程、分页编程、进入保护方式、读识别码等。在工作状态下，闪速存储器内部可以自行产生编程电压 VPP，所以只用 VCC 供电就可以在系统中实现编程操作。

闪速存储器是在 EPROM 与 $E^2$PROM 的基础上发展起来的，它与 EPROM 一样，用单管来存储一位信息。其典型结构与逻辑符号如图 1-10 所示。Flash 的基本存储电路通过沉积在衬底上被场氧化物包围的多晶硅浮空栅来保存电荷，以此维持衬底上源、漏极之间导电沟道的存在，从而保持浮空栅上的信息存储。若浮空栅上保存有电荷，则在源、漏极之间形成导电沟道，达到一种稳定状态，可以认为该单元电路保存“0”信息；若浮空栅上没有电荷存在，则在源、漏极之间无法形成导电沟道，为另一种稳定状态，可以认为该单元电路保存“1”信息。

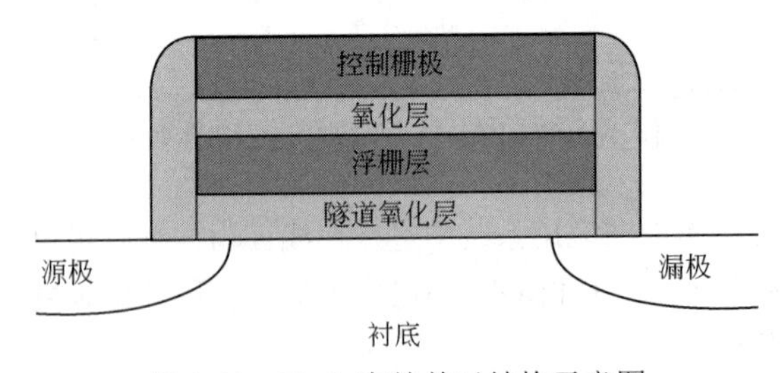


图 1-10　Flash 存储单元结构示意图

上述这两种稳定状态可以相互转换。状态“0”到状态“1”的转换过程，是将浮空栅上的电荷移走的过程，如图 1-11（a）所示。若在源极与栅极之间加一个正向电压，则浮空栅上的电荷将向源极扩散，从而导致浮空栅的部分电荷丢失，不能在源、漏极之间形成导电沟道，由此完成状态的转换。该转换过程称为对 Flash 的擦除。当要进行状态“1”到状态“0”的转换时，如图 1-11（b）所示，在栅极与源极之间加一个正向电压 $U_{GS}$，而在漏极与源极之间加一个正向电压 $U_{SD}$，保证 $U_{GS}>U_{SD}$。来自源极的电荷向浮空栅扩散，使浮空栅上带上电荷，于是源、漏极之间形成导电沟道，由此完成状态的转换。该转换过程称为对 Flash 编程。进行正常的读取操作时只要撤销 $U_{GS}$，加一个适当的 $U_{SD}$ 即可。据测定，正常使用情况下在浮空栅上编程的电荷可以保存 100 年而不丢失。

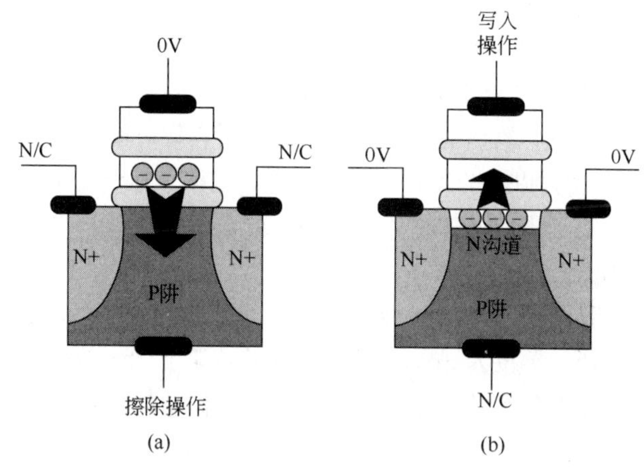


图 1-11　NAND Flash 存储单元的擦/写操作（Erase/Program）

（3）存储器芯片的性能指标

除价格外，半导体存储芯片的主要性能指标还包括存取速度、存储容量及功耗等。通常这些性能指标是互相矛盾的，因此选取存储芯片时应在满足主要要求的前提下兼顾其他。

① 存储容量　存储芯片的容量表示该芯片能存储多少个用二进制表示的信息位。如果一个存储芯片上有 $N$ 个存储单元，每个单元可存放 $M$ 位二进制数，则该芯片的存储容量用 $N×M$ 表示。其中，存储单元数 $N$ 与芯片地址线数目有关，而存储字长 $M$ 与芯片数据线数目有关。如图 1-12 所示，若存储芯片地址总线宽度为 20（$A_0$～$A_{19}$），则其内部可寻址单元数为 1M（$2^{20}$），数据总线宽度为 4（$D_0$～$D_3$），表示每个存储单元由 4 位组成，该存储芯片的容量应表示为 1M×4（位）。

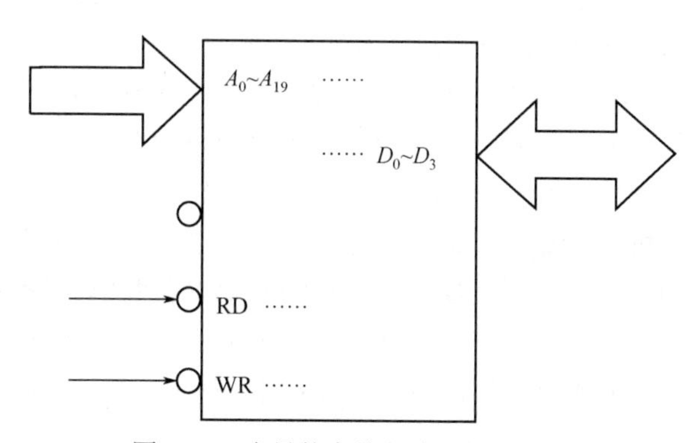


图 1-12　半导体存储芯片逻辑示意图

② 存取速度　半导体存储芯片的存取速度可以用多项指标表示，如存取时间（指从收到读/写命令到完成读出或写入信息所需的时间）、存取周期（连续两次访问存储器的最小时间间隔）和数据传送速率（单位时间内能传送的数据量）等。

存取时间又称存储器访问时间，即启动一次存储器操作（读或写）到完成该操作所需的时间。具体地讲，就是从一次读操作命令发出到该操作完成，将数据读入数据缓冲寄存器为止所经历的时间，即为存储器存取时间；CPU 在读/写存储器时，其读写时间必须大于存储器芯片的额定存取时间。

存取周期是连续启动两次独立的存储器操作所需间隔的最小时间。通常手册上给出存取时间的上限值，称为最大存取时间。存取周期往往比存取时间大得多，因为对于任何一种存储器，在读/写操作之后总要有一段恢复内部状态的时间。存储芯片的型号后面通常会给出时间参数。存储芯片手册中也会给出典型存取时间或最大存取时间。选择存储芯片时应注意其存取时间应适合 CPU 主频，以充分发挥系统的性能。就整个存储器来讲，另外一个表示速度的指标是“带宽”。带宽是指存储器在连续访问时的数据吞吐量。带宽的单位通常是位每秒（bps）或字节每秒（Bps）。

③ 功耗　功耗有两种定义方法：一种是存储芯片中存储单元的功耗，单位为 μW/单元；另一种是存储芯片的功耗，单位为 mW/芯片。存储芯片手册中一般会给出芯片的工作功耗和静态功耗，大多数半导体存储芯片的维持功耗远小于工作功耗。功耗是便携式系统的关键指标之一，它不仅表示存储芯片所需的能量，还影响系统的散热。一般来讲，使用功耗低的存储器芯片构成存储系统，不仅可以减少对电源功率的要求，而且还可以提高存储系统的可靠性，但功耗与速度通常成正比。

④ 可靠性　可靠性是指在规定的时间内存储器无故障读/写的概率，通常用平均故障间隔时间来衡量。可靠性也是指存储器对电磁场的抗干扰性和对温度变化的抗干扰性，一般用平均无故障时间来表示。计算机要正确地运行，必然要求存储器系统具有很高的可靠性。内存发生的任何错误会使计算机不能正常工作。目前所用的半导体存储器芯片的平均故障间隔时间（Mean Time Between FaiIure，MTBF）为 $5\times10^6$～$1\times10^8$h。

存储器的其他性能指标包括工作电源电压、工作温度范围、可编程存储器的编程次数等。

## 1.1.3　存储系统的层次结构

常用存储器件或设备的速度、易失性、存取方法、便携性、价格和容量等特性都不尽相同。通常来说，速度越快则每位价格越高，容量越大则速度越慢。例如，SRAM 的访问时间是 2～50ns，费用大概是 50 美元/MB；DRAM 的访问时间是 30～20ns，费用为 0.06 美元/MB；硬盘的访问时间是 $10^7$～$10^8$ns，费用约为 0.00～0.01 美元/MB。可以看到，随着等级（价格）的降低，容量按指数级增长，相应的访问时间也按指数级增长。

现代的高性能计算机系统要求存储器速度快、容量大，并且价格合理；然而按照当前的技术水平，仅用单一的存储介质是很难满足要求的。因此现代计算机系统通常将各种不同存储容量、存取速度和价格的存储器按一定的体系组成多层结构，并通过管理软件和辅助硬件有机组合成统一的整体，使所存放的程序和数据按层次分布在各种存储器中，以解决存储容量、存取速度和价格之间的矛盾。

计算机程序往往需要巨大的、快速的存储空间，但程序对存储空间的访问并不是均匀的。对大量典型程序运行情况的分析结果表明，在一个较短的时间间隔内，存储器访问往往集中在一个很小的地址空间范围内。程序指令地址的分布本来就是连续的，再加上循环程序段和子程序都要重复执行多次，因此对指令地址的访问就自然地具有相对集中的倾向。数据分布的这种集中倾向不如指令明显，但对数组的操作以及工作单元的选择也可能使数据访问地址相对集中。这种对局部范围内存储器地址频繁访问，而对此范围以外的存储器地址较少访问的现象称为存储器访问的局部性（Locality）。局部性有两种含义：一种称为引用局部性，指的是程序会访问最近访问过的数据和指令；另一种称为时间局部性，指的是访问一个数据之后，很可能在不久的将来再次访问该数据。

图 1-13 给出的典型多层存储体系结构示意图，是基于存储器访问的局部性原理搭建的。绝大多数程序访问的指令和数据是相对簇聚的，因此可以将近期需要使用的指令和数据放在尽可能靠近CPU的上层存储器中（任何上层存储器内的数据都是其下一层中数据的子集）。CPU 访问存储器时，首先访问第一级存储器（$M_1$）；若在 $M_1$ 中找到所需数据（称为“命中”）则直接存取，若找不到（称为“不命中”或“失效”），则将第二级存储器（$M_2$）中包含所需数据的块或页调入 $M_1$；若在 $M_2$ 中也找不到，就访问第三级存储器（$M_3$），依次类推。

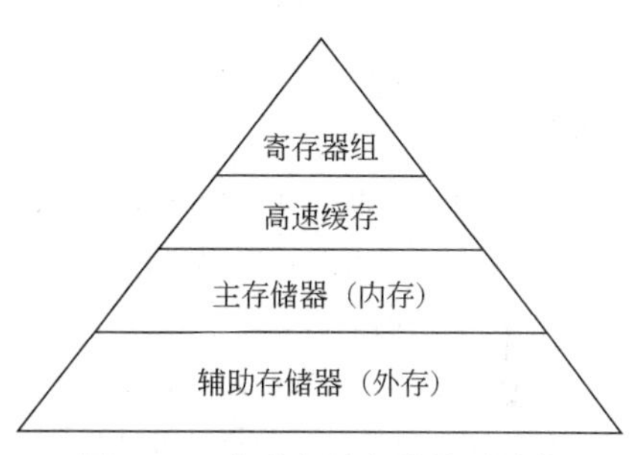

图 1-13　典型多层存储体系结构

在多层存储系统中，每一层都需要确定映像、查找、替换和更新等操作策略。

① 映像规则　映像规则用于确定一个新的块（页）被调入本级存储器时应放在什么位置上。最简单的直接映像（Direct Mapping）方式规定每一个块（页）只能被放到唯一的一个指定位置。直接映像时的地址变换速度快，实现简单，缺点是不够灵活，降低了命中率。全相联映像（Fully Associating Mapping）方式允许任一块（页）放在存储器的任意位置。全相联映像方式的优点是可以灵活地进行块的分配，块的冲突率低，但实际上由于它的成本太高而并不会被采用。

组相联映像方式是直接映像和全相联映像方式的一种折中方案。组相联映像将块（页）分组，不同组的块（页）对应不同的映射位置，而同组的块（页）可以放在相应映射组内的任一位置，即组间为直接映像，而组内的字块为全相联映像方式。组的容量只有一个块时就成了直接映像，组的容量是整个上层存储器容量时就成了全相联映像，组的容量是 $n$ 个块时就成了 $n$ 路组相联映像。组相联映像的主要优点是块的冲突概率较低，利用率大幅度提高；主要缺点是实现难度和造价比直接映像更高。

② 查找规则　查找规则用于确定需要的块（页）是否存在本级存储器中，以及如何进行查找的方式。查找规则与映像规则相关，通常可采用目录表的方式进行索引查找。

③ 替换规则　当本级存储器不命中且已满时，替换规则用于确定应替换哪一块（页）。在全相联映像和组相联映像方式时，下层存储器的数据块可以写入上层存储器中的若干可能位置上，因此存在选择替换哪一块的问题。

最常用的方法是“先入先出法（First In First Out，FIFO）”，该方法将最早调入的块选择作为被替换的块；“最近最少使用法（Least Recently Used，LRU）”选择将最久未被访问的块作为被替换块；“随机替换法（RAND）”是在组内随机选择一块来替换。

FIFO 和 RAND 算法都没有利用存储器访问局部性原理，因此不能提高系统的命中率，而 LRU 算法的命中率比 FIFO 算法和 RAND 算法更高。块（页）替换时，命中率有时会很高，有时又很低，这种现象叫“命中率颠簸现象”，属于可靠性降低的问题，需要尽量避免。例如，在一个具有 4 个块的全相联映像存储器中，如果程序运行的信息集中在 4 个块中，并且这 4 个块都已被调入，则上层存储器的访问全部命中；而如果程序循环地轮流访问 5 个块，在采用先进先出替换方式时每次替换出去的块恰好是下一次要访问的，则上层存储器的访问全部失效。对于这种颠簸现象，可以采用 LRU 算法来提高命中率。

④ 更新规则　更新规则用于确定“写数据”时应进行的操作。写操作可能会导致数据不一致问题，即同一个数据在上下两层中可能出现两个不同的副本。通常采用的更新规则有如下 3 种。

a. 标志交换法（Flag-swap）又称“按写分配法（Write-allocate）”，CPU 暂时只向上层存储器写入，并用标志加以注明，直到经过修改的字块从上层存储器中被替换出来时才真正写回下层存储器。

b. 写直达法（Write Through）又称“写贯穿法”，从 CPU 发出的写信号同时送到相邻的两层，以保证上下两层中的相同数据能同步更新。写直达法的优点是操作简单，但由于下层存储器存取速度较慢，将对整个系统的写速度造成影响。

c. 回写法（Write Back）为了克服写直达法的弊端，尽量减少对下层存储器的访问次数，可以采用回写法进行更新。在这种方式下，数据一般只写到上层存储器中并设置一个修改标志，当该数据需要再次被更改时才将原更新的数据写入下层存储器，然后再接受再次更新的数据。

### 1.1.4 习题

1. 简述半导体存储器的分类及基本工作原理。
2. 衡量半导体存储器芯片性能的关键指标有哪些？分别是如何定义的？
3. 国内半导体存储器的研究进展如何？列举 1～2 个国内有代表性的半导体存储器研究成果。
4. 查找关于“存储墙”的相关资料，并说明主要的影响因素。

## 1.2 半导体存储器分类

### 1.2.1 半导体存储器概况

如图 1-14 所示，目前主流的半导体存储器主要有 SRAM、DRAM、Flash 等。本节主要介绍半导体存储器中的 SRAM、DRAM、Flash 三种存储器，以及磁随机存储器（MRAM）。表 1-1 所示是四种存储器特征的对比。本章对常见内存 DRAM、SRAM、Flash 以及 MRAM 的性能进行介绍。

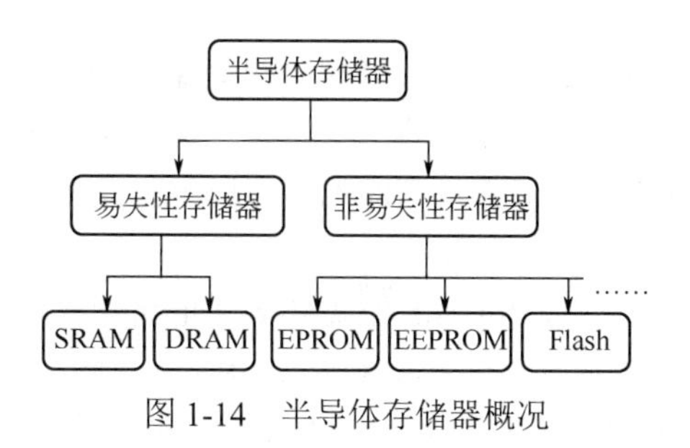

图 1-14　半导体存储器概况

**表 1-1　四种存储器特征的对比**

| 存储类型 | 优点 | 缺点 |
|---|---|---|
| 静态存储（SRAM） | 高速读写 | 成本较高 |
| 动态存储（DRAM） | 高速读写、高密度 | 读写速度慢 |
| 闪存（Flash） | 非挥发、可擦写 | 功耗较高 |
| 自旋式磁存储器（STT-MRAM） | 非挥发、读写快、低功耗、无限次擦写、成本低于 SRAM | 制备工艺复杂 |

SRAM——SRAM 比 DRAM 更快，也更贵。它经常被用作处理器的高速缓存，而由 DRAM 当作主存。SRAM 的功耗较高，是一种易失性内存，而且 SRAM 单元易受到辐射影响。正常情况下 SRAM 的寿命较长。

DRAM——DRAM 通常作为工作内存，价格便宜。与 SRAM 相比，DRAM 的工作速度较慢，耗能大，DRAM 单元易受辐射损坏。

Flash 闪存——Flash 闪存是 EEPROM 的变体，具有更大的存储容量和更快的读写速度，而且价格相对便宜，具有数据非易失性，在断电情况下数据可以保存长达 10 年之久。然而，相对于其他类型的存储器，Flash 的使用比较复杂，数据必须以块的形式读取，不能逐字节读取。在被重写之前，单元格必须被擦除，而擦除必须逐块执行，而不是逐个字节执行。

MRAM——磁随机存储器（MRAM）具有数据非挥发性，读写功耗较低，而且工作频率较高，是一种非常有潜力的存储器。其工作寿命非常长，在 85℃下可承受 $10^{16}$ 次写循环和 20 年以上的数据保留能力，同时具有理想的抗辐射性能。MRAM 具有 SRAM 兼容的读/写周期，特别适合于那些必须以最小延迟存储和读写数据的应用程序。

图 1-15 所示是几种常见的存储器的价格分布图。从图中可以看出，每单位存储的价格中，Flash 存储器是最低的，其次是 DRAM，再次是 SRAM，而 EEPROM 的成本是每兆位价格在$0.82～$20，远远高于 Flash、SRAM 和 DRAM 的成本。目前出现了新型的 NVRAM，包括 MRAM、RRAM、PCM 等，目前处于研发和小批量生产阶段，市场价格还没有到可接受的程度。

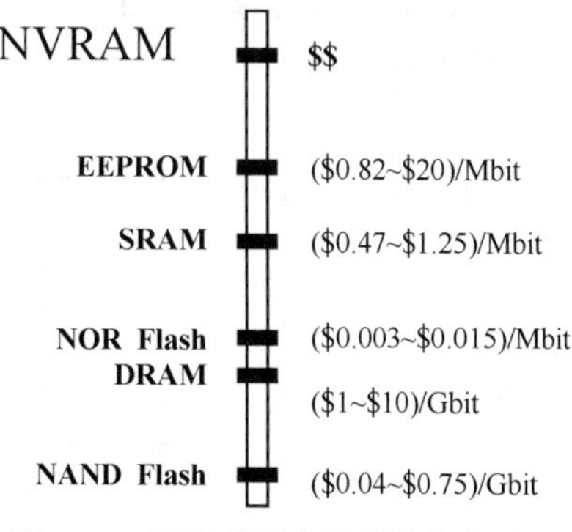

图 1-15　不同类型存储器价格的对比

## 1.2.2　SRAM 存储器

（1）SRAM 存储器简介

静态随机存取存储器（Static Random-Access Memory，SRAM）是随机存取存储器的一种。

所谓的“静态”，是指这种存储器只要保持通电，里面储存的数据就可以一直保持。与“静态”相对应的是“动态”，其中动态随机存取存储器（DRAM）所储存的数据需要周期性地更新。不论“静态”或“动态”存储器，在断电后数据都会消失，所以 SRAM 和 DRAM 又称为“易失性存储器”。

① 基本简介　在通电状态下，SRAM 不需要刷新电路即能保存它内部存储的数据，而 DRAM 每隔一段时间，要刷新充电一次，否则内部的数据即会消失，因此 SRAM 具有较低的动态功耗。但是 SRAM 的集成度较低，因此 SRAM 的成本显得更贵。

② 主要规格　SRAM 存储器最主要的应用场合就是在 CPU 与主存间充当高速缓存。在目前的计算机体系架构下，主要有两种高速缓存：一种是固定在主板上的高速缓存（Cache Memory）；另一种是插在卡槽上的 COAST（Cache On A Stick）扩充用的高速缓存。

为了加速 CPU 内部数据的传送，自 80486 CPU 起，在 CPU 的内部也设计有高速缓存。Pentium CPU 包含 L1 Cache（一级高速缓存）和 L2 Cache（二级高速缓存）。SRAM 虽然速度快，不需要刷新操作，但是因为价格高、体积大，所以在主板上的应用受到一定的限制。

③ 主要用途　SRAM 主要用于二级高速缓存（Level2 Cache），其存储速度较快但成本较高，所以一般容量较小。SRAM 也有许多种，如 Async SRAM （Asynchronous SRAM，异步 SRAM）、Sync SRAM （Synchronous SRAM，同步 SRAM）、PBSRAM （Pipelined Burst SRAM，流水式突发 SRAM），还有 INTEL 公司独特的 CSRAM 等。

基本的 SRAM 架构一般可分为五大部分，包括：存储单元阵列（Core Cells Array）、行/列地址译码器（Decode）、灵敏放大器（Sense Amplifier）、控制电路（Control Circuit）、缓冲/驱动电路（FFIO）。SRAM 是静态存储方式，以双稳态电路作为存储单元，由于存储单元器件较多，所以集成度不高，功耗也较大。

④ 工作原理　图 1-16 所示为典型的六管 SRAM 单元。假设准备向单元写入“1”。先将对应的地址值输入行/列地址译码器中，选中特定的单元；然后写使能信号有效，将要写入的数据“1”通过写入电路变成“1”和“0”后分别加到选中单元的两条位线 BL、BLX 上；此时选中单元的 WL=1，晶体管 $M_5$、$M_6$ 打开，将 BL、BLX 上的信号分别送到 A、B 点，从而使 A=1、B=0，这样数据“1”就被锁存在晶体管 $M_1$～$M_4$ 构成的锁存器中。这样就完成了写入“1”的操作。写入数据“0”的过程与此类似。

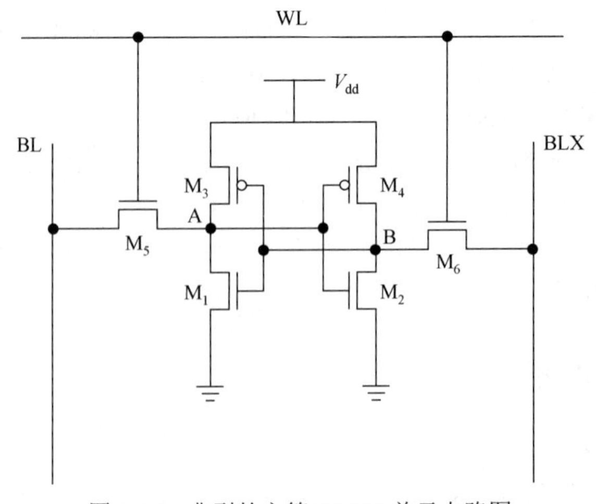


图 1-16　典型的六管 SRAM 单元电路图

在读取SRAM的数据时，以读“1”为例，通过译码器选中某列位线对BL、BLX进行预充电到电源电压$V_{dd}$。预充电结束后，再通过行译码器选中某行，则某一存储单元被选中，由于其中存放的是“1”，则WL=1、A=1、B=0。晶体管$M_2$、$M_6$导通，有电流经$M_2$、$M_6$到地，从而使BLX电位下降，BL、BLX间电位产生电压差。当电压差达到一定值后打开灵敏度放大器，对电压进行放大，再送到输出电路，读出数据。

（2）常见SRAM的类型

① 根据晶体管类型分类

a. 双极性结型晶体管（用于TTL与ECL）——非常快速但是功耗巨大。

b. MOSFET（用于CMOS）——低功耗，现在应用广泛。

② 根据功能分类

a. 异步——独立的时钟频率，读写受控于地址线与控制使能信号。

b. 同步——所有工作是时钟脉冲边沿开始，地址线、数据线、控制线均与时钟脉冲配合。

③ 根据特性分类

a. 零总线翻转（Zero Bus Turnaround，ZBT）——SRAM总线从写到读以及从读到写所需要的时钟周期是0。

b. 同步突发SRAM（Synchronous-burst SRAM，SyncBurst SRAM）。

c. DDR SRAM——同步、单口读/写，双数据率I/O。

d. QDR SRAM（Quad Data Rate（QDR）SRAM）——同步，分开的读/写口，同时读写4个字（Word）。

e. 非挥发性SRAM（Non-volatile SRAM，NVSRAM），具有SRAM的标准功能，但在失去电源供电时可以保住其数据。非挥发性SRAM用于网络、航天、医疗等需要关键场合——保住数据是关键。

f. 异步SRAM（Asynchronous SRAM）的容量从4Kbit到64Mbit。SRAM的快速访问使得异步SRAM适用于小型的缓存很小的嵌入式处理器的主内存，这种处理器广泛用于工业电子设备、测量设备、硬盘、网络设备等。

（3）SRAM的结构原理

SRAM在工作时不需要刷新，但停机或断电时，所存储的信息会丢失。SRAM的速度非常快，通常能以1ns或更快的速度工作。一个DRAM存储单元仅需一个晶体管和一个小电容，而每个SRAM单元需要4～6个晶体管和其他零件。所以，除了价格较贵外，SRAM芯片在外形上也较大，与DRAM相比要占用更多的空间。由于外形和电气上的差别，SRAM和DRAM是不能互换的。

SRAM的高速和静态特性使它们通常被用来作为Cache存储器。计算机的主板上都有Cache插座。

如图1-17所示是一个SRAM存储器的结构框图。SRAM存储器由五部分组成，即存储单元阵列、地址译码器（包括行译码器和列译码器）、灵敏放大器、控制电路和缓冲/驱动电路。$A_0$～$A_{k-1}$为地址输入端，存储阵列中的每个存储单元都与其他单元在行和列上共享电学连接，其中水平方向的连线称为“字线”，而垂直方向的数据流入和流出存储单元的连线称为“位线”。通过输入的地址可选择特定的字线和位线，字线和位线的交叉处就是被选中的存储单元。每一个存储单元都是按这种方法被唯一选中，然后再对其进行读写操作。有的存储器设计成多位数据如4位或8位等同时输入和输出，这样的话，就会同时有4个或8个存储单元按上述方法被选中进行读写操作。

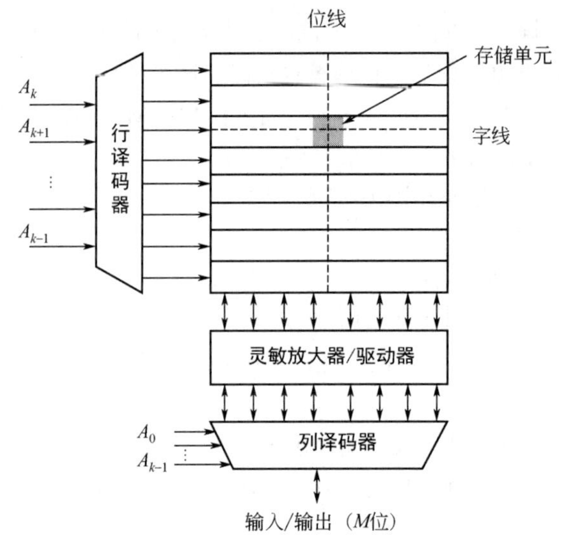

图 1-17　SRAM 存储器结构框图

在 SRAM 中，排成矩阵形式的存储单元阵列的周围是译码器和与外部信号的接口电路。存储单元阵列通常采用正方形或矩阵的形式，以减少整个芯片面积并有利于数据的存取。以一个存储容量为 4K 位的 SRAM 为例，共需 12 条地址线来保证每一个存储单元都能被选中（=4096）。如果存储单元阵列被排列成只包含一列的长条形，则需要一个 12K/4K 位的译码器，但如果排列成包含 64 行和 64 列的正方形，这时则只需一个 6/64 位的行译码器和一个 6/64 位的列译码器，行、列译码器可分别排列在存储单元阵列的两边，64 行和 64 列共有 4096 个交叉点，每一个点就对应一个存储位。因此，将存储单元排列成正方形比排列成一列的长条形要大大地减少整个芯片的面积。

可以设想一下，如果将存储单元排列成长条形，会带来什么样的问题呢？一是所占面积要比正方形大；另外还有一个缺点，在列的上部的存储单元与数据输入/输出端的连线就会变得很长，而连线的延迟至少是与它的长度成线性关系，连线越长，线上的延迟就越大，所以就会导致读写速度的降低和不同存储元连线延迟的不一致性，特别是对于容量比较大的存储器来说，情况就更为严重。这些都是在设计中需要避免的。

① 应用与使用　SRAM 比 DRAM 更为昂贵，但更为快速、低功耗（仅空闲状态）。因此 SRAM 首选用于带宽要求高的工作场景。SRAM 比起 DRAM 更为容易控制，也更能随机访问。由于复杂的内部结构，SRAM 比 DRAM 的占用面积更大，因而不适合用于更高储存密度、低成本的应用，如 PC 内存。

② 时钟频率与功耗　SRAM 的功耗取决于它的时钟频率。如果用高频率访问 SRAM，其功耗比 DRAM 大得多。有的 SRAM 在全带宽时功耗达到几个瓦特量级。另外，SRAM 在空闲状态时功耗可以忽略不计——几个微瓦级别。

③ SRAM 运用场景

a. 独立存储器芯片

Ⅰ. Asynchronous 界面，例如 28 针 32K×8 的芯片（通常命名为 XXC256），以及类似的产品最多 16Mbit/片。

Ⅱ. Synchronous 界面，通常用作高速缓存（Cache）以及其他要求突发传输的应用，最多

18 Mbit（256K×72）/片。

b. 集成于芯片内

Ⅰ. 作为微控制器的 RAM 或者缓存（通常从 32B 到 128KB）。

Ⅱ. 作为强大的微处理器的主缓存，如 x86 系列与许多其他 CPU（从 8KB 到几百万字节的量级）。

Ⅲ. 作为寄存器。

Ⅳ. 用于特定的 ICs 或 ASIC（通常在几千字节量级）。

Ⅴ. 用于 FPGA 与 CPLD。

c. 嵌入式应用　现代设备中很多都嵌入了几千字节的 SRAM。实际上几乎所有实现了电子用户界面的现代设备都可能用上了 SRAM，如玩具、数码相机、手机、音响合成器等往往用了几兆字节的 SRAM。实时信号处理电路往往使用双口（Dual-ported）的 SRAM。

d. 用于计算机　SRAM 用于 PC、工作站、路由器以及外设：内部的 CPU 高速缓存，外部的突发模式使用的 SRAM 缓存，硬盘缓冲区，路由器缓冲区等。LCD 显示器或者打印机也通常用 SRAM 来缓存数据。SRAM 做的小型缓冲区也常见于 CDROM 与 CDRW 的驱动器中，通常为 256KB 或者更多，用来缓冲音轨数据。线缆调制解调器及类似的连接于计算机的设备也使用了 SRAM。

## 1.2.3　DRAM 存储器

（1）DRAM 存储器简介

为了保持数据，DRAM 使用电容存储，所以必须隔一段时间刷新（Refresh）一次，如果存储单元没有被刷新，存储的信息就会丢失（关机就会丢失数据）。图 1-18 所示为基本的单管动态存储单元结构示意图，由一个 MOS 管和一个电容组成。图 1-19 所示为 DRAM 存储电路的存储阵列。

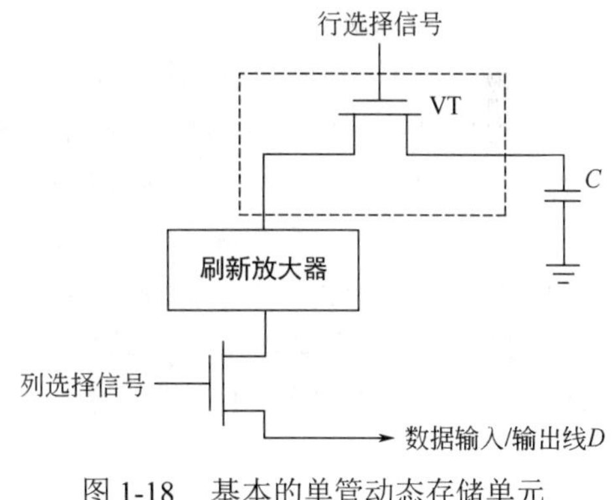


图 1-18　基本的单管动态存储单元（DRAM）

如图 1-19 所示为 4 行 8 列的 DRAM 矩阵，每个存储单元可存储一个数据“0”或“1”。存储单元由行（Row）与列（Column）方式的排列形成二维阵列，假设由 $n$ 行和 $m$ 列的存储单元所排列成的二维阵列可以构成 $n \times m = N$ 位存储器。当数据写入或读取时，是将存储单元对应的行位址输入行和列位址缓冲器（Address Buffer），并利用行解码器（Row Decoder）选择 $n$ 条字线（Word Line）中特定的一条；当选择字线之后，列解码器（Column Decoder）会选择 $m$ 条位线（Bit Line）其中的一条，被选择的位线对应的感应放大器（Sense Amplifier）通过 I/O 口与外部，根据控制线路的指令进行数据读取或写入。

（2）DRAM 刷新机制

DRAM 是靠其内部电容电位来记录其逻辑值的，但是电容因各方面的技术困难无可避免地有显著的漏电现象（放电现象），从而使电位下降，于是需要周期性地对高电位电容进行充电而保持其稳定，这就是刷新。DRAM 存储器采用“读出”方式进行刷新。

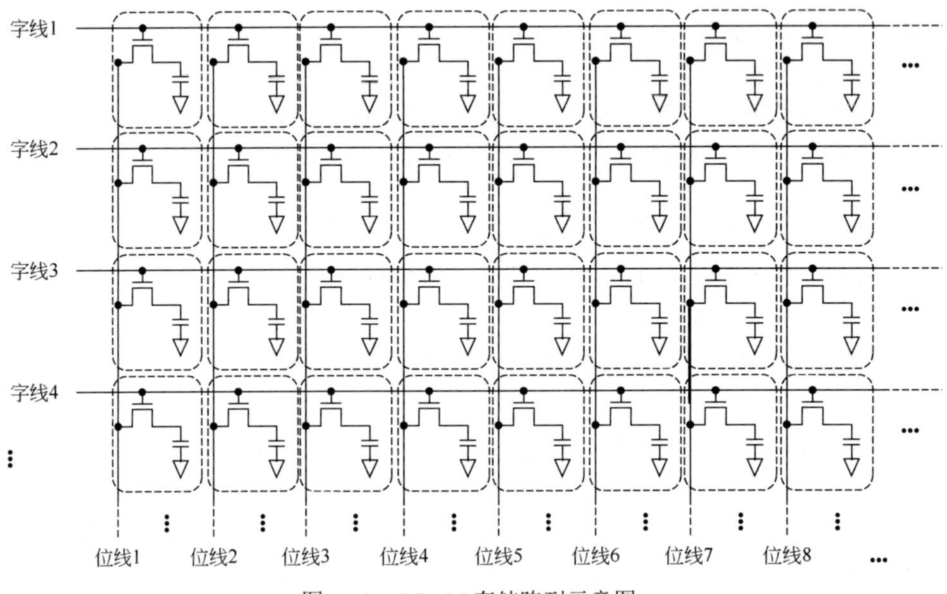


图 1-19　DRAM 存储阵列示意图

① 刷新操作的过程

a. 按行来进行内部的读操作。

b. 由刷新计数器产生行地址，选择要刷新的行进行读操作，读操作即对应刷新的过程。刷新一行的时间即是存储周期（存取周期就是两次读或写之间所需最小的时间间隔）。

c. 需要刷新的行数为单个芯片单个矩阵的行数（对于内部包含多个存储矩阵的芯片，各个矩阵同一行同时被刷新）。

② 刷新方式

a. 集中刷新：该刷新方式是在刷新周期内，选一段时间，对 DRAM 的所有行全部刷新一遍。在此期间停止对存储器的读写操作，这段时间称为"死时间"，又称"访存死区"。假设有一个 DRAM，容量大小是 128×128，存储周期是 500 ns，则死区时间就是 500ns×128=64μs。

b. 分散刷新：一般来说，刷新一次的时间对应于一个存取周期，而分散刷新就是在每个存储周期后刷新一行。假设原本芯片的存取周期是 0.5μs，在执行分散刷新时，在每个存取周期后要刷新一行（需要 0.5μs），这样一来，系统存取周期就变成 1μs 了。分散刷新是每访问一次就刷一次，因此降低了整机的速度。

c. 异步刷新：异步刷新结合了上面两种刷新，将集中刷新的死区时间平均分散开来。假设 DRAM 的容量是 128×128，则只需要刷新 128 次，并且每 2 ms/128= 15.625μs 刷新一行。

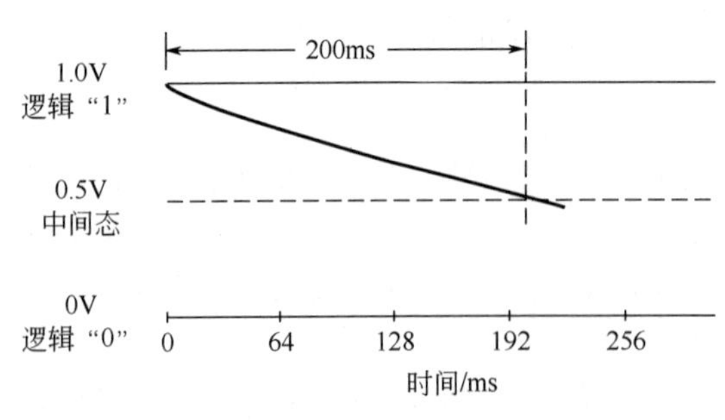


图 1-20　DRAM 存储单元无刷新操作时的漏电曲线

下面以某厂生产的 DRAM 存储器为例，解释一下刷新时间的设定方案。如图 1-20 所示为 DRAM 存储单元无刷新操作时的漏电曲线。这个曲线由厂家提供，可以在产品手册中查到。从图中可以看出，当没有刷新操作时，DRAM

存储单元高电位的电平会随着时间慢慢降低，在 192ms 时，电位降低至 $V_{dd}/2$。因此，按照 JEDEC 标准，规定每 64ms 刷新一次，如图 1-21 所示。

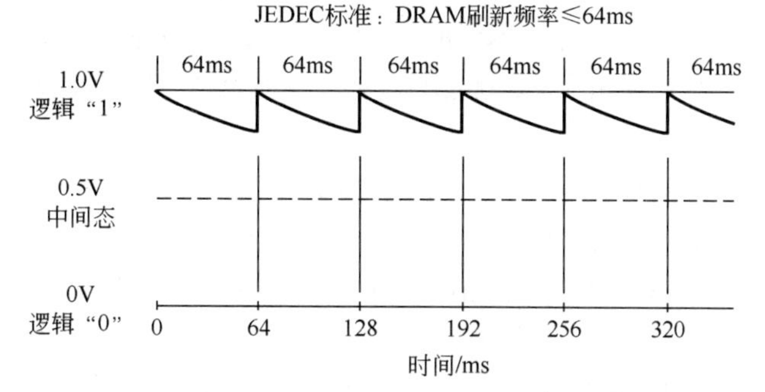


图 1-21　DRAM 存储单元刷新操作下的电压曲线

DRAM 刷新电路的电路结构如图 1-22 所示，在刷新开始之前最下方的两个反相器两端分别预充电至 $V_{dd}/2$，之后依次选中各行进行刷新。当选中单元原先存有“1”时，则与之相连的预充值会慢慢升高到“1”；而当选中单元原先存有“0”时，则与之相连的预充值会慢慢下降到“0”。

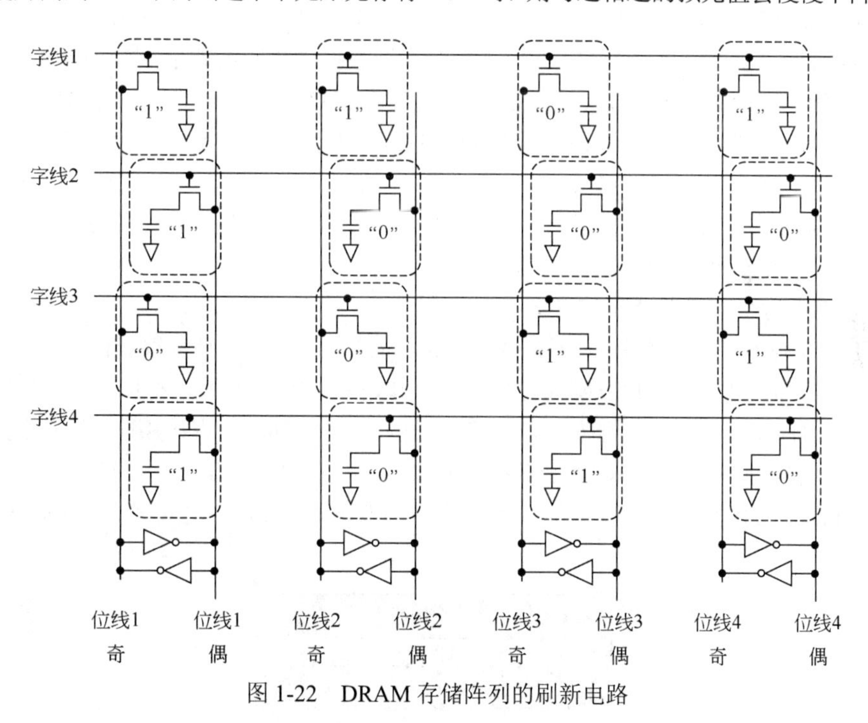


图 1-22　DRAM 存储阵列的刷新电路

## 1.2.4　Flash 存储器

智能手机除了有一个可用的空间（如苹果 8G、16G 等），还有一个 RAM 容量，很多人都不是很清楚，为什么需要两个这样的芯片作存储呢？这就是我们下面要讲到的。

实际上，“Flash 存储器”经常可以与 “NOR 存储器”互换使用。许多业内人士也搞不清楚 NAND 闪存技术相对于 NOR 存储器技术的优越之处，因为大多数情况下闪存用来存储少量的代码，这时也可以采用 NOR 存储器。而 NAND 则是高数据存储密度的理想解决方案。

NOR Flash 的读取和我们常见的 SRAM 和 DRAM 的读取是一样，用户可以直接运行装载在 NOR Flash 中的代码，这样可以减少所需 SRAM 的容量。NAND Flash 没有采取内存的随机读取技术，它的读取是以一次读取一块的形式来进行的，通常是一次读取 512 个字节。采用这种技术的 Flash 比较廉价。用户不能直接运行 NAND Flash 中的代码，因此好多使用 NAND Flash 的开发板除了使用 NAND Flash 以外，还使用了一块小的 NOR Flash 来运行启动代码。

NOR Flash 是 intel 公司 1988 年开发出的 NOR Flash 技术。NOR 的特点是芯片内执行（eXecute In Place，XIP），这样应用程序可以直接在 Flash 闪存内运行，不必再将代码读到系统 RAM 中。NOR 的传输效率很高，在 1～4MB 的小容量时具有很高的成本效益，但是较低的写入和擦除速度大大影响了它的性能。

NAND Flash 内存是 Flash 内存的一种，1989 年，东芝公司发表了 NAND Flash 结构。其内部采用非线性宏单元模式，为固态大容量内存的实现提供了廉价有效的解决方案。NAND Flash 存储器具有容量较大、改写速度快等优点，适用于大量数据的存储，因而在业界得到了越来越广泛的应用，如嵌入式产品中包括数码相机、MP3 随身听记忆卡、体积小巧的 U 盘等。

程序能直接在 NOR Flash 执行的原因是 XIP。Flash 内执行是指 NOR Flash 不需要初始化，可以直接在 Flash 内执行代码。但往往只执行部分代码，比如初始化 RAM。

NAND Flash 器件使用复杂的 I/O 口来串行存取数据，8 个引脚用来传送控制、地址和数据信息。因为时序较为复杂，所以一般 CPU 最好集成 NAND 控制器。另外，因为 NAND Flash 没有挂接在地址总线上，所以如果想用 NAND Flash 作为系统的启动盘，就需要 CPU 具备特殊的功能。如果 CPU 不具备这种特殊功能，用户不能直接运行 NAND Flash 中的代码，那么可以采取其他方式，比如好多使用 NAND Flash 的开发板除了使用 NAND Flash 以外，还使用了一块小的 NOR Flash 来运行启动代码。

（1）Flash 存储器的基本结构

Flash 的基本存储结构是基于浮栅（Floating Gate）的，它是一种三端器件，由电压控制，类似于场效应管，其三个端口分别为源极、漏极和栅极（图 1-23）。与场效应管的区别在于 Flash 有两个栅极，一个为控制栅极（以下简称栅极），与外部电路直接相连；另一个为浮栅，被一层二氧化硅绝缘体包裹着，处于栅极与衬底之间，用来存储电荷。浮栅中是否有存储电荷决定了 Flash 的数据内容，当浮栅中有电子时，Flash 数据为 0；当浮栅中无电子时，Flash 的数据为 1。

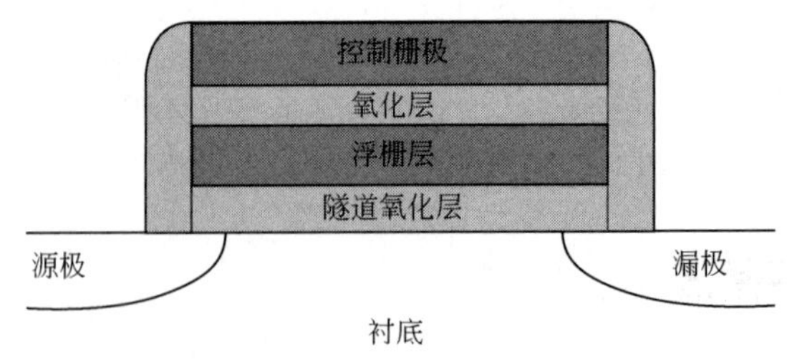


图 1-23 Flash 存储单元物理结构

Flash 的擦写操作有沟道热电子注入和 F-N 隧穿效应（Fowler-Nordheim Tunneling）。其中，沟道热电子注入为一种常见的 Flash 写机制，实现方式为同时对漏栅两极施以高电压，产生横向电场并作用于衬底沟道中的电子，使其得到高能量进而变成热电子，经栅电场的吸引跃过绝缘层，最终到达浮栅，实现热电子注入；而 F-N 隧穿效应可以实现 Flash 的写入和擦除，实现方式则是将电压施加到栅衬之间，此时则会产生强电场，在其作用下，电子穿过较薄的绝缘层，实现到浮栅的注入或逃出。

Flash 的读出操作则是通过向栅极施加一定电压，根据电流大小来确定 Flash 的存储数据，即为“1”时电流大，为“0”时电流小。若浮栅中无电子，在施加电压的情况下，就会有大量电子在源漏间移动形成电流。若浮栅中有电子，则此电子会吸收施加电压，因此对沟道的影响较小，沟道中传导的电子相应地也减少，进而电流也就较小。

图 1-24 所示为典型的 NAND Flash 存储器结构示意图，其中核心存储单元是 NAND Flash 阵列。外部如果想对这个存储阵列中的数据进行读取，需要通过 I/O 控制模块输入地址；地址信息读入地址寄存器中，通过行译码和列译码电路进行地址编译，然后对应到 Flash 存储阵列中，读出相应的数据；该数据先暂存在数据寄存器中，完成读取数据的校验，然后通过 Cache 寄存器输出。另外，图 1-24 中还有控制逻辑模块，用来完成上述数据读取过程的逻辑控制。

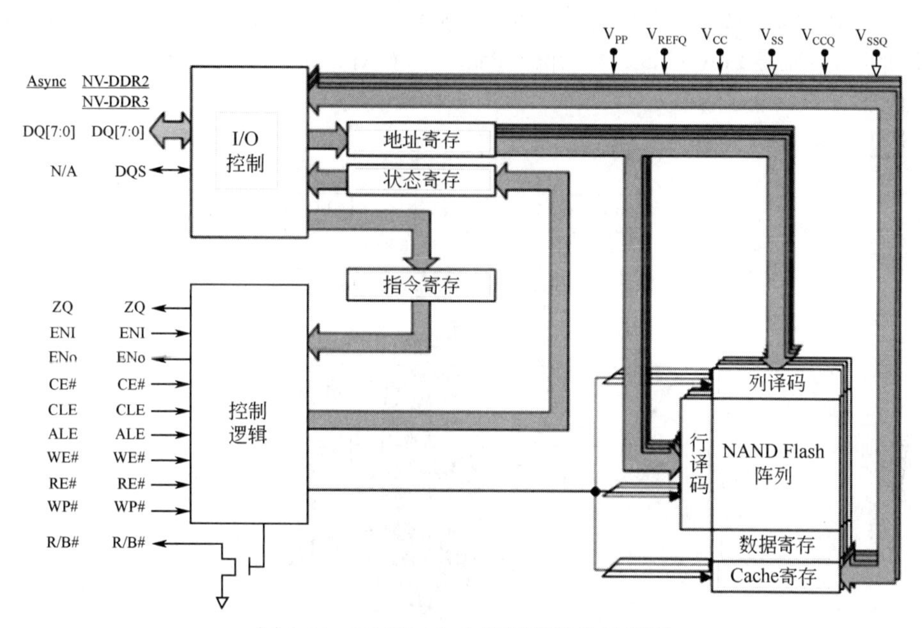


图 1-24　NAND Flash 存储器结构示意图

（2）Flash 存储器的层次结构

NAND Flash 的页大小通常为 512B、2KB 或 4KB，而 NOR Flash 能够以字节为单位进行数据访问。NAND Flash 的一个块通常包括 32 个、64 个或 128 个页。在 NAND Flash 中，每个页包含数据区和带外区两部分。其中，数据区存储用户数据，而带外区存储 ECC（Error Correcting Codes）。以下以 NAND Flash 为例，详细介绍 Flash 的层次结构。

① Device：即封装好的 NAND Flash 单元，包含了一个或者多个 Target。

② Target：一个 Target 包含一个或者多个 Lun，一个 Target 的一个或者多个 Lun 共享一组数据信号。每个 Target 都由一个 CE 引脚（片选）控制，即一个 Target 上的几个 Lun 共享一个 CE 信号。

③ Lun：又可以称作 Die，是闪存内可执行命令并回报自身状态的最小独立单元。一个 Lun 可以拥有 1 到多个 Plane。如东芝 BiCS3 闪存的一个 512Gb Die，包含了两个 256Gbit 容

量的 Plane 面，总容量为 512Gbit。

④ Plane：每个 Plane 都是由数百乃至数千个 Block 页组成的。每个 Plane 都有独立的页寄存器（Page Register）和缓存寄存器（Cache Register）。

⑤ Block（块）：每个 Block 都是由数百乃至数千个页（Page）组成的。块是 NAND Flash 的最小擦除单元。

⑥ Page（页）：每个页由大量的单元（Cell）构成，每个页的大小通常是 16 KB。页是闪存当中能够读取和写入的最小单位。即如果需要读取 512 字节的数据，那在闪存层面上就必须将包含这 512 字节数据的整个页内容全部读出。

⑦ 单元（Cell）：单元是闪存的最小工作单位，执行数据存储的任务。闪存根据每个单元内可存储的数据量分成 SLC（1 bit/Cell）、MLC（2 bit/Cell）、TLC（3 bit/Cell）和 QLC（4 bit/Cell），成本依次降低，容量依次增大，耐用度也依次降低。

图 1-25 所示为一个 Block 的组织结构示意图，其中每一行对应一个字线（如图中圆圈所示），而一个字线对应着一个或若干个页。对 SLC 来说，一个字线对应一个页；而 MLC 则对应 2 个页，分别是 Lower Page 和 Upper Page；TLC 对应 3 个页。一个页有多大，那么一条字线上面就有多少个存储单元（Cell），就有多少个位线。

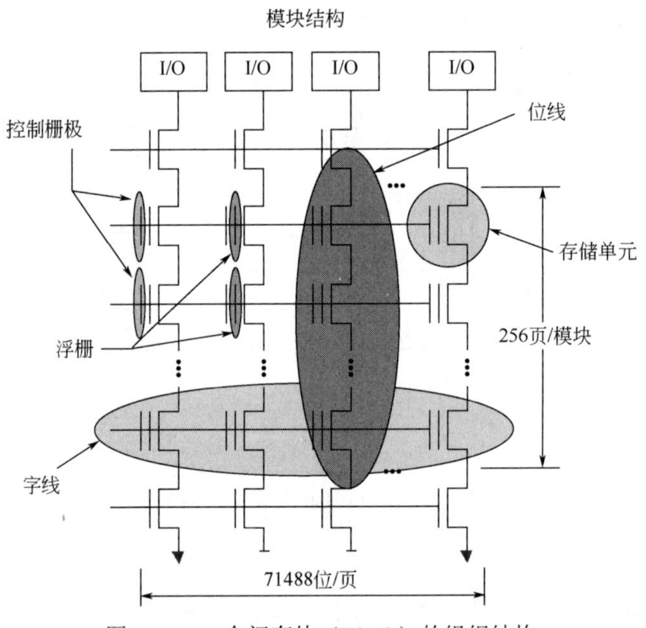


图 1-25　一个闪存块（Block）的组织结构

一个 Block 中的所有存储单元（Cell）都是共用一个衬底的。这就是为什么在对 Flash 进行擦除操作的时候，是以 Block 为单位的。因为在组织结构上，一个 Block 中的所有存储单元是共用一个衬底的。当对某衬底施加强电压时，上面所有浮栅极的电子都会被吸出来。

## 1.2.5　磁阻随机存取存储器

（1）磁阻随机存取存储器技术简介

磁阻随机存取存储器（MRAM）是固态、非易失性磁存储器件，存储数据由磁化方向表示，并由电阻测量读出。MRAM 经常被描述为理想的全目标固态存储器，预期它能提供现有的多种不同存储器，如 SRAM、DRAM、EEPROM 和快闪存储器的性能组合。按照 MRAM 支持者的说法，这种技术对于低电压应用，优于 SRAM、DRAM 和快闪存储器，它比 DRAM 工艺需要的光刻步骤更少。

早期的 MRAM 建立在各向异性磁阻效应 AMR 的基础上。因为在薄膜中 AMR 效应的幅度一般小于 5%，所以 AMR 主要限于军事和空间应用。在 1988 年，巨磁阻效应（GMR）的发现改变了这种状况。巨磁阻效应可以用较小的元件实现较高的阻抗和较大的 MR 效应(5%～15%），因而有较高的输出信号。巨磁阻效应也用于商业产品，如硬盘驱动器（HDD）读出头和磁传感器。

磁隧道结领域的突破发生在 1995 年，隧道磁阻（TMR）效应在室温下被显示出来，这进一步促进了 MRAM 的开发。TMR 的缺点是它有较高的磁阻，这减慢了电子流。然而，东芝公司开发了一种铝氧化物绝缘体，它可以改善 TMR 的电阻率，同时保持它优良的 MR 比。东芝公司还开发了一种双结结构，可以在加偏压时使 MR 比下降得不多。

一般说来，对于 GMR 和 TMR，如果在多层薄膜中的磁化方向是平行的，就会导致低电阻，而磁化方向相反则产生高电阻。对于存储位的表示，存在不同的可能性。利用两个铁电层，在不同的磁场下改换它们的磁化方向，其结构可用不同的磁材料层或同一材料不同厚度的层构成。

电子可以两种量子态存在：如果它们的自旋平行于它们周围的磁场，为自旋向上；如果方向与磁场反平行，为自旋向下。在非磁性导体中，在所有能带中有相等数目的自旋向上和自旋向下的电子。然而，由于铁磁的交互作用，在铁磁材料的导电子能带中，自旋向上和自旋向下的电子数目是不同的。因此，电子进入一个铁磁导体中被散射的概率取决于它的自旋和这一层磁矩的方向。

两个薄铁磁层的电阻可以改变，这取决于铁磁层的磁矩是平行的或是反平行的。有平行磁矩的层，将有较少的界面散射、较长的平均自由程和较低的电阻。有反平行磁矩的层，将有更多的界面散射、较短的平均自由程和较高的电阻。

图 1-26 所示是磁隧道结结构和两种不同的状态，磁隧道结的结构与巨磁阻的结构相似，不同的是巨磁阻中间的非磁性金属层换成了绝缘层。磁隧道结下面的铁磁层要求磁化方向固定，称为参考层；磁隧道结上面的铁磁层，其磁化方向可以改变，称为自由层。中间的将两层铁磁层隔开的薄绝缘层的典型厚度只有 1～2nm，这样电子就能从一个铁磁层隧穿到另一铁磁层。隧穿电流的大小取决于两个铁磁层的相对磁化方向：当相对磁化方向处于平行态时，电阻低，称为低阻态，电子可以很容易地通过绝缘层；而当相对磁化方向处于反平行状态时，电阻高，称为高阻态，电子就很难通过绝缘层。因此，磁隧道结的电阻可以在两个状态下来回切换：平行态时电阻低，反平行态时电阻高。这就是隧穿磁电阻效应。

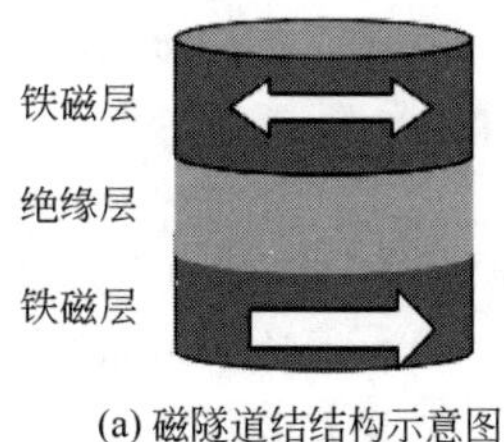

(a) 磁隧道结结构示意图

(b) 平行态-低阻态

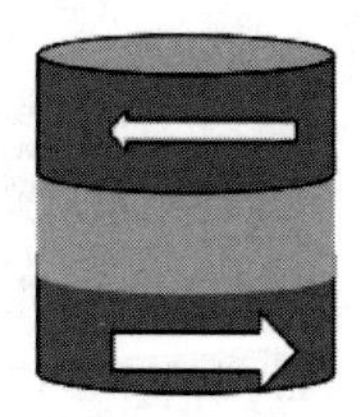
(c) 反平行态-高阻态

图 1-26　磁隧道结结构和两种不同的状态

研究结果显示 MRAM 有以下特点：

① 快速的读、写速度 MRAM 比快闪存储器快得多。磁化方向的转换时间是相当短的（小于 1ns）。然而，像铁电存储器（FeRAM）一样，取址和读出时间取决于如阵列大小、互连和导入电阻等因素。Motorola 和 IBM 近来的展示，读/写时间在微阵列中小于 10ns。

② 优秀的耐久性 因为没有已知的退化机理，MRAM 可有所有存储器类型中最好的耐久性（对于写周期数）。

③ 工艺简单 在 CMOS 工艺的基础上，只需要外加 3～4 块光刻板，就可把 MRAM 加到 CMOS 工艺中去；而 Flash 工艺复杂，需要 2～3 倍的工艺步骤。

④ 等比例缩小潜力 随着工艺结点的不断缩小，MRAM 能够等比例缩小，集成密度可超过 1Gbit 密度。

对于 MRAM 存储器，也有一些非理想因素，包括：

① 与 Flash 单元相比，MRAM 存储单元面积较大。

② 写电流较大 磁性存储器反转所需要的写电流，不仅会对存储单元的面积产生影响，还会对整个存储阵列的外围写入/读取电路提出更高的要求，占用更多的面积，甚至产生更多的功耗。

（2）MRAM 单元和结构

MRAM 的发展历史并不久远，从 20 世纪 80 年代末第一款 MRAM 出现到现在，短短三十多年，MRAM 已经经历了多代更迭。

第一代 MRAM，称作 Toggle MRAM。Toggle MRAM 的结构与 DRAM 类似，由一个晶体管和一个磁隧道结 MTJ 构成。如图 1-27（a）所示，Toggle MRAM 的数据写入方式为磁场切换写入式，其中下方的写字线电流方向固定，用于产生磁场来固定下层磁性材料的电子自旋方向，上方位线的电流方向是可变的；通过控制电流大小，可以在字线与位线相交处产生合适的磁场，用来改变自由层中的电子自旋方向，同时不会对相邻的 MTJ 单元产生影响，并且电子自旋方向不会在掉电之后改变。但这种写入方式往往需要较大的电流来产生足够大的磁场，并且为了避免相邻 MTJ 之间磁场的干扰，需要设定合理间距，因此缩放尺寸不能过小。这就导致这种结构的 MRAM 的存储单元的排列密度较低，使其无法适应高密度指标要求。

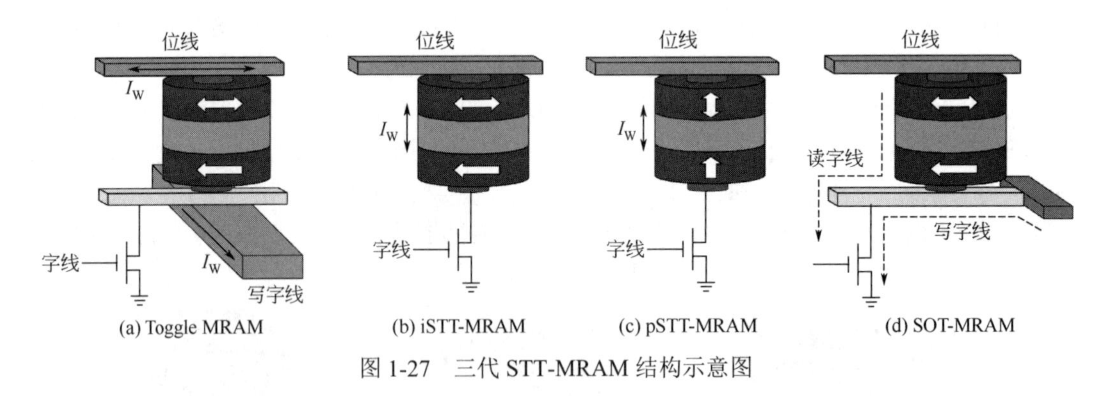


图 1-27 三代 STT-MRAM 结构示意图

第二代 MRAM 称为 STT-MRAM，这一代 MRAM 根据 MTJ 材料特性的不同又可以细分为平面型（in-plane MTJ，iMTJ）和垂直型（perpendicular MTJ，pMTJ），其结构如图 1-27（b）、（c）所示。与上一代不同，STT-MRAM 不再通过磁场切换的方式来改变电子自旋方向，而是引入自旋转移矩效应来控制电子自旋。该方法由 J. Slonczewski 等人于 1996 年率先提出，主要通过自旋极化电流来实现对自由层中电子自旋方向的控制，STT-MRAM 由此诞生。相比于上一代，STT-MRAM 不需要大电流提供翻转磁化的磁场，功耗得到再一次降低；同时，没有磁场的相互干扰，相邻存储单元的间距可以进一步缩小，使得 MRAM 存储阵列密度得到有效提升。平面型 MTJ 使用具有面内磁各向异性的材料，其主要优点是它相较于垂直型 MTJ 制造工艺更为简单，制备成本较低，其缺点是它无法扩展到非常高的密度。而垂直型 MTJ 使用垂直各项异性材料，在阵列排布时显示了更高的集成度。

目前针对第三代磁随机存储器的研究开始兴起，如图 1-27（d）所示，SOT-MRAM（Spin Orbit Torque Magnetic Random Access Memory）主要利用了自旋轨道转矩磁效应。SOT-MRAM 的出现主要是为了解决 STT-MRAM 中存在的高写入电流，读写共用同一路径等现象带来的可靠性问题，保证了更快的访问时间和更低的能耗。但是 SOT-MRAM 尚处于研究探索阶段，其中相关的机制尚不完善。

目前，在所有的 MRAM 存储单元类型中，STT-MRAM 已成为主流。

STT-MRAM 是一种电阻存储技术，其中材料中电子的磁性自旋变化会产生可测量的电阻率变化。从概念上讲，每个单元由两个磁体组成：一个是固定的，另一个是可以翻转的。当磁体彼此平行时，电阻低。当第二个磁铁反转方向时，电阻很高。

磁隧道结（MTJ）器件能够通过三个额外的掩膜嵌入芯片的线路后端（BEOL）互连层，因此 STT-MRAM 技术享有低功耗和低成本的优势。在商业代工厂中，STT-MRAM 的支持正在加速发展，Global Foundries、英特尔、三星、台积电和联电都已公开宣布为 28nm / 22nm 技术的 SoC 设计人员提供产品。

MRAM 的读数用交叉线阵列的方法，写某一单元等效于设置所要方向的磁化（例如，磁化向左为“0”，磁化向右为“1”）。加一个电流脉冲到位线和字线，就感应出一个磁脉冲。只有在两线这个交叉点的 MRAM 单元经受最大的磁场（即由这两个电流脉冲感应的场矢量叠加）时，它的磁化才反转。所有其他在位或字线下的 MRAM 单元，暴露于由单个电流脉冲产生的较低磁场，因此将不会改变它们的磁化方向。

（3）MRAM 的未来发展趋势

MRAM 已经表现出了优良的电学特性与强大的市场潜力，可能的商业应用场景，可以细分为两大市场——独立式存储和嵌入式存储，同时也有了部分成熟的商业化产品问世。2006 年，飞思卡尔（Free Scale）公司开售第一款 Toggle MRAM 芯片，容量 4Mbit，制程是 180nm。随后，飞思卡尔公司集资成立独立公司 Everspin 负责 MRAM 产品线，到 2016 年，Everspin 已经成功推出了 256Mbit 商业化产品。随后在 2019 年，Everspin 已经成功推出 1Gbit 容量的 STT-MRAM。此外，SK 海力士、东芝等存储器厂商近期也分别报道了 4Gbit 的 STT-MRAM 的实验室产品。但是，MARM 的商业化道路依旧艰辛，还有诸多问题亟待解决。

通过图 1-28 中的雷达图可以看出，目前商业化的 MRAM 在速度和耐久性上性能突出，只是稍逊 DRAM，远远超越了 Flash，但在价格和密度上依旧存在短板。归纳而言，现阶段的 MRAM 产品在速度和可靠性的性能指标上已经可以满足市场需求，但想要取代同类产品，需要考虑如何实现高密度集成与降低单位密度价格。

如图 1-29 所示，MRAM 的高密度研究经历了写入方式、MTJ 材料、制备工艺等多种因素的制约。从最初的基于磁场切换技术的写入方式转变到基于自旋转移矩（STT）效应切换的写入方式，由此从第一代 Toggle MRAM 升级到第二代 STT-MRAM。该切换机制使得 MRAM

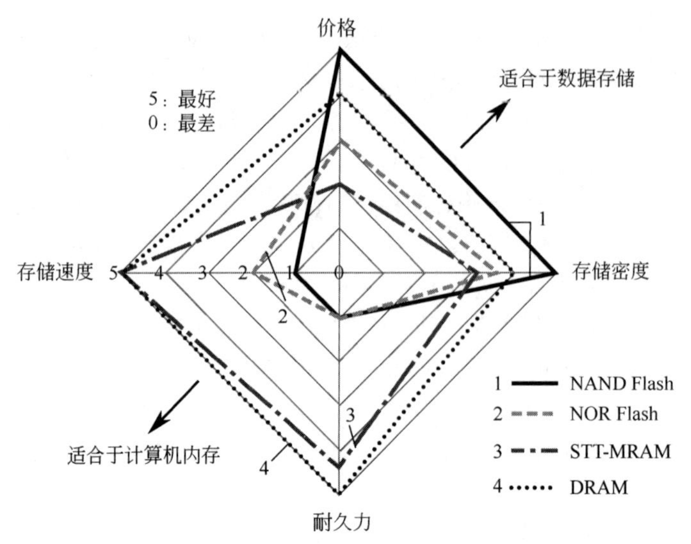


图 1-28　主流商业存储器性能雷达图

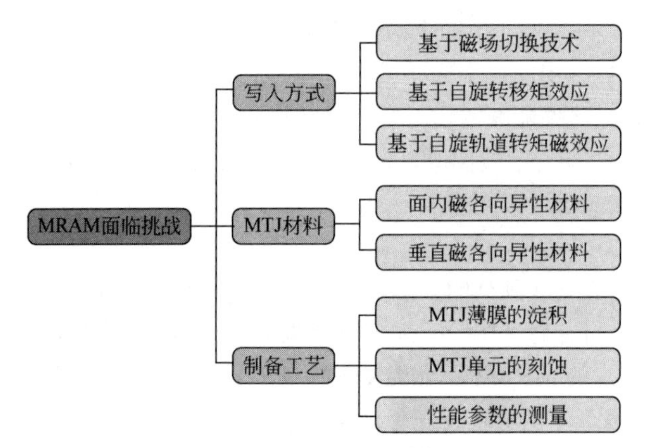


图 1-29　MRAM 面临的挑战

可扩展到较小的尺寸。除了写入机制的进步之外，存储材料也发生了重大变化，从使用面内磁各向异性材料的平面型 MTJ 器件转移到使用垂直磁各向异性（PMA）材料的垂直型 MTJ 器件，基于 pMTJ 的 MRAM 相较于 iMTJ 可以扩展到更小的尺寸。目前 MRAM 面临的挑战主要体现在制备工艺上。

制备工艺的挑战主要聚焦在以下三个方面：

① MTJ 堆栈的淀积：目标是获得高质量堆栈，涉及淀积工艺的选择。化学气相淀积（CVD）、物理气相淀积（PVD）、磁控溅射等方式先后应用于 MTJ 薄膜淀积工艺当中。同时需要对表面的均匀性有严格要求。

② MTJ 单元的刻蚀：离子束刻蚀 IBE、反应离子刻蚀 RIE、电感耦合等离子体刻蚀 ICP 等刻蚀方式先后被应用于 MTJ 的刻蚀中，用于取得高质量的 MTJ 存储单元。同时，对刻蚀产物再淀积、刻蚀高度各向异性等都需要严格控制。

③ 性能参数的测量：制备出来的 MTJ 器件需要实现电学性能和磁性能的高速测量。

过去几十年中，研究人员的目光聚焦在如何制造出高质量的 MTJ 单元，实现较高的 TMR 值，却少有对高密度集成工艺的研究。如何通过工艺优化提高集成密度是一个十分值得关注的研究方向。

目前，系统设计师正在将 STT-MRAM 技术用于低功耗 MCU 设计（例如 IoT 穿戴式设备），这些设计可以从较小的芯片尺寸中受益。STT-MRAM 通常会取代嵌入式闪存。对于自动驾驶雷达 SoC，STT-MRAM 的数据保留和密度是显著的优势。在不久的将来，STT-MRAM 将在最终应用（例如超大规模计算、内存计算、人工智能和机器学习）中替代 SRAM。

### 1.2.6 习题

1. 根据 6 管 SRAM 单元的工作原理，利用合适的仿真工具进行仿真，并根据仿真结果，利用蝴蝶图原理进行性能指标的分析。

2. 通过查阅资料，熟悉不同结构 SRAM 单元设计的思路，讨论不同结构 SRAM 单元的特点。

3. 根据 DRAM 单元的工作原理，利用合适的仿真工具进行仿真，并根据仿真结果与第 1 题的 SRAM 单元的仿真结果进行对比，分析两种存储单元的特点。

4. 根据 Flash 存储单元的工作原理，试分析 Flash 存储器产业化的关键点有哪些。

5. 通过查阅资料，了解 3D-Flash 存储芯片的实现方法及特点。

6. 根据 MRAM 存储器的工作特点，分析其未来的发展趋势。对于目前成熟的半导体存储器，试讨论 MRAM 存储器的应用方向。

## 1.3 存储器的阵列设计

### 1.3.1 引言

许多现代数字设计中，硅片面积的大部分用于存储数据值和程序指令。在今天高性能的微处理器中有一半以上数量的晶体管用于高速缓存器（Cache），并且预期这一比例还会进一步提高。这一情形在系统级甚至更为突出。显然，高密度的数据存储电路是数字电路或系统设计者的主要考虑之一。

为了有效利用芯片面积，将存储单元组织成大的阵列，这可以使外围电路的开销最小并增加存储密度。这些阵列结构的大尺寸和复杂性造成了各种各样的设计问题，其中一些将在本节中讨论。我们首先介绍存储器总体结构以及它们主要的功能模块。接着，将分析不同的存储单元以及它们的性质。从某种意义上讲，可以将存储器设计看成一个高性能、高密度和低功耗电路的设计实例。

当实现一个 $N$ 个字、且每字为 $M$ 位的存储器时，最直接的方法是沿纵向将连续的存储字堆叠起来，如图 1-30（a）所示。如果我们假设这一模块是一个单口存储器，那么通过一个选择位（从 $S_0$ 至 $S_{N-1}$）每次选择一个字来读或写。这一方法比较直观，当存储器容量很小时可以很好地工作，但在大容量存储器场合则会遇到许多问题。

假设我们想要实现一个含 100 万个（$N$=$10^6$）8 位（$M$=8）字的存储器。应当注意 100 万是实际储存容量的简化说法，因为存储器的容量总是 2 的几次方。在这一具体例子中，实际的字数等于 $2^{20}$=1024×1024=1048576，为使用方便，在实际中常常将这一存储器表示为 1M 字单位。

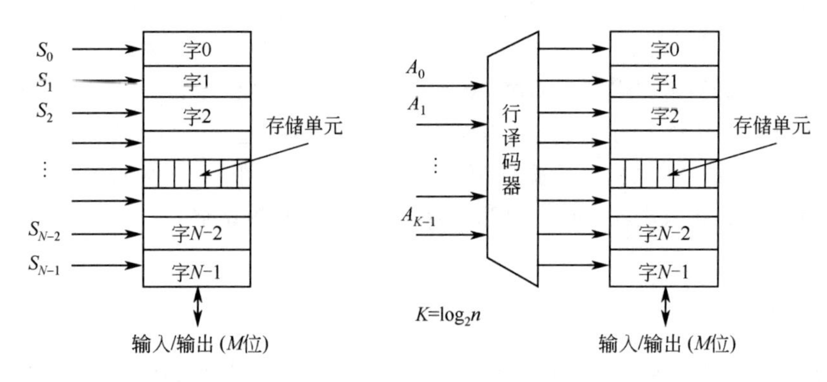


(a) 直接实现的$M\times N$存储器结构　　(b) 译码器减少了地址位的数目

图 1-30　$N$ 个字存储器的总体结构（其中每个字为 $M$ 位）

当采用图 1-30（a）所示的策略来实现这一结构时，因为每个单元需要一个选择信号，所以一共需要 100 万个选择信号。由于这些信号通常由片外或由芯片的另一部分来提供，这意味着存在难以克服的布线或封装问题。针对这个问题，采用译码器可以减少选择信号的数目，如图 1-30（b）所示。通过提供一个二进制编码的地址字（$A_0$～$A_{K-1}$）来选择一个存储字。译码器将这一地址转换成 $N=2^K$ 条选择线，其中每次只有一条起作用。这一方法将例子中外部地址线的数目从 100 万减少到 20，从而消除了布线和封装问题。

虽然通过译码器解决了存储单元的选择问题，但并没有说明存储器的宽长比。一般来说，存储阵列被组织成行和列几乎相等的结构。为了将所需要的字送到输入/输出端口，需要加上一个称为列译码器的额外电路，其原理如图 1-31 所示，地址字被分成列地址（$A_0$～$A_{K-1}$）和行地址（$A_K$–$A_{L-1}$）。行地址可读写一行的存储单元，而列地址则从所选出的行中找出一个所需要的字。

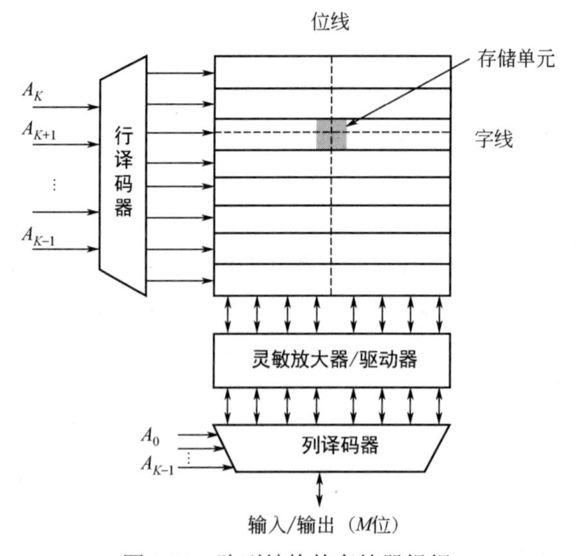


图 1-31　阵列结构的存储器组织

图 1-31 包含了存储器的一些常用术语，图中水平选择线可以选择一行单元，称为字线（Word Line），而将一列单元连至输入/输出电路的导线称为位线（Bit Line）。

大容量存储模块的面积主要是由存储器内核的尺寸来决定的。因此，使基本存储单元的尺寸尽可能地小是非常关键的。我们可以用一个寄存器单元来实现一个 R/W 存储器，但这样一个单元中每位所要求的晶体管数很容易就会超过 10 个，将它用在大容量存储器中会使所要求的面积过大。因此，为了减小存储单元尺寸，半导体存储单元会牺牲一些指标，如噪声容限、逻辑摆幅、输入/输出隔离、扇出或速度等。

虽然这样将存储单元的性能进行一定的折中可以减少单元面积，但当存储单元与外围电路进行接口时，必须要依靠外围电路来恢复所希望具有的数字信号特性。例如，存储器内，常常使位线上的电压低于电源电压，这样可以降低传播延时和功耗。在存储器阵列内部可以控制串扰和其他干扰，因此保证了即使对于非常小的信号摆幅也能得到足够的噪声容限。然而，在与外部接口时，则要求将内部摆幅放大到电源至地的全幅度。这是由图 1-31 所示的灵敏放大器（Sense Amplifier）来完成的。这些外围电路的设计将在后续讨论。放宽对许多数字电路特性的要求使得设计者有可能将单个存储单元的晶体管数目减少到在 1～6 个晶体管之间。

图 1-31 所示的结构适用于 64～256Kbit 范围的存储器。更大的存储器由于字线和位线的长度、电容和电阻变得过大而开始出现严重的速度下降问题。因此在设计容量比较大的存储器时，一般采用层次化的存储结构，如图 1-32 所示。

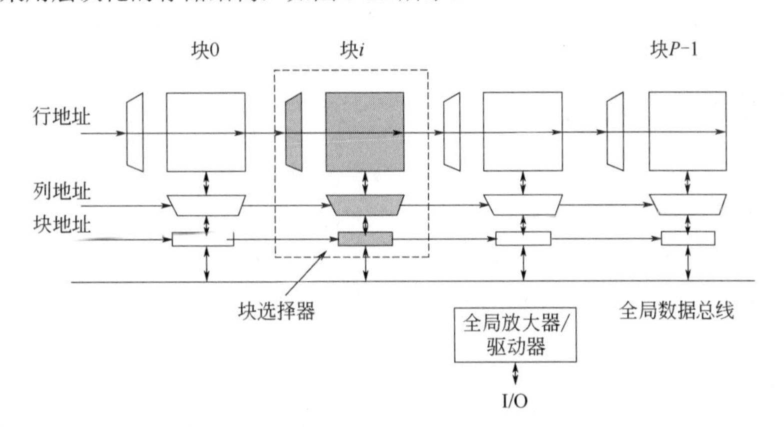


图 1-32　层次化的存储结构

如图 1-32 所示层次化的存储结构，可以有多种不同的形式。它们之间的差别包括灵敏放大器的位置、字线和位线的分割以及所采用的译码器类型。但基本概念是相同的，即将一个大容量存储器分割成较小的子部分，这样有利于解决由于连线过长引起的延时问题。当然，这种分割会带来硬件上的额外开销，但由此带来了整体性能和功耗方面更大的获益。

存储器设计常常被忽略的部分是输入/输出接口和控制电路。I/O 接口的性质对存储器的总体控制和时序具有极大的影响。只要将典型 DRAM 和 SRAM 部件的输入输出行为与相关的时序结构相比较，就可以清楚地看出这一点。

DRAM 存储器一般选择采用多路分时寻址技术，地址字的下半部分和上半部分依次出现在同一个地址总线上。这一方法减少了封装引线的数目并且在以后各代存储器中一直沿用。降低引线数目可以降低成本和体积，但要以性能为代价，可以通过升高几个读取选通脉冲来确认是否有新的地址字存在。如图 1-33（a）所示，通过升高 RAS（行读取选通脉冲）信号，表示地址的最高有效位部分已出现在地址总线上，因此可以开始字（地址）译码过程。随后放上地址的最低有效位（bb）部分，并使 CAS（列读取选通脉冲）信号有效。为了保证存储器正确工作，应当仔细安排 RAS-CAS 期间的时序。事实上，RAS 和 CAS 信号的作用相当于存储器模块的时钟输入，它们用来同步存储器的工作，包括译码、存储器核存取和灵敏放大等。

SRAM 存储器的时序如图 1-33（b）所示，整个地址字出现一次，并提供电路自动检测该地址总线上的任何变化。不需要任何外部的时序信号，所有内部的时序操作（如启动译码器和灵敏放大器等）都来自内部产生的翻转信号。这一方法的优点是 SRAM 的周期时间接近或等于它的存取时间，这一点与 DRAM 的情形完全不同。

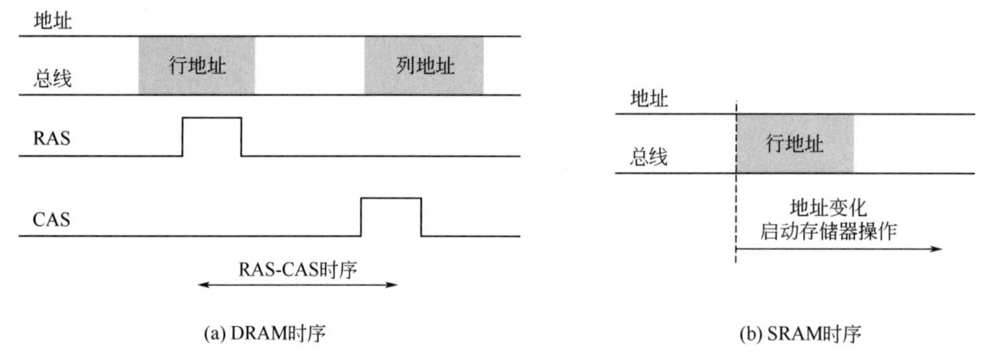


图 1-33　DRAM 和 SRAM 存储器的输入/输出接口以及它们对存储器控制的影响

## 1.3.2　存储器外围电路

由于存储器是以性能和可靠性为代价来换取面积的减小的，在与外部接口时，需要依赖外围电路恢复电信号的完整性。虽然存储器内核的设计主要取决于工艺考虑，并在很大程度上已超出了电路设计者的控制范围，但一个好的设计者能在外围电路的设计中发挥作用，使存储器的性能大为改观。本节将讨论地址译码器、灵敏放大器、参考电压、驱动器/缓冲器以及存储器的时序与控制。

（1）地址译码器

当一个存储器能随机根据地址存取时，就必然有地址译码器。这些译码器的设计对存储器的速度和功耗有重要影响。在设计这些存储器时，最重要的是要从整个存储器的布局考虑。这些译码单元应紧密搭接到存储器的内核，所以译码器单元的几何尺寸必须和内核尺寸匹配（节距匹配），否则就会造成布线的极大浪费，以及由此引起的延时和功耗的增加。

① 行译码器　考虑一个 8 位地址译码器，它的每一个输出 $WL_i$ 是 8 个输入地址信号（$A_0$～$A_7$）的一个逻辑函数。例如地址为 0 和 127 的行是由下列逻辑函数确定的：

利用一个八输入的 NAND 门和一个反相器，这一函数可以用两级逻辑来实现。对于单级实现，则可以表示为或非运算：

$$WL_0 = \overline{A_0 + A_1 + A_2 + A_3 + A_4 + A_5 + A_6 + A_7}$$

$$WL_0 = \overline{A_0 + \overline{A_1} + \overline{A_2} + \overline{A_3} + \overline{A_4} + \overline{A_5} + \overline{A_6} + \overline{A_7}}$$

事实上，为实现这一逻辑功能，每行需要一个 8 输入的或非门。这就向我们提出了几个需要解决的难题：第一，宽或非门的版图必须在字线节距的范围内；第二，门的大扇入对性能会有负面影响。译码器的传播延时也是一个非常重要的问题，因为它直接加到读和写的存取时间上；此外，这个或非门必须驱动来自字线的大负载，而它本身又不会使输入地址过载；最后，必须注意译码器的功耗问题。下面将讨论各种静态和动态实现的方法。

② 静态译码器设计　用互补 CMOS 来实现宽或非功能是不现实的，一种可能的解决办法是采用伪 NMOS 设计方式，这样能有效地实现宽或非门，但功耗方面不是很理想。实际工程中，一般可以将一个复杂的门分成两个或更多的逻辑层次，这样能产生更快和成本更低的实现方案。

考虑一个 8 输入的与非门译码器的情形，$WL_0$ 的表达式可以重组为以下形式：

$$
\begin{aligned}
WL_0 &= \overline{\overline{A_0}\;\overline{A_1}\;\overline{A_2}\;\overline{A_3}\;\overline{A_4}\;\overline{A_5}\;\overline{A_6}\;\overline{A_7}} \\
&= \overline{\overline{(A_0+A_1)}\;\overline{(A_2+A_3)}\;\overline{(A_4+A_5)}\;\overline{(A_6+A_7)}}
\end{aligned}
$$

在这一具体情形中，地址分为每 2 位一组，它们先被译码。所生成的信号随后用一个四输入的与非门组合，以产生字线信号的全译码阵列。所形成的结构如图 1-34 所示。

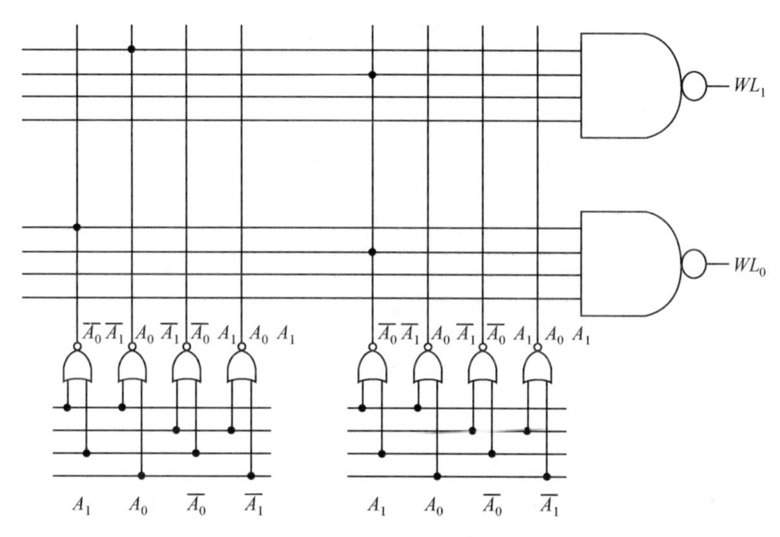


图 1-34　一个采用两输入预译码器的 NAND 译码器

运用预译码器有许多优点，首先有效减少了所需要晶体管的数目。假设预译码器用互补静态 CMOS 实现，那么在 8 输入译码器中有源器件的数目等于 256×8+4×4×4=2112，这是单级译码器的 52%，后者需要 4096 个晶体管。另外，采用预编码器，可有效减少传输延迟时间。一般来说，延迟时间与扇入数之间呈平方关系，如果采用预编码器后，扇入数减少了一半，则延迟时间被减少至原来的 1/4。

然而，在这一设计中，四输入的与非门连接驱动有很大负载的字线，因此，与非门的输出应当经过缓冲。由于反相器是最好的缓冲器，一般采用与非门加反相器的方案。

所有的大型译码器至少需要由两层结构来实现。这种预译码器-最终译码器结构还有另外一个优点：在每一个预译码器中增加一个选择信号，就能在一个存储器块未被选择时禁用其译码器，这就大大节省了功耗。

③ 动态译码器设计　如图 1-35 所示，这是一个 2 至 4 译码器的晶体管图和概念化的版图。注意，这一结构在几何上与 NOR ROM 阵列相同，差别只在于数据形式。

类似的方式还可以用一个 NAND 阵列来实现译码器，有效实现 8 输入 NAND 译码器的情形下的反相表达式。在正常情况下，除被选择的行为低电平以外，阵列的所有输出都为高电平。这一“低电平有效”的信号与 NAND ROM 的字线要求是一致的。注意，译码器与存储器之间的接口常常包括一个缓冲器/驱动器，它可以在需要时产生反信号。图 1-36 所示是一个 NAND 结构的 2 至 4 译码器。

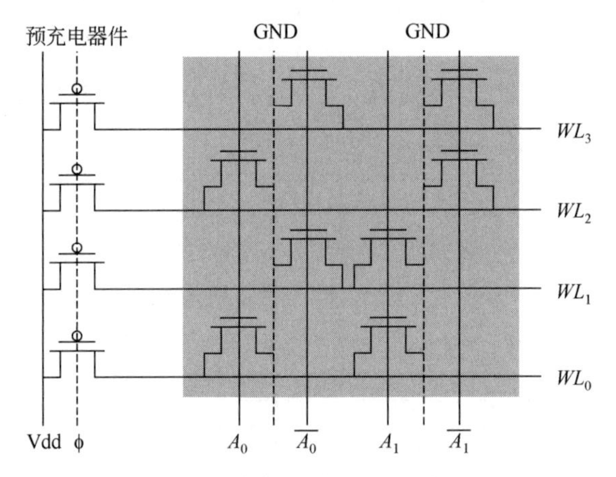


图 1-35　动态 2 至 4 NOR 译码器

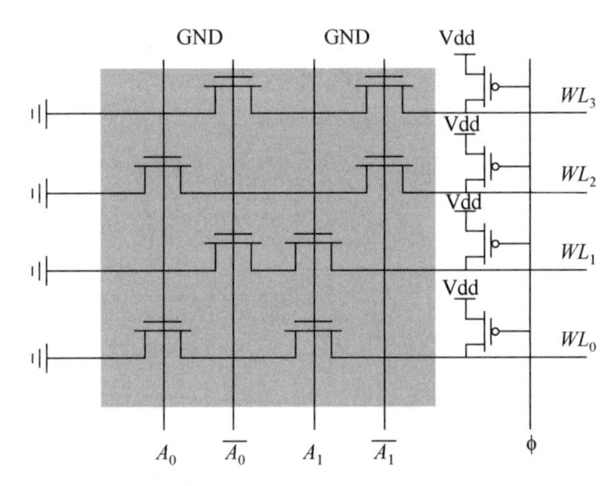


图 1-36　一个 2 至 4 MOS 动态 NAND 译码器

④ 列译码器和块译码器　列译码器应当与存储阵列的位线匹配。一个列译码器和块译码器的功能可以用一个具有 2*K* 个输入的多路开关进行最好的说明，这里 *K* 代表地址字的位数。对于读-写阵列，这些多路开关可以是单独的，也可以读和写操作共用。在读操作期间，它们必须提供一条从预充电位线至灵敏放大器的放电路径，在对存储阵列进行写操作时，它们必须能驱动位线至低电平，以将一个“0”写入存储单元中。

一般采用两种方法来实现这个多路选择功能，一种实现方法是基于 CMOS 传输管多路开关，传输管的控制信号采用一个 *K* 至 2*K* 的预译码器来产生，这一预译码器可按前面所介绍的步骤来实现。图 1-37 所示是一个只用 NMOS 管实现的 4 至 1 列译码器的电路图。当这些多路开关为读和写操作共用，以提供两个方向的全摆幅时，就必须采用互补传输门。这个方法的主要优点是它的速度快。因为只有一个传输管插在信号路径上，所以它只增加很小的额外电阻。

列译码是在读序列中最后执行的操作之一，因此它的预译码可以与其他操作（如存储器的访问及灵敏放大）并行执行，并且只要有了列地址就可以立刻执行，因此它的传播延时不

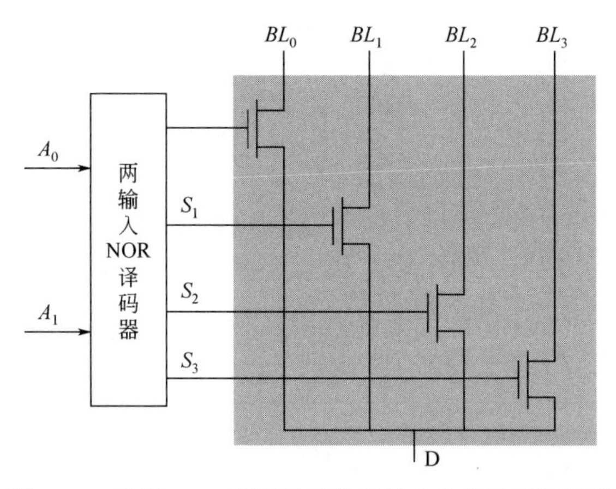


图 1-37　采用 NOR 预译码器的四输入传输管列译码器

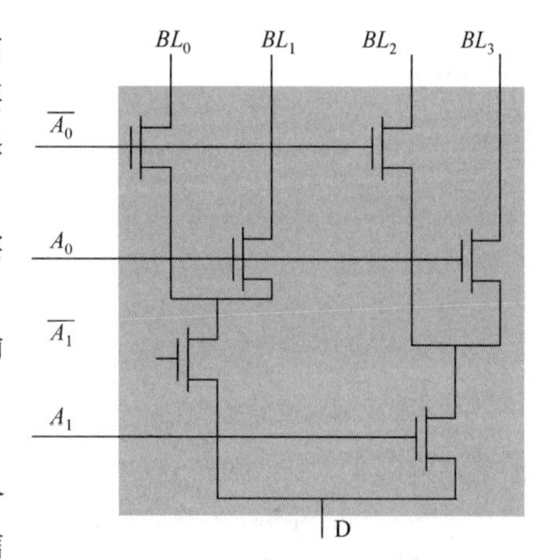


图 1-38　一个 4 至 1 的树形译码器

会加到存储器总的存取时间上。这一结构的缺点是它的晶体管数目很多。一个 2$K$ 个输入的译码器需要（$K$+1）×2$K$+2$K$ 个器件。例如，一个 1024 至 1 的列译码器需要 12288 个晶体管。

树形译码器（Tree Decoder）是一种更为有效的实现方法，它采用了二进制简化技术，如图 1-38 所示。注意它不需要任何预译码器。如下式所示（对于 2 个输入的译码器），器件的数目将大大减少：

$$N_{\text{tree}} = 2^K + 2^{K-1} + \ldots + 4 + 2 = 2 \times (2^K - 1)$$

这意味着一个 1024 至 1 的列译码器只需要 2046 个有源器件，相当于减少到 1/6。但是不利的方面是，在信号路径中插入了一个由 $K$ 个传输管串联而成的链。因为延时随分段的数目按平方关系增加，所以大译码器采用树结构时会慢得无法接受。这可以通过插入中间缓冲器来弥补。另外一种方法是逐次增大（树形译码器中）晶体管的尺寸，即自下而上地增加晶体管的尺寸。最后一种方法是把传输管和以树结构为基础的方法结合起来。地址字的一部分进行预译码，其余位则采用树结构译码。这样可以同时减少晶体管的数目和传播延时。

⑤ 非随机存取存储器的译码器　非随机存取存储器并不需要一个全译码器。在一个串行存取的存储器中，如视频行扫描存储器（Video-line Memory），译码器可以简化为一个 $M$ 位的移位寄存器，其中 $M$ 为行数。每次只有其中一位处于高电平，它称为指针（Pointer）。每执行一次存取，指针就移到下一个位置。图 1-39 显示了一个用 $C^2$MOS 实现的简化译码器的例子，其中 R 信号是指针循环信号，$\phi$为时钟控制信号。类似的方法也可以用于其他类型的存储器，如 FIFO（先进先出存储器）。

（2）灵敏放大器

灵敏放大器在存储器的功能、性能和可靠性方面都起着举足轻重的作用。特别是它们执行以下功能：

① 放大。在某些存储器结构中，如单管 DRAM 存储器，因为其电路摆幅一般限制在 100mV，所以需要放大才能正确工作。在其他存储器中，灵敏放大器可以分辨具有较小位线摆幅的数据，从而减少功耗和延时。

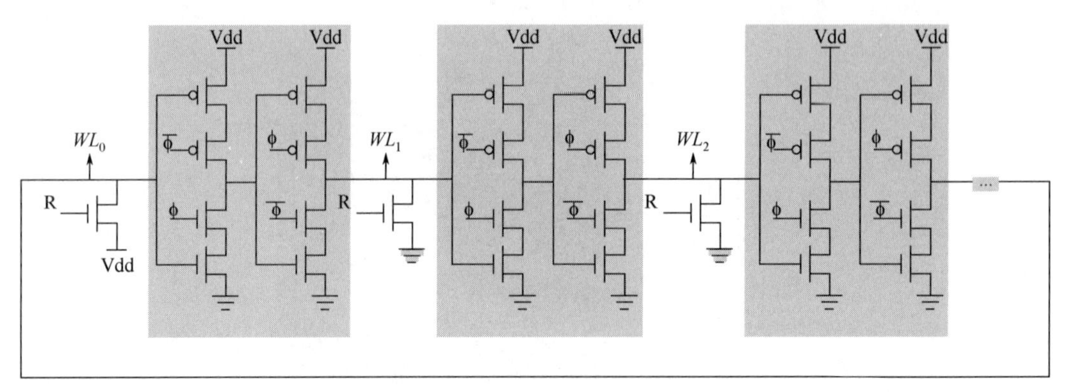


图 1-39 循环移位寄存器的译码器（R 信号使指针回到第一个位置）

② 减少延时。放大器通过加速位线过渡过程，或通过检测位线上很小的过渡变化并将它放大到较大的信号输出摆幅，这样可以弥补存储器单元有限的扇出驱动能力。

③ 降低功耗。减少在位线上的信号摆幅，可以消除大部分与充电和放电位线相关的功耗。

④ 恢复信号。在单管 DRAM 中读和刷新功能在本质上是联系在一起的，因此有必要在灵敏放大之后将位线驱动至全信号幅度。灵敏放大器的拓扑结构在很大程度上取决于存储器件的类型、电压大小以及存储器的整体结构。灵敏放大器本质上是一个模拟电路，对它的深入分析需要有坚实的模拟电路专业知识，因此在此只是简要地介绍一下这些器件的设计。

① 差分电压灵敏放大器 差分放大器将小信号的差分输入（即位线电压）放大为大信号的单端输出。一般认为差分方法较之相应的单端方法有许多优点，其中最为重要的一条是共模抑制（Common-mode Rejection）。

这就是说，如果注入两个输入的噪声相同，这个放大器就可以抑制它们。这对存储器特别有吸引力，因为在存储器中位线信号的确切值因芯片不同而不同，甚至在同一芯片的不同位置上也不同。换言之，1 或 0 信号的绝对值并不确定，可能会在一个很大的范围内变化。

在实际存储器中，由于存在多种可能的噪声源，情况变得更加复杂。这些噪声源可以是开关切换引起的电源电压上的尖峰信号，或字线和位线之间的电容串扰等。这些噪声信号的影响有可能非常严重，特别是我们注意到被检测的信号幅值一般都很小。一个差分放大器的作用表现在它抑止共模噪声和放大信号两方面。对两个输入相同的信号在放大器的输出端会被抑制，称为共模抑制比（CMRR）。同样，在电源电压上的尖峰信号也会被抑制，称为电源抑制比（PSRR）。因此存储器的灵敏放大器经常采用差分放大器。

然而目前为止，差分放大器只能直接应用于 SRAM 存储器，因为只有这种存储单元能够提供真正的差分输出。图 1-40 所示是一个最基本的差分灵敏放大器。放大是根据电流镜原理用一级完成的。输入信号（ bit 和 $\overline{\text{bit}}$ ）的负载很大并由 SRAM 存储单元来驱动。这些线上的摆幅很小，因为是用一个很小的存储单元来驱动一个很大的电容负载。输入信号送入差分输入器件（ $M_1$ 和 $M_2$ ），而晶体管 $M_3$ 和 $M_4$ 则作为一个有源的电流镜负载。放大器的工作状态由灵敏放大器的使能信号 SE 控制。最初，两个输入被预充电且等于同一个值，同时 SE 处在低电平使检测电路无效。一旦读操作开始，两条位线中的一条电压下降，当建立起足够的差分信号后，SE 即启动，于是放大器开始工作。

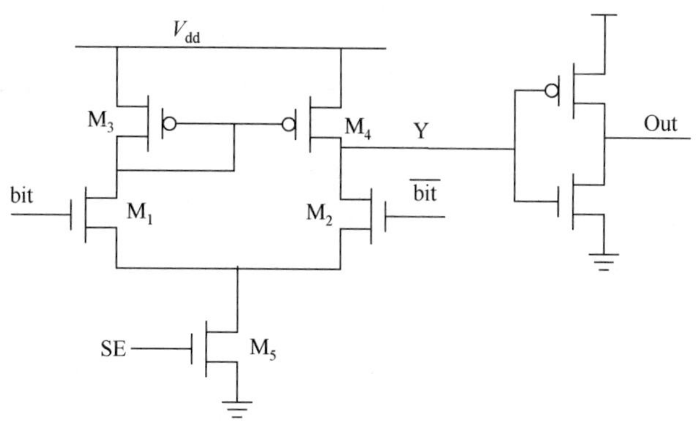


图 1-40　差分灵敏放大器

差分放大器的增益可由下式求得：

$$A_{sense} = -g_{m1}(r_{o1} \parallel r_{o2})$$

式中，$g_{m1}$ 为两个输入管的跨导；$r_{o1}$、$r_{o2}$ 为晶体管的小信号器件电阻。在 MOSFET 的饱和区，MOS 管的阻抗非常高。输入器件的跨导可以通过加宽器件或增加偏置电流来提高。但后者也降低了 $M_2$ 的输出电阻，从而限制了增益的进一步增加。一般的差分放大器可达到 100 倍的增益。但实际上，一般将灵敏放大器的增益设置在 10 倍左右，因为灵敏放大器的主要目的是快速产生一个输出信号，所以增益对于响应时间来说是第二位的。若要达到所希望的全摆幅信号，需要采用多级放大电路。

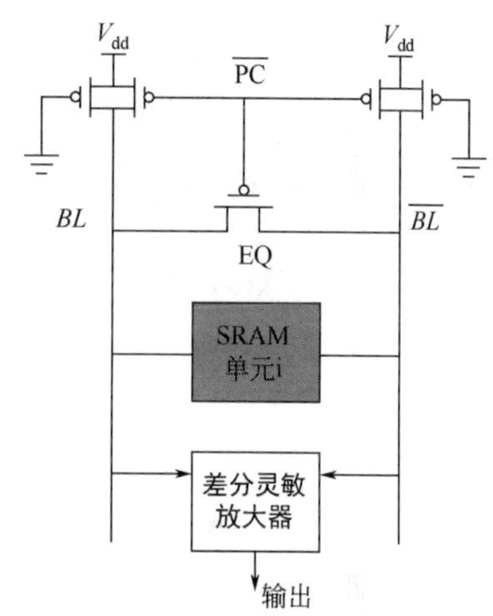


图 1-41　SRAM 灵敏放大技术

图 1-41 所示为一个两级的差分放大器，用于 SRAM 单元的灵敏放大器中。按如下步骤进行：

a. 第一步，通过下拉 PC 使位线预充电至 $V_{dd}$，同时 EQ PMOS 管导通，以保证两条位线上的初始电压相同。这一操作称为均压，它对于防止灵敏放大器在导通时出现错误的偏移是必要的。实际上，存储器中的每一个差分信号在进行读操作之前都先要被均压。均压对位线通过 NMOS 上拉器件预充电来说是非常关键的一步，因为预充电值会由于器件阈值的变化而不同。

b. 关断预充电器件和均压器件，并启动一条字线开始读操作。其中一条位线被所选择的存储单元下拉。注意，一个与预充电管并联放置的栅接地 PMOS 负载限制了位线摆幅，从而加速了下一轮的预充电周期。

c. 一旦建立起一个足够的信号（一般为 0.5V 左右），灵敏放大器就会通过提升 SE 而导通。位线上的差分输入信号通过两级放大器被放大，并最终在反相器输出端产生一个全摆幅（从电源轨线至轨线间电压）的输出。

前面介绍的灵敏放大器都是将输入和输出分开。也就是说，它的位线摆幅取决于 SRAM 单元和静态 PMOS 负载。图 1-42 所示电路采用了一种完全不同的差分检测方法，这一电路采用一对交叉耦合的 CMOS 反相器作为灵敏放大器。当一个 CMOS 反相器处在它的过渡区时将表现出很高的增益。为了使这个触发器起到灵敏放大器的作用，首先通过均压位线使触发器初始化在它的亚稳态点上。读取过程中在位线上建立起一个电压差。一旦这个电压差足够

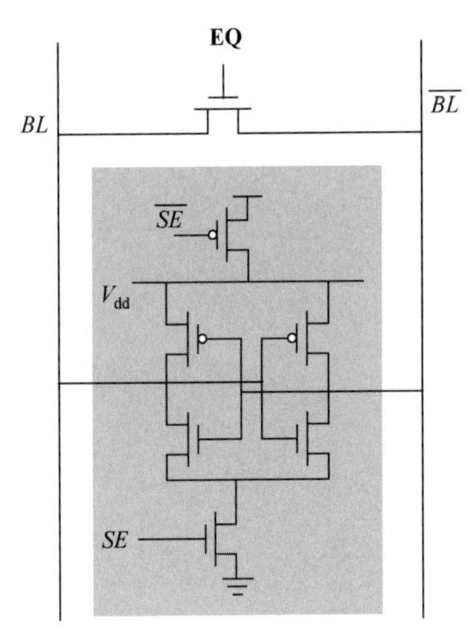

图 1-42　交叉耦合 CMOS 反相器的锁存器作为灵敏放大器

大，灵敏放大器就通过提升 SE 而启动。根据输入情况，这一交叉耦合对会移向它的两个稳定工作点之一，正反馈的结果使这一翻转完成得非常快。

虽然触发器型灵敏放大器既简单又快速，但它有一个特点，即输入和输出是合一的，所以全摆幅（从电源轨线至轨线）翻转是在位线上进行的。这恰好是单管 DRAM 所要求的，因为在这一存储器中位线上的信号电平必须恢复才能刷新单元中的内容。因此，在 DRAM 设计中几乎总是要采用交叉耦合单元。如何将一个像 DRAM 单元的单端存储器结构变为一个差分结构将在下面进行讨论。

② 单端灵敏放大　虽然差分灵敏放大至此是优先考虑的方法，但在 ROM、E（E）PROM 和 DRAM 中使用的存储单元从本质上讲都是单端的。解决这一问题的第一种方法是采用单端放大。由于位线一般都要进行预充电，因此采用一个不对称反相器会是一个好办法。在较小的存储器结构中常常采用不同的非对称反相器，称为电荷重分布放大器（见图 1-43）。它的基本思想就是利用在一个大电容和一个比它小得多的电容之间的不平衡性。这两个电容之间用传输管 $M_1$ 隔开。

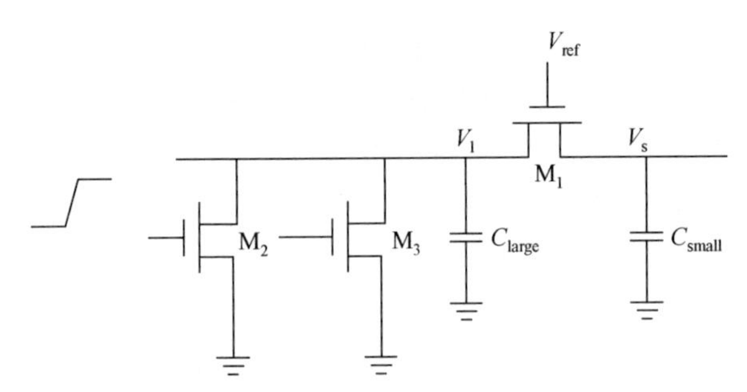

图 1-43　电荷重分布放大器

容量较大的存储器（大于 1Mbit）非常容易受到噪声的干扰，因此常将单端灵敏放大问题转化为差分放大问题。单端至差分转换的基本概念可以用图 1-44 来说明。一个差分灵敏放大器的一边连到单端位线上，另一边则是位于 0 和 1 电平之间的一个参考电压。

③ 参考电压　大多数存储器要求产生某种形式的片上电压。存储器的电压和电源电压主要包括以下内容：

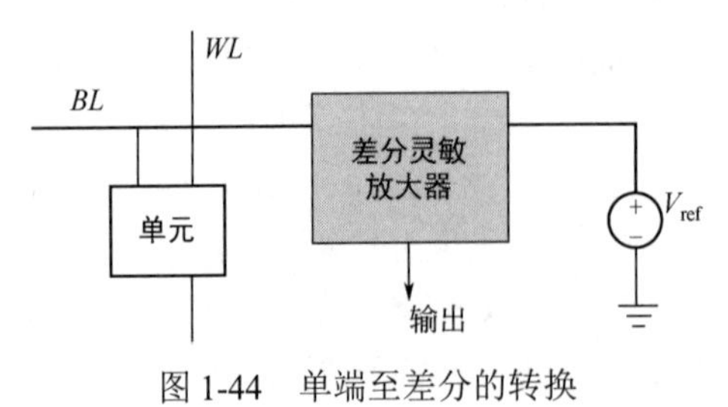

图 1-44　单端至差分的转换

a. 提升的字线电压：在一个采用 NMOS 传输管的 DRAM 单元中，能够写在一个单元上的最大电压等于 $V_{dd}-V_{th}$，这对存储器的可靠性有负面影响。通过将字线电压提升到 $V_{dd}$ 以上（更具体地说，提升到 $V_{dd}+V_{th}$），就可以写一个全幅的信号。这一“提升字线”的方法通常采用一个电荷泵来产生升高的电压。

b. $V_{dd}/2$：将 DRAM 的位线预充电至 $V_{dd}/2$。这一电压必须在芯片上产生。

c. 降低内部电源电压：大多数存储器电路在低于外部电源的电压下工作。DRAM（以及其他存储器）运用内部电压调节器来产生所需要的电压，但它与标准接口电压一致。

d. 负衬底偏置：控制存储器内部阈值电压的一个有效方法是给它加上一个负的衬底偏置，再加上一个控制环路。

④ 降压转换器　降压转换器用于产生较低的内部电源电压，使接口电路能够在一个较高的电压下工作。在深亚微米器件中实际上必须降低电源电压以避免击穿。降压转换器用来作为在存储器内核与外部电路之间的接口。降压转换器也用于建立一个稳定的内部电压，同时还要能接受电池操作系统中未经调节的范围很广的输入电压，这样就能适应电池电压随时间变化的实际情况。

图 1-45 所示是一个降压转换器（也称线性稳压器）的基本结构。它基于上一节描述的差分放大器。该电路运用一个大 PMOS 输出驱动器晶体管来驱动存储器电路的负载（也可以采用一个 NMOS 输出器件）。这一电路利用负反馈将输出电压设定在参考电压上。转换器必须提供一个能够承受工作条件变化的电压。比较慢的变化，比如温度的变化，可以通过反馈环路来校正。但要注意，这是一个反馈电路，如果设计不当会不稳定。特别是由负载吸取的负载电流会随时间有很大的不同，因此转换器必须设计得能适应这些大的变化。

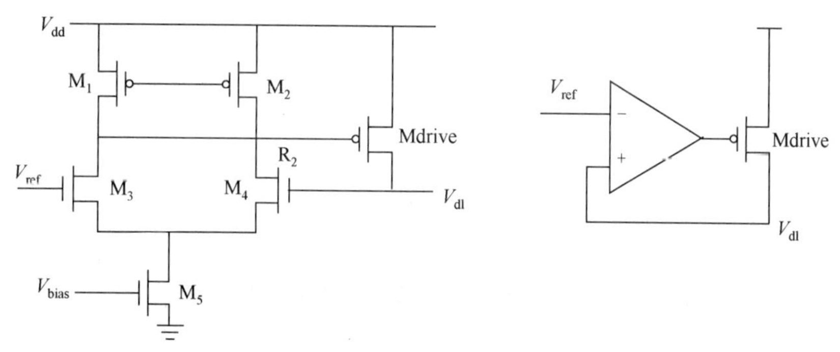


图 1-45　降压转换器及其等效的表示

（3）参考电压

一个精确而稳定的参考电压是降压转换器重要的组成部分。参考电压被认为在电源和温度变化时相对比较稳定。图 1-46 所示是一个 $V_t$ 参考电压发生器的例子。最下面的器件（$M_3$ 和 $M_4$）作为电流镜，源-栅电压近似由下式推导出：

$$\left|V_{GS,\ M_1}\right| = \left|V_{TP}\right| + \sqrt{\left|\frac{2I_{M_1}}{k_{p,\ M_1}}\right|}$$

同时，通过电阻的电流和 $M_1$ 的漏电流都等于 $\left|V_{TP}\right|/R_1$。注意，$M_4$ 的作用是偏置晶体管。由于器件 $M_1$ 和 $M_5$ 都经受相同的栅-源电压，参考电压相对阈值电压的变化可以通过对电阻进行激光修正来校正。$V_{ref}$ 也表现出良好的温度稳定性。通过选择合适的材料来实现 $R_1$ 和 $R_2$，$V_{TP}$ 随温度的变化可以用 $R_2/R_1$ 抵消。这一电路用在一个 16 Mbit DRAM 中，

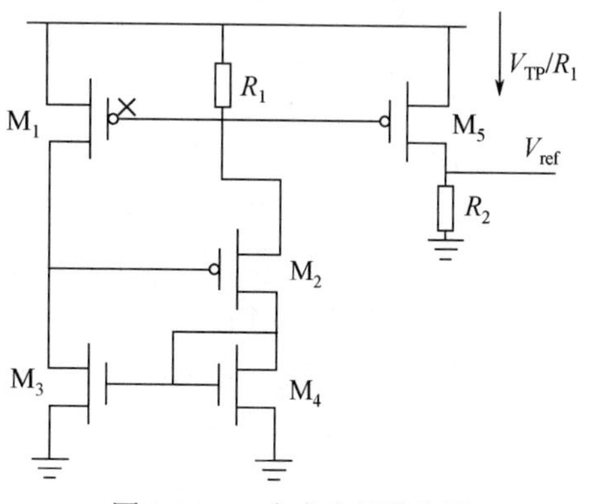


图 1-46　$V_t$ 参考电压发生器

并表现出非常好的稳定性。

（4）驱动器/缓冲器

字线和位线的长度随存储器容量的增加而增加。尽管分割存储阵列可以使相关性能变差的程度减轻，但读和写存取时间的很大一部分来自于导线的延时。为此，存储器周边面积的绝大部分用来放置驱动器，特别是地址缓冲器和 I/O 驱动器。

（5）存储器的时序和控制

存储器模块是由一系列明确定义的操作来控制的，如地址锁存、字线译码、位线预充电以及电压均衡、灵敏放大器启动和输出驱动等。为了能够正确工作，最主要的是要使这一系列操作能符合所有操作环境以及器件和工艺参数的范围。为达到最高性能，必须仔细安排不同事件的时序。尽管时序和控制电路只占很少量的面积，但它的设计很明显是整个存储器设计过程的组成部分。因此需要仔细地优化并且在一定范围的操作条件下进行充分反复的模拟仿真。

多年来，已经出现了许多不同的存储器时序方法，它们可以大体分为时钟控制和自定时两大类。

## 1.3.3 存储器中的功耗

（1）存储器中功耗的来源

存储器芯片中的功耗有三个主要来源：存储单元阵列、译码器（行、列和块）以及外围电路。

正如预期的那样，功耗与存储器的容量（$n$，$m$）成正比，其中 $n$ 为存储阵列的行数，$m$ 为存储阵列的列数。将存储器分成几个子阵列并使 $m$ 和 $n$ 较小，对保持功率非常重要。

一般来说，存储器的功耗主要来源于阵列本身。外围电路的工作功耗相对于其他功耗部分来说很小，但是它的维持功耗却可以很大，因此需要将灵敏放大器这样的电路在不工作的时候关断。

（2）存储器的分割

将存储器适当地分割成几个子模块，有助于将存储器的工作功耗限制在整个存储阵列的有限区域内，那些未被使用的存储器单元应当只消耗维持数据所需要的功率。存储器的分割是通过减少一条字线上单元的数目或一条位线上单元的数目来实现的。通过将字线分割成几个子字线，它们只在被寻址时才启动，从而降低了每一存取过程总的切换电容。

从某种意义上讲，这一技术实际上就是一个多级分层的行译码器。这一方法在 SRAM 存储器中用得非常普遍。同样，分割位线可以减少在每一读/写操作时切换的电容。

在 DRAM 存储器中经常使用的一种方法是部分启动位线，将位线分割成几部分（一般为两个或以上）。所有这些部分都共用同一个灵敏放大器、列译码器和 I/O 模块。这一方法已将 16Kbit DRAM 大于 1pF 的 $C_{BL}$（位线电容）降低为 64Mbit DRAM 的大约 200 fF。

（3）降低工作功耗

与我们在逻辑电路中所学到的一样，降低电压是减少存储器功耗最为有效的技术，然而，不同于逻辑电路，在这里降低电压可能早已用尽潜力。数据保持和可靠性问题使得将电压降低到远小于 1V 的水平极具挑战性。此外，仔细控制电容和开关的活动，使外围部件的导通时间最短也极为重要。

① 降低 SRAM 的工作功耗　为加快读的速度，位线上的电压摆幅应当尽可能地小，一般在 0.1～0.3V 之间。将位线上产生的信号传送到灵敏放大器进行恢复。这一信号的变化是位线负载与单元晶体管的比例操作（ratio operation）的结果，因此只要在字线有效期间（$\Delta t$）就会有电流流过位线。限制$\Delta t$ 的值和位线的摆幅有助于使 SRAM 的工作功耗保持较低水平。

对于写操作来说情况变得更糟，内核电压的降低最终会由于 SRAM 单元中一对 MOS 晶体管的不匹配而受到限制。即使它们设计得完全一样，工艺和器件的偏差也会使单元中的 MOS 管之间有所不同。$V_t$ 阈值失配是最重要的原因，注入的不均匀、沟长和沟宽的变化，甚至在非常小的器件中掺杂原子的细微随机摆动都会造成这一失配问题。晶体管之间的失配会造成存储器单元的不对称，使它容易偏向“1”状态或偏向“0”状态，这就显著降低了它在存在噪声和在读操作期间的可靠性。

② 降低 DRAM 的工作功耗　一个 DRAM 单元的读出过程（它是破坏性的）必须包括对选中单元依次进行的读出、放大和恢复操作，因此，在每一个读操作中，位线都要经过全电压摆幅（$\Delta V_{BL}$）的充电和放电。所以应当注意减少位线的电荷损耗，因为是它主要决定了工作功耗的大小。

而降低位线电容的方法，无论从功耗还是从信噪比的角度来看都是有益的，但由于存储器容量越来越大的趋势，它的实现并不简单，而且对于信噪比有负面影响。因此，电压的降低必须通过增加存储电容的大小或者（或同时）通过降低噪声来实现。

以下多种技术在降低 DRAM 功耗方面是有益的：

a. 半 $V_{dd}$ 预充电：将位线预充电至 $V_{dd}/2$ 有助于将 DRAM 存储器中的工作功耗降低近一半。在放大和恢复位线上的读出电压之后，通过简单地短接两条位线来进行预充电。假设这两条位线均衡，那么得到的电压就正好是 $V_{dd}/2$。

b. 提升字线：在写操作期间将字线提升能消除存取晶体管的阈值压降，从而显著增加了存储电荷。

c. 增加电容面积或电容值：就像在开槽和堆叠单元中那样，垂直摆放的电容能非常有效地增加电容值，尽管这会增加工艺和制造的主要成本。此外，保持存储电容“接地”极板的电压在 $V_{dd}/2$，能够降低电容上的最大电压，从而有可能采用更薄的氧化层。

（4）降低数据维持功耗

① SRAM 中的数据维持　必须采用能减少 SRAM 存储器维持电流的技术。

a. 关断不使用的存储块：存储器的功能（如高速缓存）在大多数时间内不会全部使用所有可用的容量，利用高阈值开关切断不使用的存储块和电源线之间的联系，就可以将它们的漏电降低到一个很低的值。显然，若采用这种方法，则存放在存储器中的数据会丢失掉。

b. 用体偏置增加阈值：从而降低漏电电流。

c. 在漏电路径中插入额外的电阻：在需要维持数据时，在漏电路径中插入一个低阈值开关是减少漏电电流又同时保持数据不变的一种方法，如图 1-47（a）所示。虽然该低阈值器件本身也漏电，但还是足以保持存储器中的状态。与此同时，开关上的电压降在与之相连的存储器单元中产生了“堆叠效应”：$V_{gs}$ 的降低加上负的 $V_{bs}$，使漏电电流显著降低。

d. 降低电源电压：漏电电流与电源电压关系很大。降低维持期间漏电电流的一个有效办法是，将电源线的电压降低到一个既能保持漏电在限定范围之内，同时又能维持数据的值，如图 1-47（b）所示。数据维持电压的下限（即仍能保持所存储值的电压）因器件不同而不同。在标准的 0.13μm CMOS 工艺中，一个低至 100 mV 的电源电压（不考虑噪声容限）足以维持数据。将降低电源电压和降低漏电电流结合起来是解决 SRAM 存储器静态功耗问题极为有效的方法。

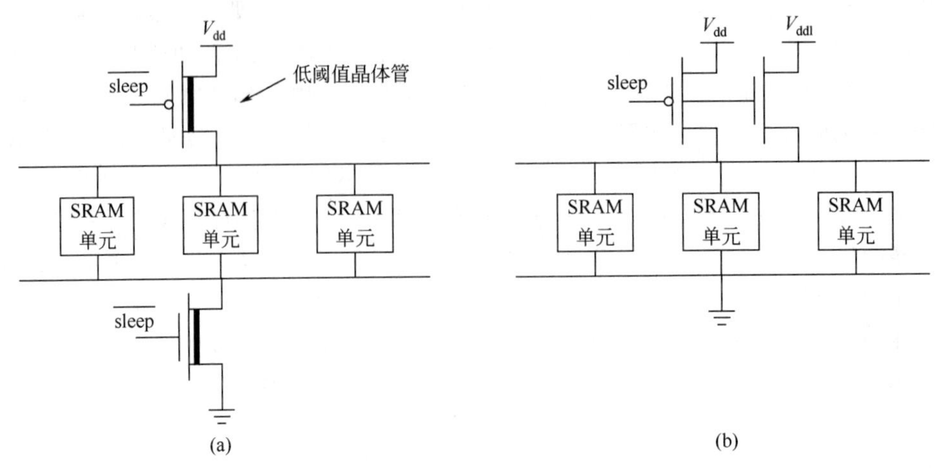


图 1-47　SRAM 存储器抑制漏电的技术

② DRAM 的维持功耗　DRAM 中的静态功耗与 SRAM 存储器一样都来自漏电。但这也是它们唯一相似的地方。为了克服漏电和丢失信号，DRAM 必须在数据维持模式中不断进行刷新。刷新操作是通过读与一条字线相连的 $m$ 个单元并恢复它们来完成的。这一操作对 $n$ 条字线中的每一条依次重复进行。因此，静态功率与位线电荷损耗及刷新频率成正比。后者与漏电速率有很大关系，保持结温较低是维持漏电在限定范围之内的有效途径。然而，单元尺寸的缩小和单元中存储电荷的减少以及电压的降低迫使刷新频率升高，因而造成了 DRAM 静态功耗的上升。在 1Gbit DRAM 存储器中数据维持电流已超出了工作电流，除非能发现某些新的抑制漏电的技术，否则它将成为功耗的主要来源。

使 DRAM 存储器中漏电降低的有效方法在于控制阈值电压 $V_T$，这可以在设计时来完成（固定 $V_T$ 方法），或者通过动态控制（可变 $V_T$ 技术）。减少 DRAM 单元中漏电的一种办法是在不工作单元的字线上加上一个负电压来严格关断器件；另一种方法是可以将不使用单元的位线电压提高一定的量。第 2 种方法称为提升检测基准（Boosted Sense Ground），其结果是得到负的栅-源电压并使阈值电压略有提高。

## 1.3.4　习题

1. 设计一个基本的 SRAM 存储单元传感放大器（SA）电路，要求能够将 6 管 SRAM 单元的信号进行放大。

2. 设计一个 SRAM 存储器控制器，要求能够控制 SRAM 存储器单元阵列的读、写、保持、休眠等状态。

3. 在存储器电路中，一般都有纠错算法，请通过阅读文献查找常用的纠错算法，并说明其工作原理。

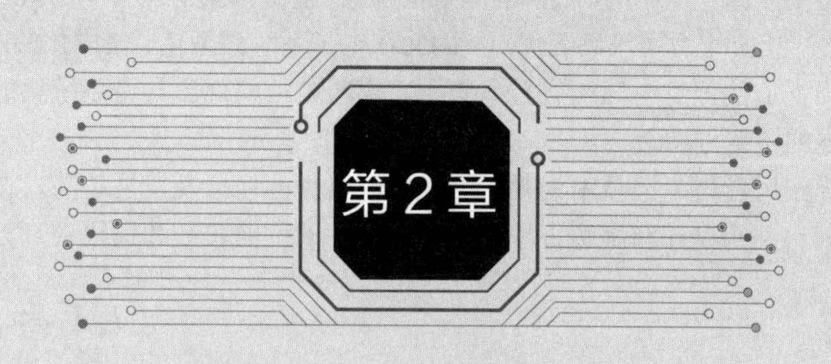


# 新型微能源器件

## 2.1 引言

2021年3月5日，国务院将扎实做好碳达峰、碳中和各项工作写入政府工作报告，制定了2030年前碳排放达峰行动方案，优化产业结构和能源结构。

节能减排的背后，是全球变暖、极端天气等因素给人类的生存敲响了警钟。而全球变暖的元凶，是人类无节制用碳，制造了太多“二氧化碳”的后果。“碳”就是石油、煤炭、木材等由碳元素构成的自然资源。随着人类的活动，全球变暖也在改变（影响）着人们的生活方式，带来越来越多的问题。“碳”也代表着能源，21世纪以来，我们所关注的能源危机，不仅是化石能源的日益枯竭，更是全球变暖等迫在眉睫的问题。如果地球温度持续上升，就在这个世纪，全球气温就将升高2～4.5℃，全球海平面将比现在上升0.13～0.58m，极端天气将更为常见，乃至引发地壳频繁活动、物种灭绝等。

同时我们也看到，我国是产能大国，也是耗能大国，未来的国家竞争，不仅是信息技术的竞争，还会围绕能源技术展开竞争。一方面，我们要开发绿色能源，减少碳排放；另一方面，我们要提高能源利用效率，突破温室效应、碳排放的困扰。新能源应该具有可持续发展的特点——低成本、高效率和无污染。因此，对绿色可再生能源发电系统的兴趣，如光伏发电、风力发电、水力发电和氢燃料电池是众多研究领域的热门课题。

每一种新能源都有自身的优势，但没有哪一种新能源形式是完美的。光伏发电、风力发电和水力发电这些可再生能源系统中几乎没有燃料消耗，从能量的源头上有效减少了碳排放，但这样的能源系统也都有自己的缺点和局限性。例如，太阳能和风能系统的输出极度依赖天气条件；而水电则依靠气候条件发电，地理位置和可利用的水资源发挥着决定性作用。因此，采用多种新能源发电形式的组合，同时配以能量储存系统，可以显著提高新能源发电效率。这种复合的可再生能源发电系统，结合了二次电池和多种新能源各自的优点，弥补了单一新能源发电的劣势。

与其他可再生能源发电不同，燃料电池不依赖天气状况或地理位置，它具有能量密度高、能量转化效率高、续航能力强等显著优点。因此在电子系统微型化、集成化的发展趋势下，传统电池技术距离人们的理想电源还有较大差距，燃料电池展现出与微系统集成的巨大潜力，成为微能源发展的主要方向之一。

本章首先介绍以燃料电池技术为基础的微能源器件的概念及发展趋势，讨论新型微能源器件的工作原理、结构设计和制备方法。其中，器件的性能表征和建模仿真分析是本章学习的重点。

# 2.2 燃料电池概述

## 2.2.1 燃料电池的概念

首先，什么是燃料电池？

可以将燃料电池想象成一个以燃料为输入并产生电能的“工厂”，如图 2-1 所示。只要有原材料（燃料）供应，燃料电池能够持续不断地大量生产产品（电），这一点与普通干电池不同。两者相同之处在于都依靠电化学反应来发挥它们的“魔力”，但燃料电池产生电能时自身不会被消耗。所以，燃料电池真的可以看作是一座工厂，它有一个类似于厂房或者车间的外壳，储存在其中的燃料经过电化学反应这道主要工序生成电能。

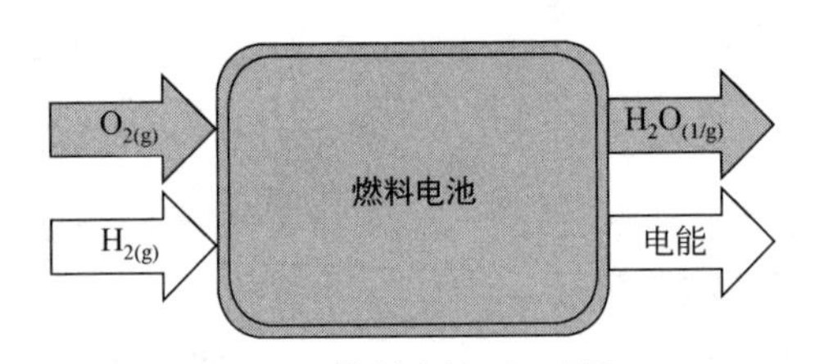

图 2-1　燃料电池“工厂”

从这个角度看，内燃机也是“化工厂”，因为它也可以将储存在燃料中的化学能转化为有用的机械能或热能。那么内燃机和燃料电池有什么区别呢？在传统的内燃机中，燃料燃烧释放热量。考虑最简单的例子，氢的燃烧：

$$H_2+1/2O_2 = H_2O(l),\ \Delta H_{298K} = -285.8\text{kJ/mol} \tag{2-1}$$

在微观尺度上，氢分子和氧分子之间的碰撞引起反应。氢分子被氧化，产生水并释放热量。具体来说，在皮秒的时间尺度内，氢氢键和氧氧键断裂，氢氧键形成。这些分子间的电子转移破坏旧化学键并形成新化学键。新旧化学键所蕴含的能量是有差异的，这种能量差以热的形式释放出来。初始态和终态之间的能量差是由电子的重新配置引起的。从微电子的角度讲，我们更希望这样的电子重新配置过程释放的能量能够被更有效地利用起来，但由于这一过程发生在皮秒的时间尺度和亚原子空间尺度内，能量会以最基本的热的形式散发出来，而很难进行有效的控制或利用。图 2-2 演示了氢氧燃烧反应的过程。

为了发电，内燃机必须先将热能转换成机械能，然后再将机械能转换成电能。这些步骤可能是复杂和低效的。因此，人们考虑另外一种解决方案：直接由化学反应发电。事实上，这正是燃料电池所做的。但问题是我们如何利用在皮秒内亚原子尺度上重新组态的电子？答案是在空间上分离氢和氧反应物，使电子完成键合重构所需的转移过程发生在相对较长的时间

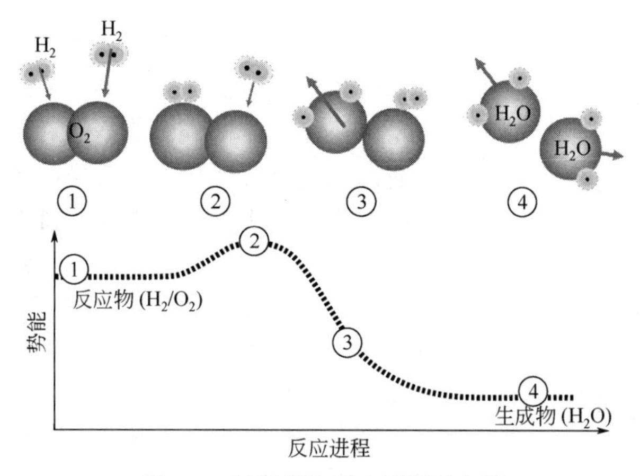


图 2-2　氢氧燃烧反应过程示意图

尺度和空间尺度内。然后，当电子从燃料转移到氧化剂时，它们可以作为电流被控制和利用。

如果以人类作参照，你会发现，原子也是社会生物。它们几乎总是在一起。当原子聚集在一起时，它们形成键，降低了总能量。图 2-3 显示了氢键的典型能量-距离曲线。当氢气原子彼此相距较远时，不存在键，系统具有很高的稳定性能量。当氢原子彼此靠近时，系统能量降低，直到达到最稳定的键合结构。原子间的进一步重叠因为原子核之间的排斥力开始支配。我们都知道：形成键时释放能量，而键断开时，要吸收能量。对于一个导致能量净释放的反应来说，形成生成物键所释放的能量必须大于破坏反应物键所吸收的能量。

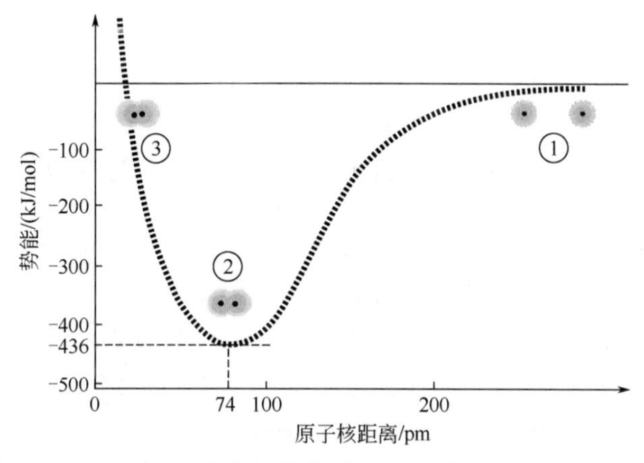


图 2-3　氢键的典型能量-距离曲线

通过空间分离，也就将燃料电池中氢氧燃烧反应分割为两个电化学半反应：

$$H_2 = 2H^+ + 2e^- \quad (2\text{-}2)$$

$$CO_2 + H_2 \longrightarrow CO + H_2O \quad (2\text{-}3)$$

从这两个分离后的反应可以看到，燃料中的电子被强迫流过外部电路，从而形成电流，对外做功。在物理结构上，空间分离是通过使用电解质来实现的。电解质是一种材料允许离子、带电原子或原子团穿过，但不允许电子流动的材料。因此一个燃料电池必须具有至少两个电极，其中发生两个电化学半反应，中间用电解质隔开。

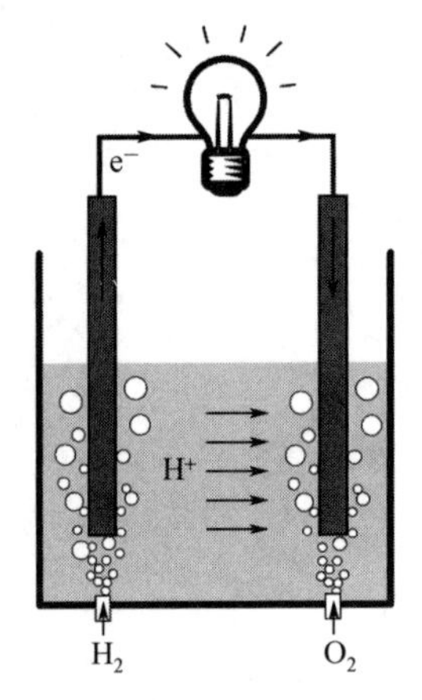

图 2-4　简易燃料电池示意图

图 2-4 显示了一个非常简单的氢氧燃料电池的示例。这个燃料电池由两个铂电极浸在硫酸（水溶液电解质）中构成。氢原子在左边电极表面被分裂成质子和电子。质子可以通过电解质传输，比如硫酸就像一个质子的“海洋”，但电子不能在电解质中传输。实际上电子在连接两个铂电极的导线中传输，产生的电流的方向与电子移动方向相反。当电子到达右边的电极时，与质子结合，并与表面上的氧气产生反应。如果在电子移动路径中引入负载（例如灯泡），则流动的电子将为负载提供动力，从而使灯泡发光。1839 年，威廉·格罗夫发明的第一个燃料电池大概就是这样的。时至今日，微能源技术的发展则希望能够利用微型燃料电池为微电子系统供电并能够与其高度集成。

## 2.2.2　燃料电池中的参数

同为能量转换系统，燃料电池、内燃机以及干电池都可以采用功率密度和能量密度这些参数指标来描述其性能。但是，三者的性能有着显著差异。为了理解能量密度和功率密度的含义，首先需要了解能量和动力的区别：

① 能量的定义是做功的能力能量通常以焦耳（J）或卡路里（cal）为单位。

② 功率的定义是能量消耗或产生的速率。换句话说，功率代表能源使用或生产的强度。同时，功率也像一种速度，所以典型的功率单位——瓦特（W），表示每秒使用或产生的能量（1W=1J/s）。

从上面的讨论中可以看出，能量是功率和时间的乘积：

$$能量=功率\times时间$$

虽然国际单位制（SI）使用焦耳作为能量单位，但我们通常会看到以瓦·时（W·h）或千瓦·时（kW·h）表示的能量。当功率单位（如瓦特）乘以一段时间（例如，小时）时，这些单位就出现了。很明显，瓦·时可以换算成焦耳，反之亦然，使用简单算法：

$$1\text{W}\cdot\text{h} = 3600\text{s} \times 1\text{J/s} = 3600\text{J}$$

对于微型燃料电池，能量密度和功率密度比能量和功率更重要，因为它们含有这样的信息：电池系统需要多大或多重才能提供额定的能量或功率。功率密度是指单位质量或单位体积产生的功率；能量密度是指单位质量或单位体积所能提供的能量。体积功率密度的典型单位为 $W/cm^3$ 或 $kW/m^3$；质量功率密度（或比功率）的典型单位为 W/g 或 kW/kg；体积能量密度典型的单位是 $W\cdot h/cm^3$ 或 $kW\cdot h/m^3$；质量能量密度（或比能量）是单位质量所能提供的能量，典型的单位是 W·h/g 或 kW·h/kg。有了上述能量相关的参数，我们可以更好地理解燃料电池的优缺点。

## 2.2.3　燃料电池的优缺点

因为燃料电池是“工厂”，只要有燃料供应就可以发电。作为燃料，它们与内燃机有一些共同的特性。燃料电池的原理是电化学，电化学能量转换的神奇之处在于，它们既与原电池有一些共同的特点，又结合了一些发动机的优点。由于燃料电池直接从化学能中产生电能，它们通常要远比内燃机效率高。燃料电池可以是全固态的，这等效于理想的机械结构，也就是说没有活动部件，这就产生了高度可靠和持久的系统。缺少运动部件也意味着燃料电池是无声的。而且，不受欢迎的内燃机产物诸如 $NO_x$、$SO_x$ 和颗粒物等污染物的排放几乎为零。

与干电池不同，燃料电池允许在功率（由燃料电池大小决定）和容量（由燃料储存器大小决定）之间轻松独立地进行规模缩放。在干电池中，功率和容量常常是错综复杂的。干电池在大尺寸下的可扩展性很差，而燃料电池在 1W（手机）到兆瓦（发电厂）之间的可扩展性很好。燃料电池提供了比干电池更高的能量密度，可以通过补充燃料快速充电，而干电池必须扔掉或插上电源才能进行耗时的充电。图 2-5 示意性地说明了燃料电池、干电池和内燃机之间的异同。燃料电池直接将化学能转化为电能，而内燃机是先将化学能转化成热能，然后是机械能，最后是电能（或者机械能有时可以直接使用）。干电池往往既实现储能也实现能量转换，而燃料电池和内燃机实现的是能量转化，能量实际存储在燃料中。

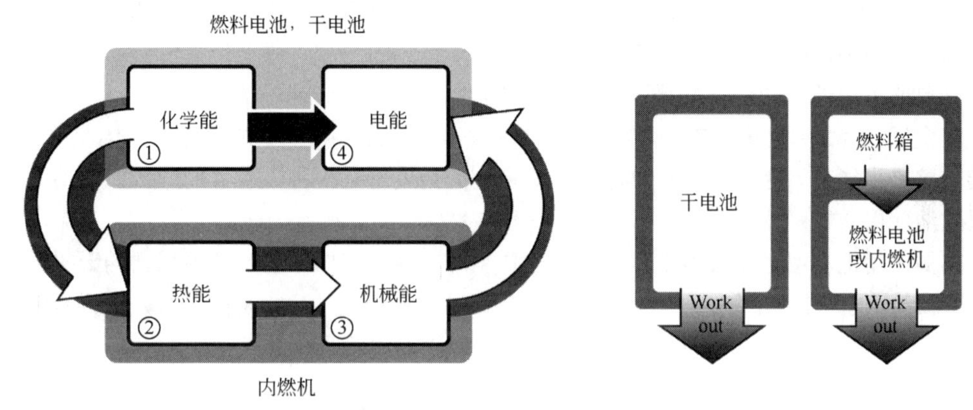


图 2-5　燃料电池、干电池和内燃机的示意性比较

燃料电池、太阳能电池和干电池都是通过转换将化学能（燃料电池、干电池）或太阳能（太阳能电池）转化为直流电（直流）电流，如图 2-6 所示。三者的主要特点可以通过使用装满水的桶进行类比。在这三种电池中，电输出功率由工作电压（水桶中水面的高度）和电流密度（流出水桶的水流）决定。燃料电池和太阳能电池可以看作是在热力学稳定状态下运行的“开放”热力学系统。换言之，只要燃料（或光子）能够源源不断地供应给燃料电池（或太阳能电池），其工作电压便保持恒定，不随时间变化。在图 2-6 中，燃料电池和太阳能电池桶中的水从顶部不断补充，其速度与从底部龙头流出的速度相同，从而形成恒定的水位（恒定的工作电压）。

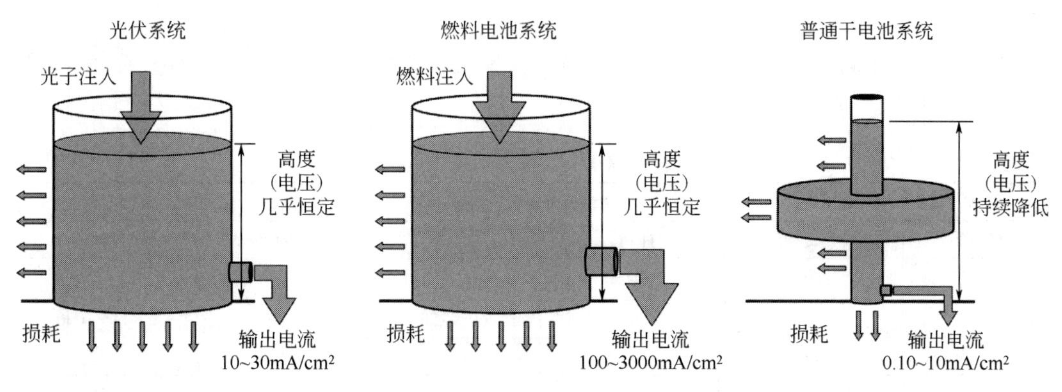


图 2-6　太阳能电池、燃料电池和普通干电池的对比

相比之下，大多数干电池是封闭的热力学系统，包含有限的和可耗尽的化学能（反应物）在内部供应。当这些反应物耗尽时，干电池的电压通常会随着时间的推移而降低。在图 2-6 中，电池桶中的水没有被补充，导致水位随着电池放电时间的推移而下降（工作电压降低）。必须指出，在放电过程中，蓄电池电压不会线性下降。干电池在放电的大部分时间内，电压几乎保持恒定。干电池“水桶腰”的奇怪形状体现了这种特点。

虽然燃料电池具有显著的优点，但也存在一些严重的缺点，成本是其中之一。因为令人望而却步的成本，燃料电池技术目前只有在经济上具有竞争力的少数高度专业化应用（比如在航天飞机和轨道飞行器上）。功率密度则是另一个重大限制，尽管燃料电池的功率密度在过去几十年里有了显著的提高，但如果燃料电池要在便携式电子系统和汽车领域提高竞争力，则需要进一步提高功率密度。内燃机和干电池在体积上通常优于燃料电池；但从功率密度的角度来看，差距并不明显，所以燃料电池若能在功率密度上显著优于内燃机和干电池，则能够在体积上缩小与内燃机和干电池的差距。

燃料的可用性和储存会带来进一步的问题。氢气并不是一种广泛使用的燃料，它的体积能量密度低，储存和运输的安全隐患大。替代燃料如汽油、甲醇、甲酸等很难直接使用，通常需要重整产生氢气。因此，尽管汽油从能量密度的角度看是一种吸引人的燃料，但不太适合燃料电池使用。

其他燃料电池也存在很多缺点，包括操作温度兼容性问题，易受环境毒物的影响，以及使用寿命等。这些重要的缺点是不容易克服的，因此燃料电池的应用总的来讲是较为有限的，要获得更为广泛的应用，必须继续发展能源技术解决上述问题。

### 2.2.4 燃料电池的种类

燃料电池有五种主要类型，它们的电解质不同：碱性燃料电池（Alkaline Fuel Cell，AFC）、磷酸燃料电池（Phosphoric Acid Fuel Cell，PAFC）、熔融碳酸盐燃料电池（Molten Carbonate Fuel Cell，MCFC）、固体氧化物燃料电池（Solid Oxide Fuel Cell，SOFC）和质子交换膜燃料电池（Proton Exchange Membrane Fuel Cell，PEMFC）。

如表 2-1 所示，虽然这五种燃料电池都基于相同的电化学原理，但它们的工作温度、燃料、载流子和性能特性往往不同。其中 PEMFC 采用薄聚合物膜作为电解质（一种很像塑料的薄膜）。最常见的质子交换膜是名为 Nafion 的材料。质子是质子交换膜中的离子电荷载体。

PEMFC 工作温度最低，因此系统结构简单、操作条件简易稳定性高，在便携式电子系统中具有广泛的应用前景。

**表 2-1 五种燃料电池**

| 类型 | PEMFC | PAFC | AFC | MCFC | SOFC |
|---|---|---|---|---|---|
| 电解质 | 质子交换膜 | $H_3PO_4$ | KOH | 熔融碳酸盐 | 陶瓷 |
| 载流子 | $H^+$ | $H^+$ | $OH^-$ | $CO_3^{2-}$ | $O^{2-}$ |
| 工作温度/℃ | 80 | 200 | 60～220 | 650 | 600～1000 |
| 催化剂 | Pt | Pt | Pt | Ni | 陶瓷 |
| 燃料 | $H_2$，甲醇 | $H_2$ | $H_2$ | $H_2$，$CH_4$ | $H_2$，$CH_4$，CO |

## 2.2.5 燃料电池的工作过程

燃料电池产生的电流大小与反应物、电极和电解液三者汇聚处的反应区域的面积成比例。换言之，燃料电池的面积翻倍，产生的电流量大约翻倍。虽然这个变化趋势看起来很直观，但要解释这个变化规律，需要我们对电化学发电基本原理有更加深入的理解。燃料电池通过将一次能源（燃料）转化为电子运动来发电。这种转换必然涉及能量转移过程，其中来自燃料源的能量被传递到构成电流的电子上。这种转移速率是有限的，且必须发生在界面或反应面上。因此，所产生的电流大小与可用于能量转移的反应表面积或界面面积成比例。更大的表面积能够转化出更大的电流。

为了提供最大的反应面积，燃料电池通常被制成薄的平面结构，如图 2-7 所示。电极是高度多孔的，以进一步增加反应表面积，并确保良好的气体接触。平面结构的一侧供给燃料（阳极电极），而另一侧供给氧化剂（阴极电极）。一层薄薄的电解质层在空间上将燃料电极和氧化剂电极隔开，并确保两个单独的半反应彼此隔离地发生。将这种平面燃料电池结构与前面图 2-4 中讨论的简单燃料电池进行比较。虽然这两种设备看起来完全不同，但它们之间也存在明显的相似之处。

图 2-8 详细展示了燃料电池的横截面图。如果我们将此图看作一张地图，那么燃料电池的工作过程就对应于这张地图上的一个简短的旅程。按照图纸上的编号，这个简短的旅程包含了如下步骤：

① 反应物传输到催化层；

② 催化层内发生电化学反应；

③ 离子在电解质内传输，电子在外电路传输；

④ 反应产物从燃料电池中排出。

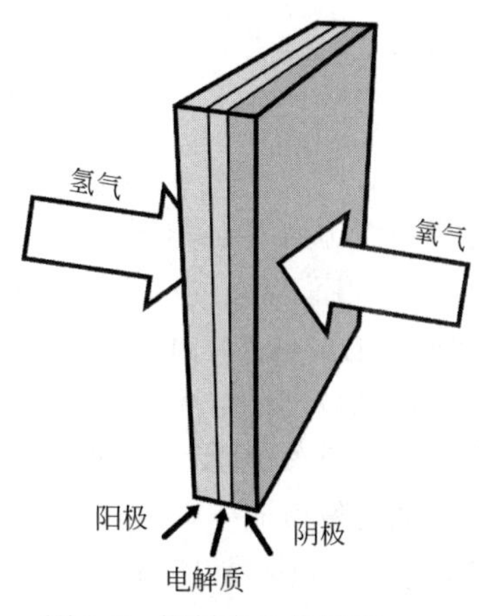

图 2-7　燃料电池的结构

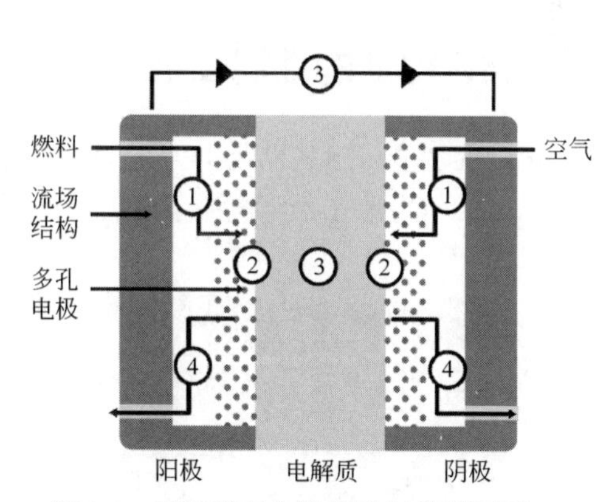

图 2-8　平面燃料电池的详细横截面图

归结起来讲，燃料电池的基本工作过程如下。

第一步：反应物运输。燃料电池要产生电能，必须连续不断地工作提供燃料和氧化剂。这个看似简单的任务可能相当复杂。当燃料电池在大电流下工作时，它对反应物的需求是巨大的。如果反应物供给燃料电池的速度不够快，燃料电池就会“饿死”。反应物的有效输送需要通过使用流场来促进。流场板包含许多输送气流并将其分布在管道表面的细通道或凹槽。

流道的形状、大小和模式会显著影响燃料电池的性能。流场结构和电极的材料同样重要，它们需要满足特殊的电气、热、机械和腐蚀要求。

第二步：电化学反应。一旦反应物被送到电极上，它们必须经过电化学反应。燃料电池产生的电流反映了电化学反应的进行速度。快速电化学反应才会使燃料电池输出高电流，反应缓慢则导致燃料电池性能低下。因此，催化剂通常用于提高电化学反应的速度。燃料电池的性能关键取决于选择合适的催化剂和设计良好的反应区。通常，电化学反应动力学是燃料电池性能的最大限制。

第三步：离子和电子传导。电化学反应发生在第二步产生或消耗离子和电子。在一个电极上产生的离子必须在另一个电极上消耗，电子也是如此。维持电荷平衡时，离子和电子的传导就是从生成位置传输到消耗位置。电子的传输过程相当容易，只要有导电路径存在，电子就能够从一个电极流向另一个电极。例如，在图 2-4 中的简单燃料电池中，导线为电子在两个电极之间提供了一条路径。然而，对于离子来说，传输往往比较困难。从根本上说，这是因为离子比电子大得多，质量也大得多，必须使用电解液来提供离子流动的通道。在许多电解质中，离子通过“跳跃”机制移动。与电子传输相比，这个过程的效率要低得多。因此，离子迁移过程存在显著的能量损失，从而降低了燃料电池性能。为了减小这种影响，燃料电池尽可能薄，以尽量减少离子迁移距离。

第四步：产物的排出。除了电，所有的燃料电池反应都会产生至少一种产物。比如，氢氧燃料电池会产生水，醇类燃料电池通常会产生水和二氧化碳。如果这些产品不能从燃料电池中及时排出，它们就会随着时间的推移而聚积起来，最终“扼杀”燃料电池，阻止燃料和氧化剂持续发生反应。当然，向燃料电池中输送反应物的方法通常有助于产物的排出，我们在优化反应物输送（第一步）的过程中其实也将生成物挤出去了。通常，产物排出不是一个重要的问题，在很多场合下可以被忽略，只有对于某些燃料电池（如质子交换膜燃料电池），反应电极的“水淹”有可能成为一个大问题。

## 2.2.6 燃料电池的性能表征

燃料电池的性能可用其电流-电压特性曲线来表示。这样的图称为电流-电压（*I-U*）曲线图，其显示了燃料电池在给定电流条件下的电压输出能力，这和我们学习的电路理论的知识是一致的。PEMFC 的典型 *I-U* 曲线示例如图 2-9 所示。注意，电流已被燃料电池的面积归一化，给出了电流密度-电压曲线。因为一个较大的燃料电池比一个较小的燃料电池能产生更多的电能，*I-U* 曲线被燃料电池面积标准化可以使不同大小的燃料电池性能具有可比性。

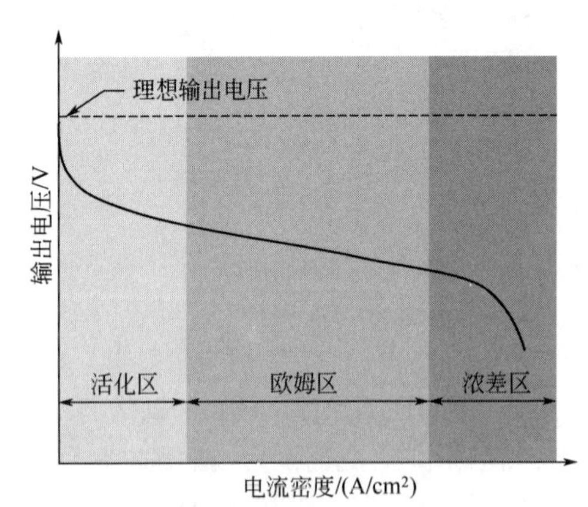


图 2-9 燃料电池 *I-U* 曲线

理想的燃料电池可以提供任何数量的电流（只要有足够的燃料供应），同时保持由热力学确定的恒定电压。然而，燃料电池的实际输出电压肯定小于理想的热力学预测电压。此外，从实际燃料电池输出的电流越多，电池的输出电压就越低，从而限制了所能提供的总功率。燃料电池提供的功率（$P$）由电流和电压的乘积给出。根据燃料电池 $I$-$U$ 曲线中的信息，可以构建燃料电池功率密度曲线，该曲线给出了燃料电池提供的功率密度与电流密度的函数关系。功率密度曲线是由 $I$-$U$ 曲线上每个点的电压乘以相应的电流密度得到的。图 2-10 提供了组合燃料电池 $I$-$U$ 和功率密度曲线的示例。燃料电池电压在左侧 $y$ 轴上给出，而功率密度在右侧 $y$ 轴上给出。

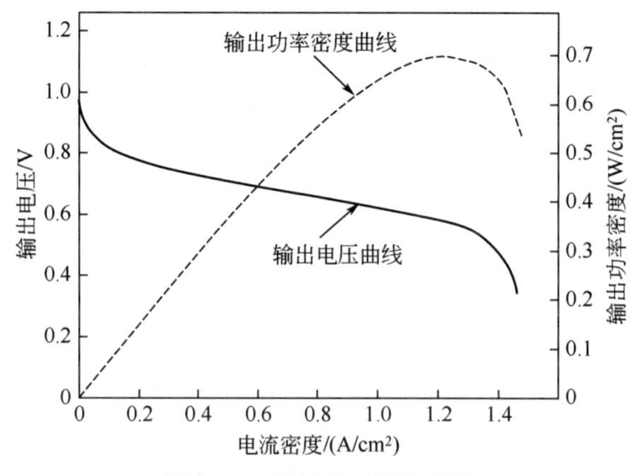

图 2-10　燃料电池性能曲线

燃料电池提供的电流与消耗的燃料量成正比（每摩尔燃料提供 $n$ 摩尔电子）。因此，随着燃料电池电压的降低，单位燃料产生的电能也随之降低。这样，燃料电池电压就可以看作是衡量燃料电池效率的一个指标。换言之，你可以将燃料电池的电压轴看作是“效率轴”。因此，即使在高电流负载下，保持高的燃料电池电压对这项技术的成功实施至关重要。但是，在电流负载下很难维持高的燃料电池电压。由于不可逆损耗，实际燃料电池的电压输出小于热力学预测的电压输出。从电池中吸取的电流越多，这些损耗就越大。燃料电池的损耗主要有以下三种类型，它们给出了燃料电池 $I$-$U$ 曲线的特征形状。这些损失中的每一个都与前面讨论的燃料电池基本步骤之一有关：

① 活化损失（电化学反应造成的损失）。

② 欧姆损耗（离子和电子传导引起的损耗）。

③ 浓度损失（由于质量传输造成的损失）。

因此，燃料电池的实际电压输出可以从燃料电池的热力学预测电压输出开始，然后减去由于各种损耗引起的电压降：

$$U = E_{\text{thermo}} - \eta_{\text{act}} - \eta_{\text{ohmic}} - \eta_{\text{conc}} \tag{2-4}$$

式中，$U$ 为实际输出电压；$E_{\text{thermo}}$、$\eta_{\text{act}}$、$\eta_{\text{ohmic}}$ 和 $\eta_{\text{conc}}$ 分别为热力学预测燃料电池电压输出、活化极化损失、欧姆极化损失和浓差极化损失。这三个主要损失分别影响了燃料电池 $I$-$U$ 曲线的特征形状。如图 2-9 所示，活化损失主要影响曲线的初始部分，欧姆损失在曲线的中间部分最明显，并且在 $I$-$U$ 曲线的尾部中的浓度损失最显著。使用式（2-4）作为起点，我们最终将能够描述和模拟实际燃料电池装置的性能。

表征和建模是燃料电池技术发展和进步的关键。通过理论和实验相结合，先进的表征和建模技术的研究使我们能够更好地理解燃料电池的工作原理，为开发性能更好的微能源奠定了基础。

# 2.3 燃料电池原理

## 2.3.1 热力学基础

热力学是一门研究能量转移和转化规律的学问。能量转移说的是能量从一种物质移动到另一种物质，能量转化则研究从一种形式到另一种形式。燃料电池是能量转换装置，燃料电池热力学是理解化学能转化为电能的关键。燃料热力学可以预测一个燃料电池的反应是否能自发进行。此外，热力学对最大值设定了上限反应中产生的电势。因此，热力学产生燃料电池的理论边界，它给出了“理想情况”：任何真正的燃料电池都将在其热力学极限或以下运行。了解真实燃料电池的性能除了需要热力学知识外，还需要动力学知识。本章首先介绍燃料电池的热力学，然后介绍主要的集中微型燃料电池，理解它的工作原理、动力学限制以及设计方法。

什么是热力学？事实上，没有人真正理解热力学量的本质含义。诺贝尔物理学奖得主理查德·费曼（Richard Feynman）在他的物理学讲座中写道：“重要的是要认识到，在今天的现代物理学中，我们对什么是能量一无所知。”因此，我们对焓和自由能这类热力学术语的认识就更少了，热力学的基本假设是基于人类的经验。我们认为能量永远不会被创造或毁灭（热力学第一定律，能量守恒定律），仅仅因为它符合人类生活中所经历的一切。然而，没有人知道为什么会这样。如果我们接受其中一些基本假设，我们就可以发展出一个自洽的数学描述，告诉我们能量、温度、压力和体积等重要量之间的关系，这就是热力学的全部；它是一个精心设计的方案，允许我们从一些基本假设或“定律”开始，以自洽的方式跟踪系统的属性。

### 2.3.1.1 内能

燃料电池将储存在燃料中的能量转换成其他更有用的能量形式。燃料（或任何物质）的总内能由称为内能（$U$）的性质来量化。内能是在原子和分子尺度上与粒子间的微观运动和相互作用有关的能量。它在尺度上与运动物体的宏观有序能量相分离。例如，一罐氢气放在桌子上没有明显的能量。然而，氢气实际上具有显著的内能（见图 2-11）；在微观尺度上，它是一股分子旋风，每秒运动数百米。内能也与氢原子之间的化学键有关。燃料电池只能将一罐氢气的一部分内能转化为电能。热力学第一定律和第二定律确定了氢气内能转化为电能的限度。

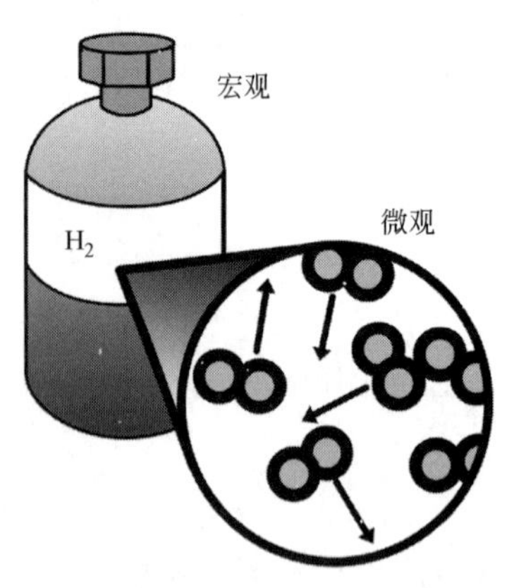

图 2-11　一罐氢气的宏观和微观能量示意图

尽管这个氢气罐没有明显的宏观能量，但它有显著的内能。在原子尺度上，内能与微观运动（动能）和粒子间的相互作用（化学能/势能）有关。

### 2.3.1.2 热力学第一定律

热力学第一定律也被称为能量守恒定律，能量永远不会被创造或破坏，如方程式（2-5）所示：

$$d(\text{Energy})_{\text{univ}} = d(\text{Energy})_{\text{system}} + d(\text{Energy})_{\text{surroundings}} = 0 \quad (2\text{-}5)$$

从另一个角度看，这个方程指出，系统能量的任何变化都必须通过向周围环境的能量转移来实现：

$$\mathrm{d(Energy)}_{\mathrm{system}} = -\mathrm{d(Energy)}_{\mathrm{surroundings}} \tag{2-6}$$

在封闭系统和周围环境之间传递能量有两种方式：热（$Q$）或功（$W$）。这使得我们可以用更为熟悉的形式写出热力学第一定律：

$$\mathrm{d}U = \mathrm{d}Q - \mathrm{d}W \tag{2-7}$$

式（2-7）说明，封闭系统的内能变化（$\mathrm{d}U$）必须等于传递到系统的热量（$\mathrm{d}Q$）减去系统所做的功（$\mathrm{d}W$）。为了从式（2-6）推导出这个表达式，我们用 $\mathrm{d}U$ 代替 $\mathrm{d(Energy)}_{\mathrm{system}}$。如果我们选择适当的参考系，那么系统中所有的能量变化都表现为内部能量的变化。注意，我们将正功定义为系统对周围环境所做的功。

现在，我们假设系统只做机械功，即系统在压力下膨胀来做功，因此有：

$$\mathrm{d}(W)_{\mathrm{mech}} = p\mathrm{d}V \tag{2-8}$$

式中，$p$ 为压力；$\mathrm{d}V$ 为体积变化。稍后，当我们讨论燃料电池时，我们还将考虑系统做电功的情况。然而，目前我们忽略了电功，仅考虑机械功。我们可以将系统的内能变化表达式改写为：

$$\mathrm{d}U = \mathrm{d}Q - p\mathrm{d}V \tag{2-9}$$

### 2.3.1.3 热力学第二定律

热力学第二定律的研究与功和热的意义相关。与内能不同，功和热不是物质或任何特定系统（如物质或物体）的性质。它们代表在运输过程中的能量，换句话说，在物质或物体之间传递的能量。在做功的情况下，能量的传递是通过在一定距离上施加力来完成的。另外，当物质具有不同的热能时，热量就会在它们之间传递，表现为它们的温度不同。

由于热力学第二定律的影响（我们将马上讨论），功通常被称为最“高贵”的能量形式：它是万能的捐赠者。以功的形式存在的能量，可以以 100%的理论效率转换成任何其他形式的能量。相反，热是最“不光彩”的能量形式：它是普遍的接受者。任何形式的能量最终都可以100%以热的形式消散到环境中，但热永远无法 100%地转换回更“高贵”的能量形式，如功。

功与热的对比说明了燃料电池和内燃机的主要区别之一。内燃机燃烧燃料产生热量，然后将部分热量转化为功。因为它首先将能量转化为热量，所以内燃机会破坏燃料的部分功能。这种对工作潜力的破坏被称为“热瓶颈”。而燃料电池工作时不需要转化为热能，因此避免了热瓶颈。

热力学第二定律引入了熵的概念。熵由系统可访问的可能微状态的数量决定，或者换句话说，由配置系统的可能方式的数量决定。基于这个原因，熵可以被认为是“无序”的度量，因为增加的熵表示配置系统的方式越来越多。对于孤立系统而言，其熵的计算是最简单的情况：

$$S = k \lg \Omega \tag{2-10}$$

式中，$S$ 为系统的总熵；$k$ 为玻尔兹曼常量；$\Omega$为系统的可能微状态数。

“微状态”最好用一个例子来理解。考虑图 2-12（a）所示的 100 个相同原子的“完美”系统。此系统只有一种可能的微状态或配置。这是因为这 100 个

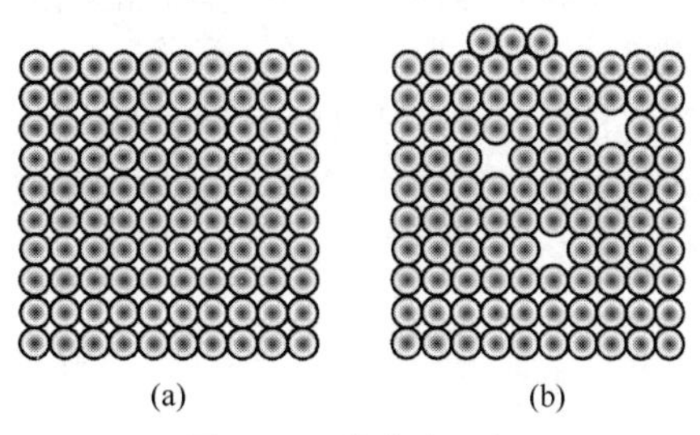

图 2-12　微状态示例

原子完全相同，彼此无法区分。如果我们“切换”第 1 和第 2 个原子，系统看起来会完全一样。因此，这个完美的 100 个原子晶体的熵为零。现在考虑图 2-12（b），其中 3 个原子从它们的原始位置被移除并放置在晶体的表面上。任何 3 个原子都可以从晶体中移除，根据移除原子的不同，系统的最终配置也会有所不同。在这种情况下，系统可以使用许多微状态［图 2-12（b）仅表示其中一个］。我们可以通过评估从 $Z$ 原子总数中提取 $N$ 个原子的可能方法的数量来计算系统可用的微态数量：

$$\Omega=\frac{Z(Z-1)(Z-2)\cdots(Z-N+1)}{N!}=\frac{Z!}{(Z-N)!N!} \tag{2-11}$$

从 100 个原子中取出 3 个原子的方法数为：

$$\Omega=\frac{100!}{97!\times 3!}=1.62\times 10^{5} \tag{2-12}$$

得出 $S$=7.19×10$^{-23}$J/K。

除了像这个例子中那样非常简单的系统，其他系统不可能精确地计算熵。相反，系统的熵通常是根据热传递如何引起系统熵的变化来推断的。对于恒压下的可逆传热，系统的熵会随着温度的变化而变化。

$$\mathrm{d}S=\frac{\mathrm{d}Q_{\mathrm{rev}}}{T} \tag{2-13}$$

式中，d$S$ 是在恒定温度（$T$）下与可逆传热（d$Q_{\mathrm{rev}}$）相关联的系统中的熵变。换句话说，“倾倒”能量（包括热量）进入一个系统会导致其熵增加。本质上，通过向系统提供额外的能量，我们使它能够获得更多的微状态，从而使其熵增加。对于不可逆的热传递，熵的增加将比式（2-13）所规定的更大。这是热力学第二定律的关键陈述。

热力学第二定律指出，对于任何过程，系统及其周围环境的熵必定增加或至少保持为零：

$$\mathrm{d}S_{\mathrm{univ}}\geqslant 0 \tag{2-14}$$

这一不等式与热力学第一定律结合时，允许我们从热力学上区分“自发”过程和“非自发”过程。

### 2.3.1.4 吉布斯自由能

根据热力学第一定律和第二定律，我们可以计算能量如何从一种形式转移到另一种形式，这些基于热力学势。我们已经熟悉了一个热力学势：系统的内能。我们可以结合热力学第一定律和第二定律的结果，得出一个基于两个自变量（熵 $S$ 和体积 $V$）变化的内能方程式：

$$\mathrm{d}U=T\mathrm{d}S-p\mathrm{d}V \tag{2-15}$$

式中，$T$d$S$ 代表可逆传热；$p$d$V$ 代表机械功。如上所述，从这个方程我们可以得出结论，$U$——系统的内能，是熵和体积的函数：

$$U=U(S,V) \tag{2-16}$$

我们还可以导出以下关系式，这些关系式显示了因变量 $T$ 和 $p$ 如何与自变量（$S$ 和 $V$）的变化相关：

$$\left(\frac{\mathrm{d}U}{\mathrm{d}S}\right)_V=T \tag{2-17}$$

$$\left(\frac{\mathrm{d}U}{\mathrm{d}V}\right)_S=-p \tag{2-18}$$

但是，$S$ 和 $V$ 在大多数实验中不容易测量。因此，我们另辟蹊径，设立一个新的热力学势，它与 $U$ 相等，但取决于比 $S$ 和 $V$ 更容易测量的量。首先定义一个新的热力学势 $G$（$T$，$p$）：

$$G = U - \left(\frac{dU}{dS}\right)_V S - \left(\frac{dU}{dV}\right)_S V \tag{2-19}$$

将式（2-17）和式（2-18）代入上式，可以得到：

$$G = U - TS + pV \tag{2-20}$$

这个函数就叫作吉布斯自由能。下面证明 $G$ 确实是温度和压强的函数。对 $G$ 进行微分：

$$dG = dU - TdS - SdT + pdV + Vdp \tag{2-21}$$

既然我们知道 $dU = TdS - pdV$，就可以得出：

$$dG = -SdT + Vdp \tag{2-22}$$

所以，吉布斯自由能是一个人为定义的系统的热力学势，它依赖于 $T$ 和 $p$，而不是 $S$ 和 $V$。如果我们想要一个依赖于 $S$ 和 $p$ 的热力学势呢？类似于方程式（2-19），我们人为定义一个新的热力学势 $H$，称为焓：

$$H = U + pV \tag{2-23}$$

通过微分，可以证明 $H$ 是 $S$ 和 $p$ 的函数：

$$dH = dU + pdV + Vdp \tag{2-24}$$

因为 $dU = TdS - pdV$，所以有：

$$dH = TdS + Vdp \tag{2-25}$$

至此，我们定义了三个热力学势：$U(S,V)$、$H(S,p)$和 $G(T,p)$。最后，补充定义第四个也是最后一个热力学势，它取决于温度和体积 $F(T,V)$，完成了对称性：

$$F = U - TS \tag{2-26}$$

式中，$F$ 为亥姆霍兹自由能。同样地，可以证明：

$$dF = -SdT - pdV \tag{2-27}$$

图 2-13 提供了这四个热力学势的总结。这个记忆图可以帮助我们理解热力学势之间的关系。

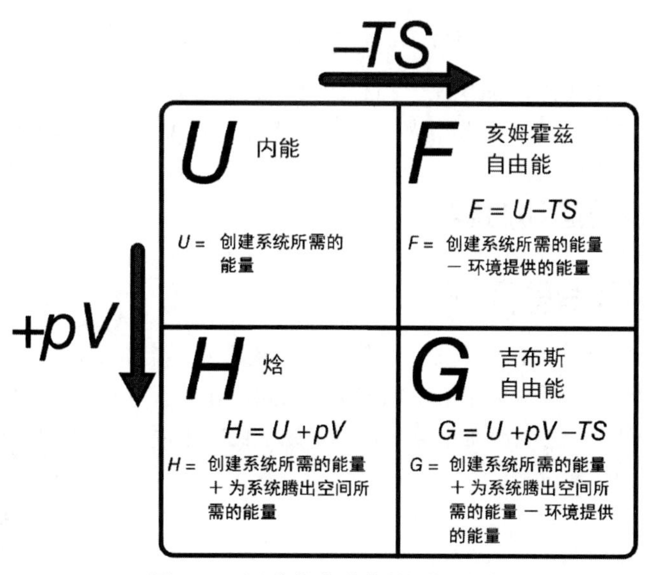


图 2-13　四种热力学势的图解总结

四种热力学势的总结如下：

① 内能 $U$。在没有温度或体积变化的情况下建立一个系统所需的能量。

② 焓 $H$。创造一个系统所需的能量加上为它腾出空间所需的功（从零体积开始）。

③ 亥姆霍兹自由能 $F$。创建一个系统所需的能量减去由于自发热传递（在恒定温度下）而从系统环境中获得的能量。

④ 吉布斯自由能 $G$。创建一个系统并为其腾出空间所需的能量减去由于热传递而从环境中获得的能量。换言之，$G$ 表示在恒定环境温度 $T$ 下，从可忽略的初始体积减去环境自动提供的能量后，系统的净能量成本。

吉布斯自由能可以认为是创建一个系统并为其腾出空间所需的净能量减去由于自发热传递而从环境中获得的能量。因此，$G$ 代表创建这个系统必须转移的能量（环境也通过热传递了一些能量，但是 $G$ 减去了这个贡献值）。如果 $G$ 代表为了创建系统而必须传递的净能量，那么 $G$ 也应该代表能从系统中得到的最大能量。换言之，吉布斯自由能虽然是人为定义的热力学势，但它有内在的物理含义，它代表了系统可利用的能势或功势。

焓是另一个非常重要的热力学势。化学反应都伴随着焓的变化，简称焓变。与燃烧反应有关的焓变称为燃烧热。燃烧热这个名字表明了恒压化学反应的焓和热势之间的密切联系。一般来说，与任何化学反应有关的焓变称为反应焓或反应热。在本书中，我们使用更一般的反应焓（$\Delta H_{rxn}$）。反应焓主要与反应过程中化学键的重新配置有关，因此可以通过考虑反应物和产物之间的键焓差来计算反应焓。例如，通过比较反应物 O—O 和 H—H 键的焓与产物 H—O 键的焓，来估算 $H_2$ 燃烧反应中释放的热量。

键焓的计算有些复杂，只能给出初步的近似值。因此，通常通过计算反应物和产物之间的生成焓差来计算反应焓值。标准态形成焓 $\Delta h_f^0(i)$ 表示在标况下从参考物质形成 1mol 化学物质 $i$ 所需的能量。对于一般反应：

$$aA + bB \longrightarrow mM + nN \tag{2-28}$$

式中，A 和 B 为反应物，M 和 N 为生成物；$a$、$b$、$m$、$n$ 分别为 A、B、M、N 的摩尔数。那么 $\Delta h_{rxn}^0$ 可这么计算：

$$\Delta h_{rxn}^0 = \left[m\Delta h_f^0(M)+n\Delta h_f^0(N)\right]-\left[a\Delta h_f^0(A)+b\Delta h_f^0(B)\right] \tag{2-29}$$

因此，反应焓是根据摩尔加权反应物和产物生成焓之间的差值来计算的。注意，焓变化（和所有能量变化一样）是以终态-初始状态，或者换句话说，产物-反应物的形式计算的。

## 2.3.2 电化学反应动力学

### 2.3.2.1 反应速率与电流密度

因为电化学反应只发生在界面上，所以产生的电流通常与界面面积成正比。将可用于反应的界面面积增加一倍，反应速率应增加一倍。因此，电流密度（单位面积的电流）比电流更能反映电化学反应速率，它允许在单位面积的基础上比较不同表面的反应活性。电流密度 $j$ 通常用安培/平方厘米为单位表示：

$$j = \frac{i}{A} \tag{2-30}$$

式中，$i$ 为电流；$A$ 为反应界面的面积。与电流密度类似，电化学反应速率也可以单位面积表示。我们采用符号 $J$ 表示单位面积的反应速率。单位面积的反应速率通常以 mol/（cm$^2$ • s）为单位：

$$J=\frac{1}{A}\times\frac{\mathrm{d}N}{\mathrm{d}t}=\frac{i}{nFA}=\frac{j}{nF} \tag{2-31}$$

式中，$N$ 为物质的量。

众所周知，若要汽车跑得更快，就需要使用更强的发动机。那么如果使电化学反应更快呢？实际上，电化学反应的发动机，关键在于电子的能量。首先，电势（电压）是电子能量的量度。根据能带理论，电子能量是用费米能级来表征的。通过控制电极电位，我们可以控制电化学体系中的电子能量（费米能级），从而影响反应的速度，甚至方向。例如，考虑在电极上发生的一般氧化和还原反应：

$$O_x+e^- \rightleftharpoons Re \tag{2-32}$$

如果电极的电位比平衡电位负得多，反应将偏向于 Re 的形成。更负的电极使电极似乎对电子不太“友好”，迫使电子离开电极并进入电活性物种。另外，如果电极电位比平衡电位更加正，反应将偏向于 $O_x$ 的形成，因为一个更为正的电极将电子“吸引”到电极上，将它们从电活性物质中拉出来。图 2-14 示意性地说明了这个概念。利用电位控制反应是电化学的关键。我们将更全面地阐述这一原理，以了解反应速率、电化学反应中产生的电流与电池电压的关系。

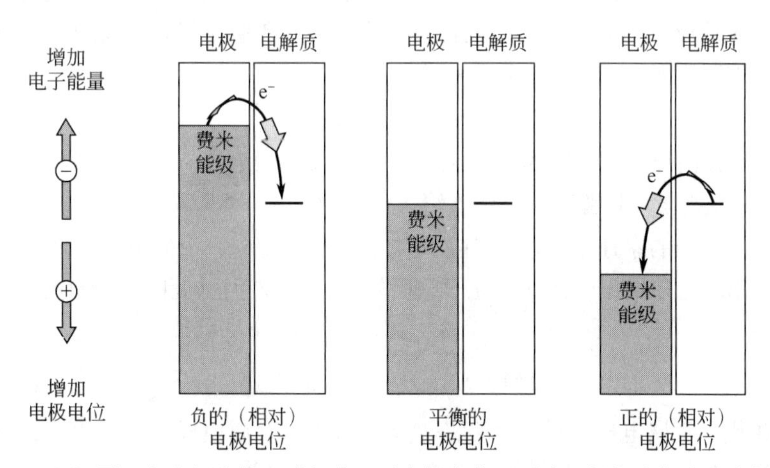


图 2-14　还原（负电极电位）或氧化（正电极电位）反应可操纵电极电位来触发

在最基本的层面上，燃料电池反应（或任何电化学反应）涉及电极表面和邻近电极表面的化学物质之间的电子转移。在燃料电池中，我们利用热力学上有利的电子转移过程从化学能中提取电能（以电子流的形式）。这就是我们研究的电化学反应的动力学。换句话说，电子转移机制就是电化学反应的动力学。因为每个电化学反应事件都会导致一个或多个电子的转移，所以燃料电池产生的电流取决于电化学反应的速率。提高电化学反应速率是提高燃料电池性能的关键。

既然电极电位是操纵电化学反应速率的关键，那么是不是只要我们不断改变电极电位的值，电化学反应速率就可以无限增大呢？显然，答案是否定的。反应势垒的存在导致电化学反应速率是有限的。这个反应势垒也被称作活化能。图 2-15 说明了电化学反应过程中，反应势垒的作用。如果将整个反应比作“下山”的过程，那么为了使反应物转化为产物，我们必须首先先翻过一座势垒“山丘”。反应物越过该势垒的概率决定了反应发生的速率。

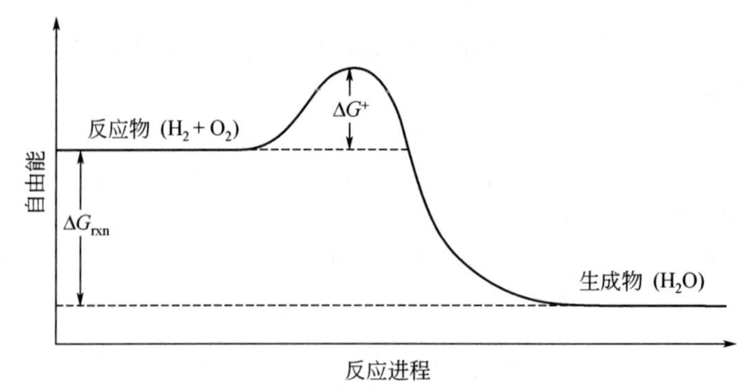

图 2-15　反应势垒示意图

所以，电化学反应的活化能决定了反应速率。那么电化学反应的速率该如何通过活化能计算呢？实际上，只有处于活化状态的物质才能经历从反应物到产物的转变。因此，反应物转化为产物的速率取决于反应物处于激活状态的概率。虽然该理论超出了本书的范围，但统计力学的观点认为，在激活状态下发现物质的概率是指数依赖于反应势垒大小的：

$$P_{act}=e^{-\Delta G^{+}/RT} \tag{2-33}$$

式中，$P_{act}$ 为在活化状态下发现反应物的概率；$\Delta G^{+}$为反应势垒大小；$R$ 为气体常数；$T$ 为温度，K。从这个概率出发，我们可以将反应速率描述为一个统计过程，涉及反应界面单位面积中可参与反应的反应物的数量（反应物界面浓度）、在活化状态下发现这些反应物的概率以及这些活化物质衰变形成产物的频率：

$$J_1=c_R f_1 P_{act}=c_R f_1 e^{-\Delta G^{+}/RT} \tag{2-34}$$

式中，$J_1$ 为我们想要的产物的生成速率；$c_R$ 为反应物浓度；$f_1$ 为生成物衰变率，其值由温度 $T$、玻尔兹曼常量 $k$ 和普朗克常数 $h$ 给出：$kT/h$。

当具体计算反应的总速率时，我们必须考虑反应的正向和反向方向的速率。净速率由正向和反向反应速率之差给出。例如，化学吸附氢反应可分为正向和反向反应：

$$M\cdots H \longrightarrow \left(M+e^{-}\right)+H^{+} \tag{2-35}$$

$$\left(M+e^{-}\right)+H^{+} \longrightarrow M\cdots H \tag{2-36}$$

式中，M 代表金属电极，$M\cdots H$ 代表氢原子吸附于金属电极表面。相应的反应速率由 $J_1$ 表示正向反应，$J_2$ 表示反向反应速率。净反应速率 $J$ 定义为：

$$J=J_1-J_2 \tag{2-37}$$

一般来说，正向和反向反应的速率可能不相等。在化学吸附氢反应示例中，正向反应的活化势垒远小于反向反应的活化势垒。在这种情况下，正反应速率比反反应速率大得多。净反应速率 $J$ 可以写成：

$$J=c_R f_1 e^{-\Delta G_1^{+}/RT}-c_P f_2 e^{-\Delta G_2^{+}/RT} \tag{2-38}$$

式中，$c_R$ 为反应物表面浓度；$c_P$ 为产物表面浓度；$\Delta G_1^{+}$ 为正向反应的活化势垒；$\Delta G_2^{+}$ 为反向反应的活化势垒。事实上，$\Delta G_2^{+}$ 与 $\Delta G_1^{+}$ 和吉布斯自由能变$\Delta G_{rxn}$之间的关系为：

$$\Delta G_{rxn}=\Delta G_1^{+}-\Delta G_2^{+} \tag{2-39}$$

因此，也可仅用正向激活势垒表示反应速率：

$$J=c_R f_1 e^{-\Delta G_1^{+}/RT}-c_P f_2 e^{-(\Delta G_2^{+}-\Delta G_{rxn})/RT} \tag{2-40}$$

方程式（2-40）指出，净反应速率由正向和反向反应速率之差给出，两者均与活化势垒 $\Delta G_1^+$ 成指数关系。

### 2.3.2.2 交换电流密度与平衡电位

对于燃料电池，我们感兴趣的是电化学反应产生的电流。因此，我们想用电流密度来重新计算这些反应速率表达式。电流密度 $j$ 和反应速率 $J$ 由 $j=nFJ$ 关联。因此，正向电流密度可以表示为：

$$j_1 = nFc_R f_1 e^{-\Delta G_1^+/RT} \tag{2-41}$$

反向电流密度为：

$$j_2 = nFc_P f_2 e^{-(\Delta G_2^+ - \Delta G_{rxn})/RT} \tag{2-42}$$

在热力学平衡时，我们认识到正向和反向电流密度必须平衡，这样就没有净电流密度（$j=0$）。换句话说：

$$j_1 = j_2 = j_0 \tag{2-43}$$

式中，$j_0$ 为平衡电流密度，也叫作交换电流密度。

另外一种理解反应平衡状态的方法如图 2-16 所示，它从另一个视角展示了金属电极界面吸附氢反应的能量变化。

图 2-16（a）显示了吸附氢反应的化学自由能路径。产物[（$M+e^-$）$+H^+$]与反应物（M···H）相比，较低的自由能导致正向和反向反应方向的活化势垒不相等。因此，如前所述，我们期望正向反应速率比反向反应速率快。然而，这些不相等的速率很快就会导致电荷的积累，$e^-$在金属电极中积累，$H^+$在电解液中积累。电荷会积累到反应界面产生电位差$\Delta\phi$，如图 2-16（b）所示，正好平衡了反应物和产物状态之间的化学自由能差。这一点和 PN 结中电子和空穴的扩散形成自建电场比较类似。化学势和电势的综合效应如图 2-16（c）所示，正向和反向反应速率相等。这个平衡反应速率就对应交换电流密度 $j_0$。

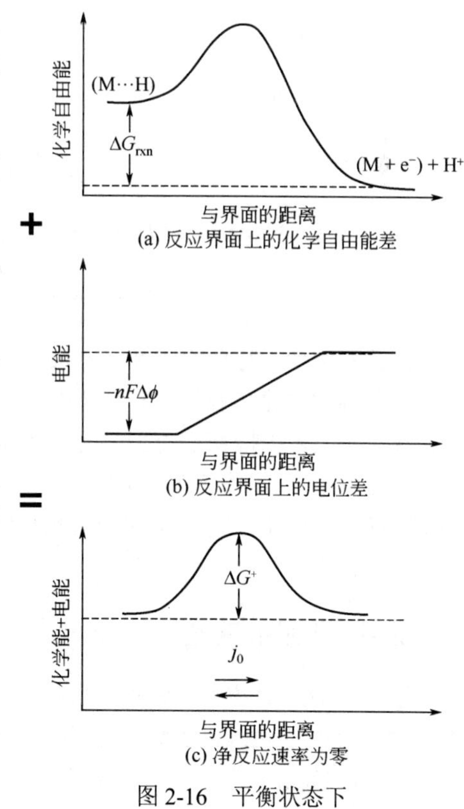

图 2-16　平衡状态下

在产生界面电位差$\Delta\phi$之前，正向速率比反向速率快得多。界面电位差的建立会将正向活化势垒从$\Delta G_1$ 增加到$\Delta G$，同时将反向活化势垒从$\Delta G_2$ 减少到$\Delta G$，有效地形成平衡。我们可以将平衡时的正向和反向电流密度写成：

$$j_1 = nFc_R f_1 e^{-\Delta G/RT} \tag{2-44}$$

$$j_2 = nFc_P f_2 e^{-(\Delta G - \Delta G_{rxn} - nF\Delta\phi)/RT} = nFc_P f_2 e^{-\Delta G/RT} \tag{2-45}$$

虽然我们在图 2-16 中讨论了氢反应，但它同样可以很容易地表示燃料电池阴极的氧还原反应。如图 2-17 所示，阳极和阴极的界面电位差之和产生燃料电池的整体热力学平衡电压。

图 2-17 所示的阳极电位差（$\Delta\phi_{anode}$）和阴极电位差（$\Delta\phi_{cathode}$）称为电偶电位。阳极和阴极的电位必须相加，才能得到燃料电池作为一个整体的净热力学电压：

$$E^0 = \Delta\phi_{anode} + \Delta\phi_{cathode} \tag{2-46}$$

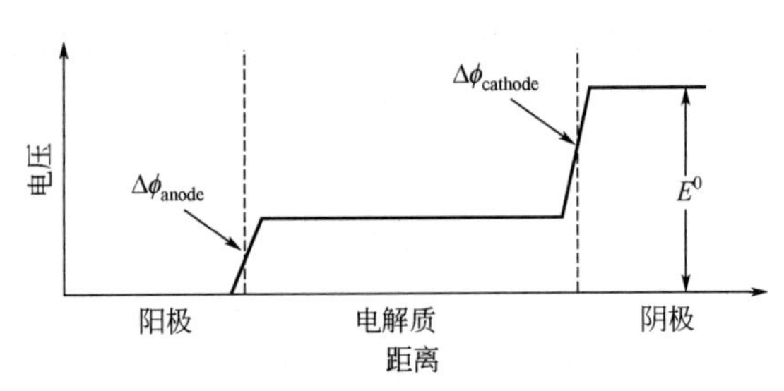


图 2-17 燃料电池阴阳极界面电位差构成了电池的整体输出

## 2.3.2.3 Butler-Volmer 方程

电化学反应的一个显著特点是通过改变电池电位来控制活化势垒的大小。在所有的电化学反应中，反应物或产物都是带电物质。带电粒子的自由能对电压很敏感。因此，改变电池电压会改变参与反应的带电物质的自由能，从而影响活化势垒的大小。通过牺牲部分热力学上可用的电池电压，就可以从燃料电池中获得净电流。为了从燃料电池中提取净电流，阳极和阴极的电位都必须降低（不能降低相同的量）。

在平衡状态下，正向和反向反应的电流密度均由 $j_0$ 给出。偏离平衡后，可以通过从 $j_0$ 开始并考虑正向和反向激活势垒的变化来形成新的正向和反向电流密度：

$$j_1 = j_0 \exp\left(\alpha \frac{nF\eta}{RT}\right) \tag{2-47}$$

$$j_2 = j_0 \exp\left(-(1-\alpha)\frac{nF\eta}{RT}\right) \tag{2-48}$$

式中，$\eta$ 为过电位；$n$ 为电子摩尔数；$\alpha$ 为交换系数。净电流为 $j_1$–$j_2$，即：

$$j = j_0\left(\exp\left(\alpha\frac{nF\eta}{RT}\right) - \exp\left(-(1-\alpha)\frac{nF\eta}{RT}\right)\right) \tag{2-49}$$

此公式称为巴特勒-沃尔默（Butler-Volmer）方程，该方程被认为是电化学动力学的基石。它被用作描述电化学系统中电流和电压之间关系的基准方程。在研究燃料电池的过程中，我们需要牢记它。巴特勒-沃尔默方程基本上表明，电化学反应产生的电流随活化过电位呈指数增长。过电压$\eta$表示为克服与电化学反应相关的激活势垒而牺牲（损失）的电压。因此，巴特勒-沃尔默方程告诉我们，如果我们想从燃料电池中获得更多的电（电流），我们必须付出电压损失的代价。

## 2.3.2.4 Tafel 方程

巴特勒-沃尔默方程常常很难求解，在实际工程应用中，我们通过两个有用的近似来简化巴特勒-沃尔默表达式。当活化电压$\eta_{act}$要么非常小、要么相对较大时可以采用这些近似。

首先，当$\eta_{act}$非常小时，一般指小于 15mV，也就意味着 $j \ll j_0$，利用泰勒级数展开（$e^x \approx 1+x$），有：

$$j = j_0 \frac{nF\eta_{act}}{RT} \tag{2-50}$$

该近似表明，当燃料电池在平衡状态产生很小的偏移时，电流和过电压是线性的，且与 $\alpha$ 无关。因此理论上 $j_0$ 值可以通过测量 $j$ 与 $\eta$ 在较低的 $\eta_{act}$ 时的变化关系获得。如前所述，$j_0$ 对燃料电池性能至关重要，因此测量它的能力是非常有用的。但是，实验误差源如杂质电流、欧姆损耗和质量传输效应使这些测量变得困难。相反，$j_0$ 值通常从高过电压测量中提取。

$\eta_{act}$ 相对较大时，一般指室温下大于 50～100 mV，或者更准确地说，当 $j \gg j_0$ 时，巴特勒-沃尔默方程中的第二个指数项变得可以忽略不计。换言之，正向反应方向占主导地位，相当于一个完全不可逆的反应过程。巴特勒-沃尔默方程简化为：

$$j = j_0 \exp\left(\alpha \frac{nF\eta}{RT}\right) \tag{2-51}$$

那么有：

$$\eta_{act} = -\frac{RT}{\alpha nF} \ln j_0 + \frac{RT}{\alpha nF} \ln j \tag{2-52}$$

该式可以写成如下形式，也就是 Tafel 方程。

$$\eta_{act} = a + b \lg j \tag{2-53}$$

式中，$a$、$b$ 为 Tafel 常数。

图 2-18 展示了电流密度与过电位的关系。

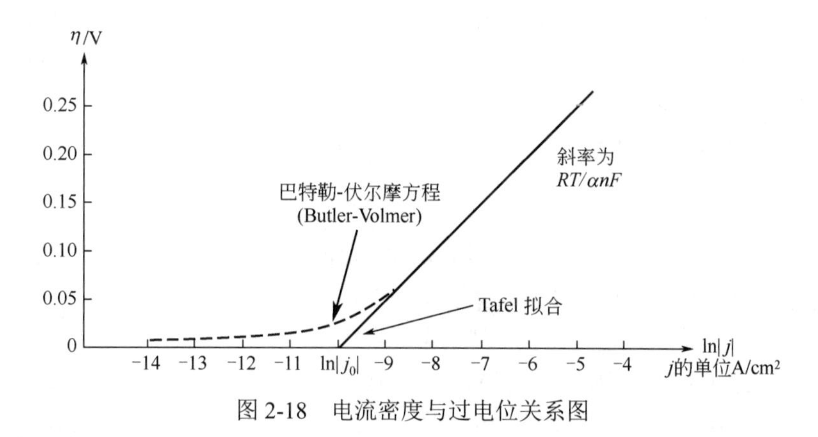


图 2-18　电流密度与过电位关系图

# 2.4　微型 PEMFC

在众多燃料电池技术中，PEMFC 技术最为成熟。PEMFC 也称为固体聚合物电解质燃料电池，最早是由美国通用电气公司在 20 世纪 60 年代开发的，为了用在美国航天局第一个载人航天器上。这种类型的燃料电池主要依赖于一种特殊的聚合物膜，在它表面涂有高度分散的催化剂颗粒。一般情况下，PEMFC 采用氢气作为阳极燃料，阴极则供给氧气或空气。质子交换膜只允许离子 $H^+$ 穿过它，而电子被外部电路收集，形成可使用的电流（做有效功），然后再到达阴极。在阴极，电子与扩散通过交换膜的氢离子和氧气（通常来自于空气）结合起来，形成水。

那么 PEMFC 是如何做功、释放电能的呢？现在将热力学知识应用于燃料电池。燃料电池的目标是从燃料中提取内部能量，并将其转化为更有用的能量形式。我们能从燃料中提取的最大能量是多少？最大值取决于我们是以热的形式还是以功的形式从燃料中提取能量。从燃料中提取的最大能量由燃料的反应焓给出（对于恒压过程）。回想一下焓的微分表达式：

$$\mathrm{d}H = T\mathrm{d}S + V\mathrm{d}p \tag{2-54}$$

对于恒压过程（d$p$=0），方程式简化为：

$$\mathrm{d}H = T\mathrm{d}S \tag{2-55}$$

式中，d$H$与可逆过程中的传热（d$Q$）相同。在谈到燃料电池的热力学时，我们经常使用"可逆"一词。可逆意味着平衡。可逆燃料电池电压是燃料电池在热力学平衡时产生的电压。在一个热力学过程中，如果向其驱动力中施加一个无穷小的反作用，都会使整个热力学过程反转，这样的热力学过程便处于平衡状态，即可逆状态。有关可逆燃料电池电压的方程式只适用于平衡条件。一旦从燃料电池中提取电流，平衡就消失了，可逆的燃料电池电压方程就不再适用了。为了在本书中区分可逆和不可逆燃料电池电压，我们使用 $E$ 表示可逆（热力学预测的）燃料电池电压，$V$ 表示工作（不可逆）燃料电池电压。

同样地，将焓看作是恒压条件下系统热势的量度。换言之，对于恒压反应，焓变表示反应所能放出的热量。这种热是从哪里来的？用恒压下的 d$U$ 表示 d$H$ 可以得到以下答案：

$$\mathrm{d}H = T\mathrm{d}S = \mathrm{d}U + \mathrm{d}W \tag{2-56}$$

从这个表达式中可以看出，反应产生的热量是由系统内能的变化引起的。系统内能的变化很大程度上是由于化学键的重新配置。例如，燃烧的氢由于分子键的重新配置而释放热量。产物水的内能低于初始的氢和氧。除去做功所需的能量，剩余的内能在反应过程中都转化为了热量。这种情况类似于一个球从山上滚下来，当球从高势能的初始状态滚动到低势能的最终状态时，球的势能转化为动能。

计算 PEMFC 能释放的电能，吉布斯自由能是关键：

$$G = H - TS \tag{2-57}$$

其微分形式为：

$$\mathrm{d}G = \mathrm{d}H - T\mathrm{d}S - S\mathrm{d}T \tag{2-58}$$

保持温度恒定，d$T$=0，用单位摩尔量表示此关系：

$$\Delta g = \Delta h - T\Delta s \tag{2-59}$$

因此，对于恒温反应，可以用$\Delta h$ 和$\Delta s$ 计算$\Delta g$。当然，仍然可以基于方程来计算不同反应温度下的$\Delta g$ 值。既然知道了如何计算$\Delta g$，我们就可以计算 PEMFC 做功的能力了。下面找出从燃料电池反应中所能提取的最大电功。

定义吉布斯自由能的变化为：

$$\mathrm{d}G = \mathrm{d}U - T\mathrm{d}S - S\mathrm{d}T + p\mathrm{d}V + V\mathrm{d}p \tag{2-60}$$

如前所述，可以将基于热力学第一定律的 d$U$ 表达式插入该方程式中。但是，这次将 d$U$ 扩展为包括机械能和电能：

$$\mathrm{d}U = T\mathrm{d}S - \mathrm{d}W = T\mathrm{d}S - (p\mathrm{d}V + \mathrm{d}W_\mathrm{e}) \tag{2-61}$$

这就产生了：

$$\mathrm{d}G = -S\mathrm{d}T + V\mathrm{d}p - \mathrm{d}W_\mathrm{e} \tag{2-62}$$

对于恒温恒压过程有 $\mathrm{d}T = \mathrm{d}p = 0$，这使上述方程简化为：

$$\mathrm{d}G = -\mathrm{d}W_\mathrm{e} \tag{2-63}$$

因此，PEMFC 在恒温恒压过程中所能做的最大电功等于这个过程的吉布斯自由能差的负值。对于使用单位摩尔量的反应，这个方程可以写成：

$$W_e = -\Delta g \tag{2-64}$$

这里使用的恒温恒压假设并不像看上去那么严格。唯一的限制是反应过程中温度和压力不变。由于燃料电池通常在恒定的温度和压力下工作，这种假设是合理的。重要的是要认识到，上述表达式适用于不同的温度和压力值，只要这些值在反应过程中没有变化。我们可以在 $T = 200\text{K}$ 和 $p = 1\text{atm}$[1]时应用这个方程，在 $T = 400\text{K}$ 和 $p = 5\text{atm}$ 时同样有效。

PEMFC 对外做功，需要一定的输出电压。那么一节 PEMFC 到底输出多大电压呢？首先，电功是电荷与电位差的乘积：

$$W_e = EQ \tag{2-65}$$

如果假设电荷是由电子携带的，那么：

$$Q = nF \tag{2-66}$$

式中，$n$ 为转移电子的摩尔数；$F$ 为法拉第常数。结合式（2-64）～式（2-66），我们得出：

$$\Delta g = -nFE \tag{2-67}$$

由此看出，吉布斯自由能决定了电化学反应可逆电压的大小。例如，在 PEMFC 中，标准状态下生成液态水的吉布斯自由能变化为–237 kJ/mol。那么 PEMFC 在标准状态下产生的可逆电压为：

$$E^0 = -\frac{\Delta g^0}{nF} = -\frac{-237000(\text{J/mol})}{2\times 96485(\text{C/mol})} = +1.23(\text{V}) \tag{2-68}$$

式中，$E^0$ 为 PEMFC 标准状态下的可逆电压，也就是 PEMFC 理论上的开路电压。我们运用热力学理论证明了 PEMFC 标况下的最高电压为 1.23 V，这其实是由燃料电池的化学性质决定的。如果需要一个输出电压为 10V 的电池，则可以通过选择不同的燃料电池化学成分，来实现不同的可逆电池电压。然而，类似于 PEMFC 这样稳定高效的燃料电池的可逆电压基本都在 0.8～1.5V 范围内。为了从燃料电池中获得 10V 的电压，需要将几个电池串联起来。

上述可逆电压实际上是 PEMFC 的开路电压，即此时的 PEMFC 输出电流为零，并不能对外做功。当电流增大时，PEMFC 的输出电压能保持在 $E^0$ 吗？实际上，由于活化极化、欧姆极化和浓差极化的存在，单节燃料电池的输出电压 $E_{\text{cell}}$ 必定小于其理论开路电压，即：

$$E_{\text{cell}} = E^0 + \eta_{\text{act}} + \eta_{\text{ohm}} + \eta_{\text{con}} \tag{2-69}$$

Tafel 方程可以用来表征活化极化电压：

$$\eta_{\text{act}} = -\frac{RT}{\alpha nF}\ln\left(\frac{j}{j_0}\right) \tag{2-70}$$

式中，$\alpha$ 为电荷传递系数；$j$ 为放电电流密度，$\text{A/m}^2$；$j_0$ 为交换电流密度，$\text{A/m}^2$。

欧姆极化指的是电池内阻上的电压损失：

$$\eta_{\text{ohm}} = -jR_{\text{ohm}} \tag{2-71}$$

式中，$R_{\text{ohm}}$ 为燃料电池内阻，$\Omega\cdot\text{m}^2$。

而浓差极化在燃料电池工作在较大的输出电流时表现得比较明显，它可以写成如下 Tafel 方程的形式：

$$\eta_{\text{con}} = \frac{RT}{2\alpha F}\ln\left(1-\frac{j}{j_{\text{L}}}\right) \tag{2-72}$$

式中，$j_{\text{L}}$ 为燃料电池的极限电流密度，$\text{A/m}^2$。

---

[1] 1atm=101325Pa。

# 2.5 微型 DMFC

## 2.5.1 工作原理

微型直接甲醇燃料电池（Micro Direct Methanol Fuel Cell，μDMFC）属于 PEMFC 的一种。它的阳极燃料为甲醇水溶液，与氢氧燃料电池相比，μDMFC 具有能量密度高、甲醇来源丰富且价格低廉、燃料易于储存携带且安全性高、系统结构简单且不需要燃料重整和净化、操作条件简易等优点。近年来，μDMFC 良好的应用前景吸引了国际上众多研究机构的关注与研究，并取得了很大的进展，主要涵盖μDMFC 反应机理、输运特性、结构设计、组件材料、加工工艺及电池组集成等不同层面。

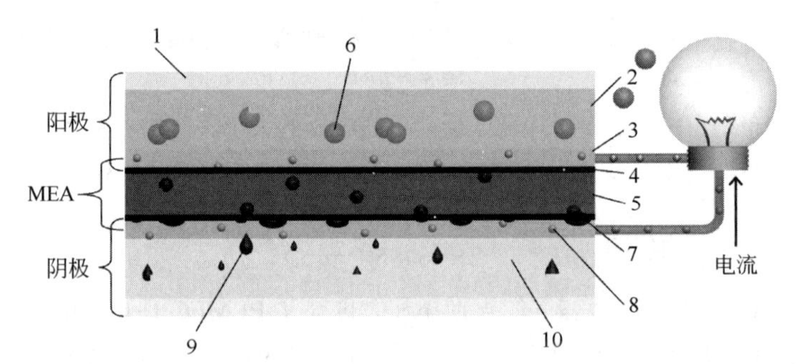


图 2-19　μDMFC 基本结构示意图

1—极板；2—甲醇溶液；3—扩散层；4—催化层；5—PEM；6—$CO_2$；7—质子（$H^+$）；8—电子（$e^-$）；9—水（$H_2O$）；10—氧气（$O_2$）

和 PEMFC 结构类似，μDMFC 的基本结构如图 2-19 所示，主要由阳极极板、膜电极（MEA）和阴极极板组成，其中 MEA 由扩散层、催化层和质子交换膜（PEM）组成。阴阳极极板具有一定的流场结构，主要起支撑扩散层、分配反应物和收集电流的作用；扩散层作为气、液、电子的通道，主要起到支撑催化层、收集电子、传导反应物和生成物的作用；催化层是电化学反应场所；PEM 作为 MEA 中的关键部件，起到传导质子、分隔燃料和氧化剂的双重功能。

在μDMFC 阳极反应中，进入阳极流场的甲醇水溶液在阳极扩散层中通过对流和扩散最终到达催化层，在催化颗粒的作用下发生氧化反应生成二氧化碳（$CO_2$）气体，同时释放出氢质子（$H^+$）和电子（$e^-$）；$CO_2$ 气体经由扩散层返回阳极流道并最终随甲醇溶液流动排出，电子通过阳极的传导到达外电路产生电流，而质子则直接通过 PEM 交换至阴极催化层表面。阳极反应化学表达式为：

$$CH_3OH+H_2O \longrightarrow CO_2+6H^+ + 6e^- \tag{2-73}$$

在阴极反应中，氧气通过扩散层到达阴极催化层表面，和穿透阳极的质子以及外电路的电子发生还原反应，最终生成水。阴极反应具体的化学反应式如下：

$$\frac{3}{2}O_2+6H^+ + 6e^- \longrightarrow 3H_2O \tag{2-74}$$

标准状态（25℃，1atm）下，μDMFC 的理想开路电压为 1.183V。而在实际运行过程中，电池输出电压明显低于理论开路电压值。μDMFC 输出电压与其输出电流密度密切相关，如图 2-20 所示。主要有 4 个方面的因素决定了电池的输出性能，前 3 个因素在燃料电池中普遍存在，最后 1 个因素属于μDMFC 特有的情况：

① 活化极化　由于参加反应的分子能量不足以及反应速度过慢，需要外界提供额外电压（活化过电势）使其达到活化状态才能发生反应，造成活化损失。当电流密度较小时，活化极化损失是造成电池性能下降的主要原因。

② 欧姆极化　随着电流密度的升高，电池欧姆内阻造成的欧姆极化损失逐渐增大并开始替代活化极化成为影响输出电压的主要因素。这个阶段电池电压降与电流密度基本成正比。

③ 浓差极化　在电流密度较大区域，如果电池两侧电极化学反应的速率大于反应物传送的速率，即输送的物质不能满足化学反应的需要时，最终会造成催化层中反应物浓度的降低，从而造成额外电压的传质损失，这种现象称为浓差极化。

④ 甲醇渗透　实际测得的电池开路电压远低于理想的热力学电压，最主要的原因是阳极反应物甲醇穿透 PEM 渗透到阴极直接与氧气反应产生混合电势，从而造成电池整体电压的下降，这种现象称为甲醇渗透现象。

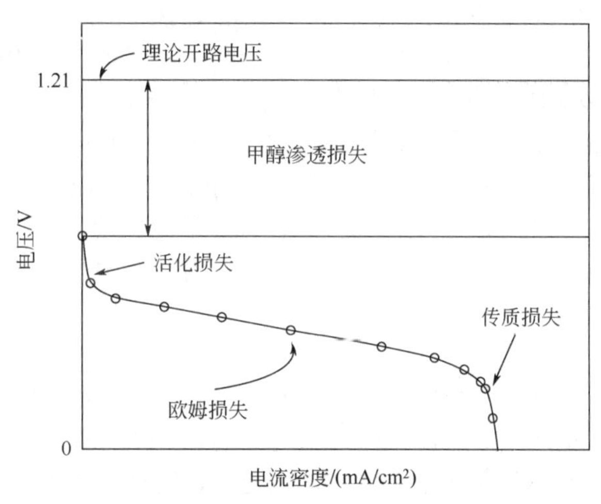


图 2-20　μDMFC 的输出特性曲线

## 2.5.2　微型 DMFC 的关键技术

虽然近年来μDMFC 的研究和开发取得了一定进展，但是在电池单体与电池组方面还存在许多限制其发展的关键问题亟待解决，具体表现在以下几个方面。

（1）阳极气体管理

如图 2-21 所示，在μDMFC 阳极，产物 $CO_2$ 气体会经由扩散层进入流道，最终随甲醇溶液从电池中排出。$CO_2$ 气体对电池性能有很大影响，具体表现在三个方面：①占据催化层表面的活性位置，阻止反应物颗粒与催化剂颗粒直接接触，降低电化学反应效率；②占据扩散层中的孔隙并向流道方向运动，形成与反应物流动反方向的对流，阻碍甲醇分子传质；③因为μDMFC 极板流道尺寸为微米级，所以 $CO_2$ 气泡极易堵塞流道，不仅会占

图 2-21　μDMFC 极板流道中的 $CO_2$ 气泡

据流道与扩散层之间的有效面积，还会对溶液正常流动产生一定的阻力，并增加外界供液装置的动力损耗。所以，通过了解电池阳极 $CO_2$ 气体的运动特性及分布规律，建立高效的阳极 $CO_2$ 气体管理机制，才能保证 $CO_2$ 气体快速排放，进而提高电池性能。

（2）阴极水管理

质子交换膜燃料电池中水的作用主要表现在两个方面：其一是阴极和阳极流道及扩散层中反应气体的流动及扩散和水的相互影响。水的存在可能是气态也可能是液态的，气态水作为多组分扩散的成分之一，改变了氢、氧的扩散系数，对它们的流动和扩散产生影响；液态水可能在流道和扩散层中形成二相流，造成局部阻塞，使得氢、氧的流动和扩散减弱或中断，进而影响电池的工作。其二是质子交换膜中水的作用。电池运行过程中质子和水结合才能从阳极向阴极传输。对于 Nafion 膜，水的含量越高则离子传导能力越强，高电流密度时水从阳极向阴极传输的量增加；阴极反应生成的水使得阴极水的浓度更高，浓差引起水从阴极向阳极扩散；此外如果膜的两侧存在压力差或温度差，还会引起水的扩散。

水分子在阴极催化层表面生成后，通过扩散层进入阴极流道，如果气体流速过低，则会导致一部分液态水无法有效排出，即产生所谓的阴极“水淹”现象。阴极“水淹”现象会阻塞多孔扩散层的孔隙以及阴极的流道，严重阻碍氧气或空气的传输，导致阴极供气不足，浓差极化增大，电池性能大幅度下降。所以，阴极生成水应该迅速排出。但是同时，质子交换膜应该具有一定的含水量，以保证良好的传质性。可见μDMFC 阴极的水管理具有一定的复杂性，是制约电池性能的一个关键因素。阴极主动供氧模式，高速氧气气流可以将 μDMFC 阴极的生成水迅速排出，但对空气自呼吸模式的 μDMFC 而言，其阴极“水淹”问题只有依靠电池关键组件的材料与结构设计来解决。

（3）热管理

μDMFC 内部热管理是其性能研究不可缺少的一个环节。如果μDMFC 局部温度过高，会导致质子交换膜失水、电池内阻增加，进而工作电压急剧下降；同时，温度对于反应分子传质系数也有较大的影响。所以为了保证μDMFC 稳定运行，需要相应的热管理机制。

（4）甲醇渗透与电催化活性

甲醇渗透是制约μDMFC 发展的关键问题。在μDMFC 中，部分未参与电化学反应的甲醇分子会由阳极直接穿越 PEM 到达阴极，即甲醇渗透现象。甲醇渗透会对μDMFC 性能造成不良的影响，主要有两点：①渗透到阴极的甲醇分子会发生氧化反应产生混合过电位，降低 μDMFC 的工作电压；②造成燃料的浪费，以及产生多余的热量。

催化剂活性较低是另外一个阻碍μDMFC 的技术难题，特别是低温条件下的阳极催化剂氧化反应活性有待提高。另外，如果阳极催化剂活性提高，则会加快甲醇消耗，导致渗透量减少，还可以降低甲醇渗透的负面效应。

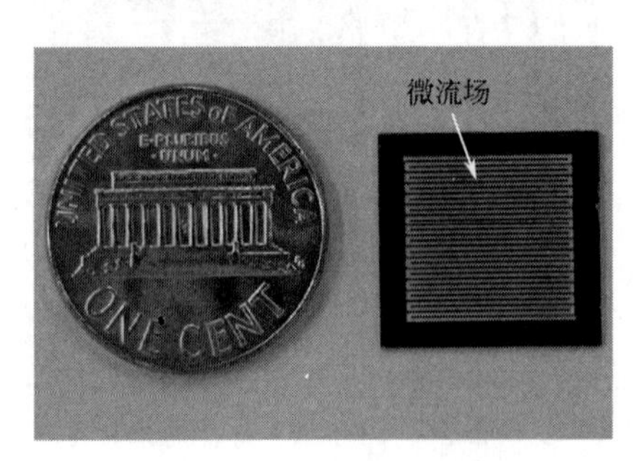

图 2-22　硅基μDMFC 照片

（5）加工与集成

如图 2-22 所示，μDMFC 可采用半导体工艺构建于硅片上，并应用于便携式电子器件或系统中，但是目前大规模制造与集成还存在较大挑战：一是 μDMFC 组件高精度制备难度较大，且组件的机械强度低，封装难度大，无法在规模化生产的前提下达到设计精度的要求；二是将多个 μDMFC 单体集成为电池组以后，单体工作参数的均一性无法得到保证，并且还存在反极、泄漏等其他问题，所以对其电池组的结构设计和集成封装也提出了更高的要求。

（6）μDMFC 的设计与性能分析

极板是μDMFC 关键组件之一，而流场则是极板的核心部分。流场的作用包括以下几点：一是保证催化层表面可以获得充足均匀的燃料与氧化剂，保证电流密度与热量分布均匀，提高电池的寿命和输出性能；二是可以产生较高的流场线速度和压降，保证生成物顺畅排放，确保电池正常运行；三是可以提高燃料和氧化剂的利用率；四是可以提高极板的有效利用面积，并降低与扩散层之间的接触电阻。如图 2-23 所示，μDMFC 常用流场结构主要有点型流场、平行流场、单蛇形流场、多蛇形流场和交指型流场等。

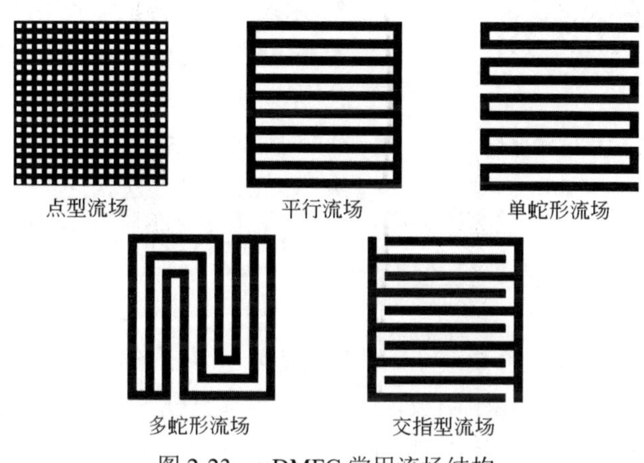


图 2-23　μDMFC 常用流场结构

如图 2-24 所示，基于硅的 MEMS 加工技术（氧化、光刻、腐蚀、溅射等）可以实现上述流场结构，并且硅基微型燃料电池更容易和其他器件集成在芯片上。但是硅材料本身机械强度较低，电池组封装和电连接实现较难，而且成本较高。

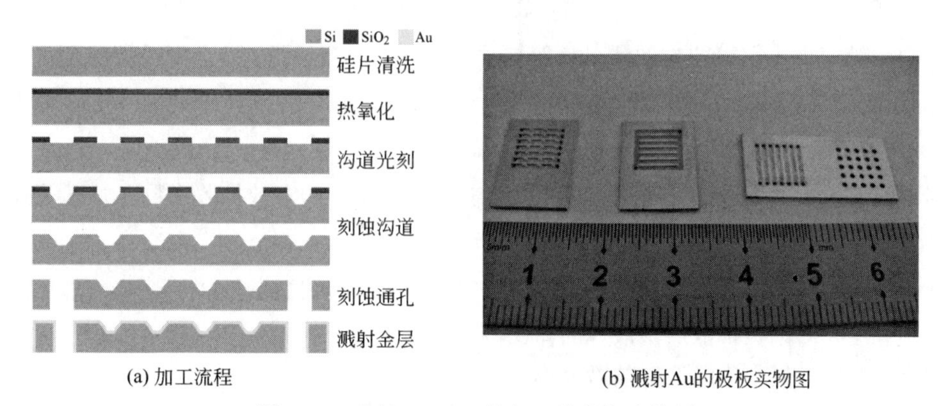


图 2-24　硅基μDMFC 的加工流程与实物图

## 2.5.3　模型

我们对μDMFC 展开计算与分析时，因为电池阴阳极均存在明显的气液两相流，所以必须建立两相传质模型。μDMFC 的一维两相传质模型的计算区域如图 2-25 所示，其中包括阴阳极电流收集层、阴阳极流道、阴阳极扩散层、阴阳极催化层和 PEM。此二维两相传质模型描

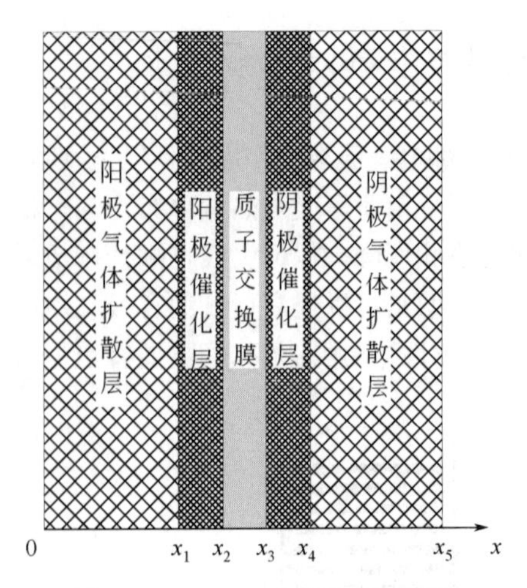

图 2-25　μDMFC 建模仿真区域

述的是电池内部的气液两相物质传输以及电化学反应过程，其具体假设如下：

① 电池工作在稳定状态；

② 由于阳极催化层很薄，将其近似为一个面；

③ 阳极气体中只有 $CO_2$，甲醇气体和水蒸气忽略不计；

④ 阴极气体中只有氧气，忽略 $CO_2$ 气体和水蒸气；

⑤ 阴极氧气还原反应生成的水都为液相；

⑥ 不考虑 $CO_2$ 气体在水中的溶解；

⑦ PEM 处于完全浸润状态；

⑧ 不考虑电池内部物质流动引起的热对流和电流流动产生的焦耳热。

由于在μDMFC 组成结构中，阴阳极扩散层均为多孔材料，所以首先对多孔介质中两相物质传输特性进行分析。根据物质守恒定律，建立液相物质和气相物质连续性方程，建立过程如下。

（1）阳极气体扩散层模型

阳极气体扩散层属于多孔介质层，因此利用适用于多孔介质的非饱和流动理论来描述其内部的气液两相流动。同时，由于阳极气体扩散层内部没有发生电化学反应，该区域内模型只考虑液体甲醇、水和气体二氧化碳的两相传输，而不考虑电子和质子传输。

甲醇在阳极气体扩散层内的传输主要依靠由自身浓度分布不均产生的浓度梯度导致的自扩散，以及由扩散层内液体压强梯度引起的对流。根据 Fick 扩散定律，阳极气体扩散层内甲醇的摩尔通量可以表示为：

$$N_{\mathrm{m}}^{\mathrm{ad}} = -D_{\mathrm{m}}^{\mathrm{eff,ad}} \frac{\mathrm{d}}{\mathrm{d}x} C_{\mathrm{m}}^{\mathrm{ad}} + C_{\mathrm{m}}^{\mathrm{ad}} \frac{N_{\mathrm{H_2O}}^{\mathrm{ad}} M_{\mathrm{H_2O}}}{\rho_{\mathrm{H_2O}}} \tag{2-75}$$

式中，第一项为甲醇的扩散通量；第二项为甲醇的对流通量；$N_{\mathrm{m}}^{\mathrm{ad}}$ 为甲醇的摩尔通量；$D_{\mathrm{m}}^{\mathrm{eff,ad}}$ 为甲醇的有效扩散系数；$C_{\mathrm{m}}^{\mathrm{ad}}$ 为甲醇的摩尔浓度；$N_{\mathrm{H_2O}}^{\mathrm{ad}}$ 为水的摩尔通量；$M_{\mathrm{H_2O}}$ 为水的摩尔质量；$\rho_{\mathrm{H_2O}}$ 为水的密度。

对甲醇的扩散系数进行修正，可以得到多孔介质中甲醇的有效扩散系数，如下所示：

$$D_{\mathrm{m}}^{\mathrm{eff,ad}} = D_{\mathrm{m}} \left(\varepsilon^{\mathrm{ad}}\right)^{1.5} \left(s^{\mathrm{ad}}\right)^{1.5} \tag{2-76}$$

式中，$D_{\mathrm{m}}$ 为甲醇的扩散系数；$\varepsilon^{\mathrm{ad}}$ 为阳极气体扩散层的孔隙率；$s^{\mathrm{ad}}$ 为阳极气体扩散层中的液体饱和度，即阳极扩散层中液体的体积占比。

阳极气体扩散层中甲醇浓度的微分形式：

$$\frac{\mathrm{d}}{\mathrm{d}x} C_{\mathrm{m}}^{\mathrm{ad}} = C_{\mathrm{m}}^{\mathrm{ad}} \frac{N_{\mathrm{H_2O}}^{\mathrm{ad}} M_{\mathrm{H_2O}}}{\rho_{\mathrm{H_2O}} D_{\mathrm{m}}^{\mathrm{eff,ad}}} - \frac{N_{\mathrm{m}}^{\mathrm{ad}}}{D_{\mathrm{m}}^{\mathrm{eff,ad}}} \tag{2-77}$$

阳极气体扩散层内没有电化学反应发生，因此甲醇和水的源项都为零，即：

$$\frac{\mathrm{d}}{\mathrm{d}x} N_{\mathrm{m}}^{\mathrm{ad}} = 0 \tag{2-78}$$

$$\frac{\mathrm{d}}{\mathrm{d}x} N_{\mathrm{H_2O}}^{\mathrm{ad}} = 0 \tag{2-79}$$

根据以上两式可以知道，阳极气体扩散层内的甲醇摩尔通量和水摩尔通量都为常数。由物质守恒关系，以上两项可以分别表示为：

$$N_{\mathrm{m}}^{\mathrm{ad}} = \frac{I}{6F} + N_{\mathrm{m}}^{\mathrm{pem}} \tag{2-80}$$

$$N_{\mathrm{H_2O}}^{\mathrm{ad}} = \frac{I}{6F} + N_{\mathrm{H_2O}}^{\mathrm{pem}} \tag{2-81}$$

两式中，$N_{\mathrm{m}}^{\mathrm{ad}}$ 为进入阳极气体扩散层的甲醇摩尔通量；$N_{\mathrm{m}}^{\mathrm{pem}}$ 为进入质子交换膜的甲醇摩尔通量；$N_{\mathrm{H_2O}}^{\mathrm{ad}}$ 为进入阳极气体扩散层的水的摩尔通量；$N_{\mathrm{H_2O}}^{\mathrm{pem}}$ 为进入质子交换膜的水的摩尔通量；$I$ 为阳极电流。

二氧化碳气体在阳极气体扩散层中的传输主要依靠表面张力，因此二氧化碳气体的摩尔通量可以表示为：

$$N_{\mathrm{CO_2}}^{\mathrm{ad}} = \rho_{\mathrm{g}} \vec{u}_{\mathrm{g}} \tag{2-82}$$

式中，$N_{\mathrm{CO_2}}^{\mathrm{ad}}$ 为二氧化碳气体的摩尔通量；$\rho_{\mathrm{g}}$ 为二氧化碳气体的密度；$\vec{u}_{\mathrm{g}}$ 为二氧化碳气体的平均速度。

根据 Darcy 定律，通过多孔介质的二氧化碳的速度同压力梯度及介质的渗透率成正比，因此二氧化碳气体的平均速度可以表示为：

$$\vec{u}_{\mathrm{g}} = -\frac{Kk_{\mathrm{rg}}}{\mu_{\mathrm{g}}} \times \frac{\mathrm{d}}{\mathrm{d}x} p_{\mathrm{g}} \tag{2-83}$$

式中，$K$ 为阳极气体扩散层的渗透率；$k_{\mathrm{rg}}$ 为气体的相对渗透率；$\mu_{\mathrm{g}}$ 为气体的动力学黏度；$p_{\mathrm{g}}$ 为气体压强。

$k_{\mathrm{rg}}$ 用来修正气体速度，表示为：

$$k_{\mathrm{rg}} = \left(1 - s^{\mathrm{ad}}\right)^3 \tag{2-84}$$

多孔介质中，毛细压强可以表示为气体压强与液体压强之差，即：

$$p_{\mathrm{c}} = p_{\mathrm{g}} - p_{\mathrm{l}} = \sigma \cos\theta_{\mathrm{c}}^{\mathrm{ad}} \left(\frac{\varepsilon}{K}\right)^{0.5} J\left(s^{\mathrm{ad}}\right) \tag{2-85}$$

式中，$p_{\mathrm{c}}$ 为毛细压强；$p_{\mathrm{l}}$ 为液体压强；$\sigma$ 为表面张力系数；$\theta_{\mathrm{c}}^{\mathrm{ad}}$ 为阳极气体扩散层的接触角；$J(s)$ 为 Leverette 函数，即：

$$J(s) = \begin{cases} 1.417(1-s) - 2.120(1-s)^2 + 1.263(1-s)^3 & 0^\circ < \theta_{\mathrm{c}} < 90^\circ \\ 1.417s - 2.120s^2 + 1.263s^3 & 90^\circ < \theta_{\mathrm{c}} < 180^\circ \end{cases} \tag{2-86}$$

当接触角 $0^\circ < \theta_{\mathrm{c}} < 90^\circ$ 时，多孔介质呈现亲水性，毛细压强 $p_{\mathrm{c}} > 0$；当接触角 $90^\circ < \theta_{\mathrm{c}} < 180^\circ$ 时，多孔介质呈现憎水性，毛细压强 $p_{\mathrm{c}} < 0$。阳极气体扩散层多采用碳纸或碳布，一般情况下呈亲水性。

由模型假设知道，阳极气体扩散层内液体压强为常数，可以得到：

$$\frac{\mathrm{d}}{\mathrm{d}x} p_{\mathrm{g}} = \frac{\mathrm{d}}{\mathrm{d}x} p_{\mathrm{c}} = \sigma \cos\theta_{\mathrm{c}}^{\mathrm{ad}} \left(\frac{\varepsilon}{K}\right)^{0.5} \frac{\mathrm{d}J\left(s^{\mathrm{ad}}\right)}{\mathrm{d}s^{\mathrm{ad}}} \times \frac{\mathrm{d}s^{\mathrm{ad}}}{\mathrm{d}x} \tag{2-87}$$

得到二氧化碳气体的摩尔通量为：

$$N_{\mathrm{CO_2}}^{\mathrm{ad}} = -\frac{\rho_{\mathrm{g}} K k_{\mathrm{rg}}}{\mu_{\mathrm{g}}} \sigma \cos\theta_{\mathrm{c}}^{\mathrm{ad}} \left(\frac{\varepsilon}{K}\right)^{0.5} \frac{\mathrm{d}J\left(s^{\mathrm{ad}}\right)}{\mathrm{d}s^{\mathrm{ad}}} \times \frac{\mathrm{d}s^{\mathrm{ad}}}{\mathrm{d}x} \tag{2-88}$$

得到阳极气体扩散层中液体饱和度的微分形式：

$$\frac{\mathrm{d}s^{\mathrm{ad}}}{\mathrm{d}x}=-\frac{N_{\mathrm{CO_2}}^{\mathrm{ad}}\mu_{\mathrm{g}}}{\rho_{\mathrm{g}}Kk_{\mathrm{rg}}\sigma\cos\theta_{\mathrm{c}}^{\mathrm{ad}}}\left(\frac{\varepsilon}{K}\right)^{-0.5}\left(\frac{\mathrm{d}J\left(s^{\mathrm{ad}}\right)}{\mathrm{d}s^{\mathrm{ad}}}\right)^{-1} \tag{2-89}$$

同理，由于阳极气体扩散层内没有电化学反应发生，二氧化碳气体在其内部的源项为零，即：

$$\frac{\mathrm{d}}{\mathrm{d}x}N_{\mathrm{CO_2}}^{\mathrm{ad}}=0 \tag{2-90}$$

由此可知，在阳极气体扩散层内 $N_{\mathrm{CO_2}}^{\mathrm{ad}}$ 也为常数，根据物质守恒关系可知：

$$N_{\mathrm{CO_2}}^{\mathrm{ad}}=N_{\mathrm{CO_2}}^{\mathrm{ac}} \tag{2-91}$$

式中，$N_{\mathrm{CO_2}}^{\mathrm{ac}}$ 为阳极催化层和阳极扩散层界面处的二氧化碳通量。

（2）阳极催化层模型

阳极催化层是电池内部电化学反应发生的场所，其内部不仅有电化学反应的发生，同时还伴随着物质的传递过程。采用团聚体模型对阳极催化层进行建模。团聚体模型假设催化层中的导体和催化剂以球状团聚体形式存在，如图 2-26 所示。团聚体由碳颗粒、催化剂和质子导体组成，团聚体之间由大孔分隔开，液体通过大孔浸入催化层；团聚体核球体的半径为 $R$，质子导体为厚度为$\delta$的 Nafion 膜。

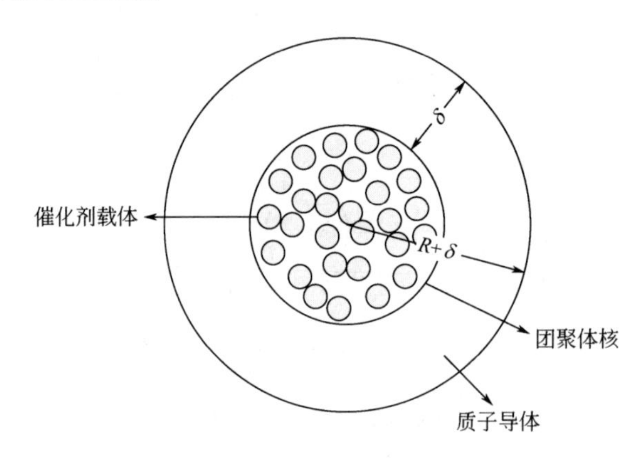


图 2-26　团聚体模型示意图

阳极催化层中甲醇的传输方式同样包括扩散与对流。根据 Fick 扩散定律，甲醇的摩尔通量可以表示为：

$$N_{\mathrm{m}}^{\mathrm{ac}}=-D_{\mathrm{m}}^{\mathrm{eff,ac}}\frac{\mathrm{d}}{\mathrm{d}x}C_{\mathrm{m}}^{\mathrm{ac}}+C_{\mathrm{m}}^{\mathrm{ac}}\frac{N_{\mathrm{H_2O}}^{\mathrm{ac}}M_{\mathrm{H_2O}}}{\rho_{\mathrm{H_2O}}} \tag{2-92}$$

式中，第一项为由于扩散引起的甲醇通量；第二项为由于对流引起的甲醇通量；$N_{\mathrm{m}}^{\mathrm{ac}}$ 为阳极催化层中的甲醇摩尔通量；$D_{\mathrm{m}}^{\mathrm{eff,ac}}$ 为阳极催化层中甲醇的有效扩散系数；$C_{\mathrm{m}}^{\mathrm{ac}}$ 为阳极催化层中甲醇的摩尔浓度；$N_{\mathrm{H_2O}}^{\mathrm{ac}}$ 为阳极催化层中水的摩尔通量。

阳极催化层中甲醇的有效扩散系数修正为：

$$D_{\mathrm{m}}^{\mathrm{eff,ac}}=D_{\mathrm{m}}\left(\varepsilon^{\mathrm{ac}}\right)^{1.5}\left(s^{\mathrm{ac}}\right)^{1.5} \tag{2-93}$$

式中，$D_{\mathrm{m}}$ 为甲醇的扩散系数；$\varepsilon^{\mathrm{ac}}$ 为阳极催化层的孔隙率；$s^{\mathrm{ac}}$ 为阳极催化层中的液体饱和度。

阳极甲醇氧化反应需要克服反应的活化能，即当电池通过一定的工作电流密度时，电池电极偏离其平衡电位。根据 Tafel 公式，当工作电流在一定范围内，电极活化过电位与电流之间是半对数关系。可以表示为：

$$\eta_{\text{act}}=\frac{RT}{\alpha nF}\ln\left(\frac{i}{i_0}\right)=a+b\ln i \tag{2-94}$$

式中，$\alpha$ 为电荷传递系数；$n$ 为电极反应转移电子数；$R$ 为理想气体常数；$T$ 为温度；$F$ 为法拉第常数；$i_0$ 为交换电流密度；$i$ 为工作电流密度；$a$ 为代表改变化学反应速率所用电能比率的传递系数；$b$ 为反应活化极化程度的塔菲尔系数。

甲醇的氧化反应模型采用类似于 Tafel 方程的经验公式，氧化反应速率可以表示为：

$$\frac{\mathrm{d}j_{\mathrm{m}}^{\mathrm{ac}}}{\mathrm{d}x}=i_{\mathrm{m}}^{\mathrm{ref}}\frac{C_{\mathrm{m}}^{\mathrm{ac}}}{C_{\mathrm{m}}^{\mathrm{ref}}}\exp\left(\frac{\alpha_{\mathrm{a}}F}{RT}\eta_{\mathrm{a}}\right) \tag{2-95}$$

式中，$j_{\mathrm{m}}^{\mathrm{ac}}$ 为质子电流密度；$i_{\mathrm{m}}^{\mathrm{ref}}$ 为参考交换电流密度；$C_{\mathrm{m}}^{\mathrm{ac}}$ 为阳极催化层内甲醇摩尔浓度；$C_{\mathrm{m}}^{\mathrm{ref}}$ 为参考甲醇浓度；$\alpha_{\mathrm{a}}$ 为阳极催化层传递系数；$\eta_{\mathrm{a}}$ 为阳极过电位。

阳极过电位可以表示为：

$$\eta_{\mathrm{a}}=\phi_{\mathrm{s}}-\phi_{\mathrm{m}}-U_{\mathrm{a}}^{0} \tag{2-96}$$

式中，$\phi_{\mathrm{s}}$ 为电子导体的电势；$\phi_{\mathrm{m}}$ 为质子导体的电势；$U_{\mathrm{a}}^{0}$ 为阳极电极的平衡电位。

根据欧姆定律，质子电流密度和电子电流密度可以分别表示为：

$$j_{\mathrm{m}}^{\mathrm{ac}}=\sigma_{\mathrm{m}}^{\mathrm{ac}}\frac{\mathrm{d}\phi_{\mathrm{m}}}{\mathrm{d}x} \tag{2-97}$$

$$j_{\mathrm{s}}^{\mathrm{ac}}=\sigma_{\mathrm{s}}^{\mathrm{ac}}\frac{\mathrm{d}\phi_{\mathrm{s}}}{\mathrm{d}x} \tag{2-98}$$

式中，$\sigma_{\mathrm{m}}^{\mathrm{ac}}$ 和 $\sigma_{\mathrm{s}}^{\mathrm{ac}}$ 为阳极催化层中质子和电子的电导率。

同时，在阳极催化层内总输出电流密度为质子电流密度与电子电流密度之和，表示为：

$$I=j_{\mathrm{m}}^{\mathrm{ac}}+j_{\mathrm{s}}^{\mathrm{ac}} \tag{2-99}$$

根据阳极甲醇氧化反应方程式，甲醇的消耗速率和氧化反应速率之间的关系可以表示为：

$$-\frac{\mathrm{d}N_{\mathrm{m}}^{\mathrm{ac}}}{\mathrm{d}x}=\frac{1}{6F}\times\frac{\mathrm{d}j_{\mathrm{m}}^{\mathrm{ac}}}{\mathrm{d}x} \tag{2-100}$$

可以得到甲醇的摩尔通量为：

$$N_{\mathrm{m}}^{\mathrm{ac}}=N_{\mathrm{m}}^{\mathrm{ad}}-\frac{j_{\mathrm{m}}^{\mathrm{ac}}}{6F} \tag{2-101}$$

同理，可以得到阳极催化层内水的摩尔通量为：

$$N_{\mathrm{H_2O}}^{\mathrm{ac}}=N_{\mathrm{H_2O}}^{\mathrm{pem}}+\frac{I-j_{\mathrm{m}}^{\mathrm{ac}}}{6F} \tag{2-102}$$

二氧化碳气体在阳极催化层中的传输主要依靠表面张力。和阳极气体扩散层推导过程类似，可以得到二氧化碳气体的摩尔通量为：

$$N_{\mathrm{CO_2}}^{\mathrm{ac}}=-\frac{\rho_{\mathrm{g}}K^{\mathrm{ac}}k_{\mathrm{rg}}^{\mathrm{ac}}}{\mu_{\mathrm{g}}}\sigma\cos\theta_{\mathrm{c}}^{\mathrm{ac}}\left(\frac{\varepsilon^{\mathrm{ac}}}{K^{\mathrm{ac}}}\right)^{0.5}\frac{\mathrm{d}J\left(s^{\mathrm{ac}}\right)}{\mathrm{d}s^{\mathrm{ac}}}\times\frac{\mathrm{d}s^{\mathrm{ac}}}{\mathrm{d}x} \tag{2-103}$$

式中，$N_{\mathrm{CO_2}}^{\mathrm{ac}}$ 为阳极催化层中二氧化碳气体的摩尔通量；$\rho_{\mathrm{g}}$ 为二氧化碳气体密度；$K^{\mathrm{ac}}$ 为阳极催化层渗透率；$k_{\mathrm{rg}}^{\mathrm{ac}}$ 为相对渗透率；$\mu_{\mathrm{g}}$ 为气体的动力学黏度；$\sigma$ 为表面张力系数；$\theta_{\mathrm{c}}^{\mathrm{ac}}$ 为阳极催化层的接触角；$\varepsilon^{\mathrm{ac}}$ 为阳极催化层的孔隙率；$s^{\mathrm{ac}}$ 为阳极催化层的液体饱和度。

将式（2-103）进行变换，得到阳极催化层液体饱和度的微分形式：

$$\frac{\mathrm{d}s^{\mathrm{ac}}}{\mathrm{d}x}=-\frac{N_{\mathrm{CO_2}}^{\mathrm{ac}}\mu_{\mathrm{g}}}{\rho_{\mathrm{g}}K^{\mathrm{ac}}k_{\mathrm{rg}}^{\mathrm{ac}}\sigma\cos\theta_{\mathrm{c}}^{\mathrm{ac}}}\left(\frac{\varepsilon^{\mathrm{ac}}}{K^{\mathrm{ac}}}\right)^{-0.5}\left(\frac{\mathrm{d}J\left(s^{\mathrm{ac}}\right)}{\mathrm{d}s^{\mathrm{ac}}}\right)^{-1} \tag{2-104}$$

二氧化碳气体的生成速率和氧化反应速率之间的关系可以表示为：

$$\frac{\mathrm{d}N_{\mathrm{CO_2}}^{\mathrm{ac}}}{\mathrm{d}x}=\frac{1}{6F}\times\frac{\mathrm{d}j_{\mathrm{m}}^{\mathrm{ac}}}{\mathrm{d}x} \tag{2-105}$$

对上式进行积分得到阳极催化层中二氧化碳气体的摩尔通量为：

$$N_{\mathrm{CO_2}}^{\mathrm{ac}}=\frac{j_{\mathrm{m}}^{\mathrm{ac}}-I}{6F} \tag{2-106}$$

（3）质子交换膜模型

甲醇在质子交换膜中的传输方式包括扩散和对流。甲醇的摩尔通量可以表示为：

$$N_{\mathrm{m}}^{\mathrm{pem}}=-D_{\mathrm{m}}^{\mathrm{eff,pem}}\frac{\mathrm{d}}{\mathrm{d}x}C_{\mathrm{m}}^{\mathrm{pem}}+C_{\mathrm{m}}^{\mathrm{pem}}\frac{N_{\mathrm{H_2O}}^{\mathrm{pem}}M_{\mathrm{H_2O}}}{\rho_{\mathrm{H_2O}}} \tag{2-107}$$

式中，第一项为由扩散引起的甲醇通量；第二项为由对流引起的甲醇通量；$N_{\mathrm{m}}^{\mathrm{pem}}$ 为质子交换膜中的甲醇摩尔通量；$D_{\mathrm{m}}^{\mathrm{eff,pem}}$ 为质子交换膜中甲醇的有效扩散系数；$C_{\mathrm{m}}^{\mathrm{pem}}$ 为质子交换膜中甲醇的摩尔浓度；$N_{\mathrm{H_2O}}^{\mathrm{pem}}$ 为质子交换膜中水的摩尔通量。

根据假设，渗透到阴极的甲醇在阴极催化层内被氧气完全氧化，所以由甲醇渗透引起的渗透电流密度可以表示为：

$$I_{\mathrm{p}}=6FN_{\mathrm{m}}^{\mathrm{pem}} \tag{2-108}$$

质子在质子交换膜中的传输是以水和氢离子的形式进行的，因此质子的迁移还会引起水的渗透。质子交换膜中水渗透的摩尔通量可以表示为：

$$N_{\mathrm{H_2O}}^{\mathrm{pem}}=n_{\mathrm{d}}\frac{I}{F} \tag{2-109}$$

式中，$N_{\mathrm{H_2O}}^{\mathrm{pem}}$ 为质子交换膜中水的摩尔通量；$n_{\mathrm{d}}$ 为电渗系数。

（4）阴极催化层模型

阴极催化层中，氧气的传输主要依靠自扩散。氧气的摩尔通量可以表示为：

$$N_{\mathrm{O_2}}^{\mathrm{cc}}=-D_{\mathrm{O_2}}^{\mathrm{eff,cc}}\frac{\mathrm{d}}{\mathrm{d}x}C_{\mathrm{O_2}}^{\mathrm{cc}} \tag{2-110}$$

式中，$N_{\mathrm{O_2}}^{\mathrm{cc}}$ 为阴极催化层中氧气的摩尔通量；$D_{\mathrm{O_2}}^{\mathrm{eff,cc}}$ 为阴极催化层中氧气的有效扩散系数；$C_{\mathrm{O_2}}^{\mathrm{cc}}$ 为阴极催化层中氧气的摩尔浓度。

氧气的有效扩散系数修正为：

$$D_{\mathrm{O_2}}^{\mathrm{eff,cc}}=D_{\mathrm{O_2}}\left(\varepsilon^{\mathrm{cc}}\right)^{1.5}\left(1-s^{\mathrm{cc}}\right)^{1.5} \tag{2-111}$$

式中，$D_{\mathrm{O_2}}$ 为氧气的扩散系数；$\varepsilon^{\mathrm{cc}}$ 为阴极催化层的孔隙率；$s^{\mathrm{cc}}$ 为阴极催化层中的液体饱和度。

阴极氧气还原反应速率同样采用类似于 Tafel 方程的经验公式：

$$\frac{\mathrm{d}j_{\mathrm{m}}^{\mathrm{cc}}}{\mathrm{d}x}=i_{\mathrm{O_2}}^{\mathrm{ref}}\frac{C_{\mathrm{O_2}}^{\mathrm{cc}}}{C_{\mathrm{O_2}}^{\mathrm{ref}}}\exp\left(-\frac{\alpha_{\mathrm{c}}F}{RT}\eta_{\mathrm{c}}\right) \tag{2-112}$$

式中，$j_{\mathrm{m}}^{\mathrm{cc}}$ 为质子电流密度；$i_{\mathrm{O_2}}^{\mathrm{ref}}$ 为参考交换电流密度；$C_{\mathrm{O_2}}^{\mathrm{cc}}$ 为阴极催化层内氧气摩尔浓度；

$C_{O_2}^{ref}$ 为参考氧气浓度；$\alpha_c$ 为阴极催化层传递系数；$\eta_c$ 为阴极过电位。

阴极过电位可以表示为：

$$\eta_c = \phi_s - \phi_m - U_c^0 \tag{2-113}$$

式中，$\phi_s$ 为电子导体的电势；$\phi_m$ 为质子导体的电势；$U_c^0$ 为阴极电极的平衡电位。

考虑甲醇渗透的影响，在阴极催化层内总输出电流密度与渗透电流密度之和等于阴极催化层内电子电流密度和质子电流密度之和，表示为：

$$I + I_p = j_m^{ac} + j_s^{ac} \tag{2-114}$$

氧气在催化层入口处的摩尔通量为：

$$N_{O_2}^{cc} = \frac{j_m^{cc}}{4F} - \frac{I + I_p}{4F} \tag{2-115}$$

水在阴极催化层中的传输主要依靠表面张力，因此水的摩尔通量可以表示为：

$$N_{H_2O}^{cc} = \rho_1 \vec{u}_1 \tag{2-116}$$

式中，$N_{H_2O}^{cc}$ 为水的摩尔通量，$\rho_1$ 为水的密度；$\vec{u}_1$ 为水的平均速度。

根据适用于多孔介质的 Darcy 定律，水的平均速度可以表示为：

$$\vec{u}_1 = -\frac{K^{cc} k_{rl}^{cc}}{\mu_1} \times \frac{d}{dx} p_1 \tag{2-117}$$

式中，$K^{cc}$ 为阴极催化层的渗透率；$k_{rl}^{cc}$ 为阴极催化层液体的相对渗透率；$\mu_1$ 为液体的动力学黏度；$p_1$ 为液体压强。

$k_{rl}$ 用来修正液体速度，表示为：

$$k_{rl} = \left(1 - s^{cc}\right)^3 \tag{2-118}$$

阴极催化层中毛细压强可以表示为：

$$p_c = p_g - p_1 = \sigma \cos\theta_c^{cc} \left(\frac{\varepsilon^{cc}}{K^{cc}}\right)^{0.5} J\left(s^{cc}\right) \tag{2-119}$$

阴极催化层内的水来源于渗透到阴极的甲醇与氧气的氧化还原反应、迁移到阴极的质子与氧气的还原反应以及质子交换膜中水的电渗过程，可以表示为：

$$N_{H_2O}^{cc} = -\frac{I j_m^{cc}}{2F\left(I + I_p\right)} + \frac{I}{2F} + \frac{I_p}{3F} + n_d \frac{I}{F} \tag{2-120}$$

（5）阴极气体扩散层模型

根据 Fick 扩散定律，阴极气体扩散层中氧气的摩尔通量可以表示为：

$$N_{O_2}^{cd} = -D_{O_2}^{eff,cd} \frac{d}{dx} C_{O_2}^{cd} \tag{2-121}$$

式中，$N_{O_2}^{cd}$ 为阴极气体扩散层中氧气的摩尔通量；$D_{O_2}^{eff,cd}$ 为阴极气体扩散层中氧气的有效扩散系数；$C_{O_2}^{cd}$ 为阴极气体扩散层中氧气的摩尔浓度。

氧气的有效扩散系数修正为：

$$D_{O_2}^{eff,cd} = D_{O_2} \left(\varepsilon^{cd}\right)^{1.5} \left(1 - s^{cd}\right)^{1.5} \tag{2-122}$$

式中，$D_{O_2}$ 为氧气的扩散系数；$\varepsilon^{cd}$ 为阴极气体扩散层的孔隙率；$s^{cd}$ 为阴极气体扩散层中的液体饱和度。

阳极气体扩散层内没有电化学反应发生，因此有：

$$\frac{\mathrm{d}N_{O_2}^{cd}}{\mathrm{d}x}=0 \tag{2-123}$$

水在阴极气体扩散层中的传输主要依靠表面张力。和阴极催化层推导过程类似，水的摩尔通量可以表示为：

$$N_{H_2O}^{cd}=\frac{\rho_l K^{cd} k_{rl}^{cd}}{\mu_l}\sigma\cos\theta_c^{cd}\left(\frac{\varepsilon^{cd}}{K^{cd}}\right)^{0.5}\frac{\mathrm{d}J\left(s^{cd}\right)}{\mathrm{d}s^{cd}}\times\frac{\mathrm{d}s^{cd}}{\mathrm{d}x} \tag{2-124}$$

式中，$N_{H_2O}^{cd}$ 为阴极气体扩散层中水的摩尔通量；$\rho_l$ 为水的密度；$K^{cd}$ 为阴极气体扩散层渗透率；$k_{rl}^{cd}$ 为相对渗透率；$\mu_l$ 为液体的动力学黏度；$\sigma$ 为表面张力系数；$\theta_c^{cd}$ 为阴极气体扩散层的接触角；$\varepsilon^{cd}$ 为阴极气体扩散层的孔隙率；$s^{cd}$ 为阴极气体扩散层的液体饱和度。

阴极气体扩散层中水的摩尔通量也为常数，由物质守恒关系可知：

$$N_{H_2O}^{cd}=\frac{I}{2F}+\frac{I_p}{3F}+n_d\frac{I}{F} \tag{2-125}$$

（6）电子和质子传输模型

催化层由催化剂、催化剂载体和质子导体组成。通过催化层传导的电流包括电子电流和质子电流。电子通过催化剂及其载体传递，质子通过质子导体传递。输出电流密度等于电子电流密度和质子电流密度之和。

根据电荷守恒定律，催化层内电荷守恒方程表示为：

$$\nabla\cdot\left(i_s+i_m\right)=0 \tag{2-126}$$

式中，$i_s$ 为电子电流密度；$i_m$ 为质子电流密度。

根据欧姆定律，有：

$$\nabla\cdot\left(-\sigma_s\nabla\phi_s-\sigma_m\nabla\phi_m\right)=0 \tag{2-127}$$

式中，$\sigma_s$ 为催化剂及其载体的电子传导率；$\phi_s$ 为催化剂及其载体的电势；$\sigma_m$ 为质子导体的质子传导率；$\phi_m$ 为质子导体的电势。

阳极催化层内，催化剂和质子导体界面发生甲醇氧化反应，电子从质子导体流向电子导体。电子守恒方程表示为：

$$\nabla\cdot\left(-\sigma_s\nabla\phi_s\right)=-j_a s_a \tag{2-128}$$

同理，质子守恒方程表示为：

$$\nabla\cdot\left(-\sigma_m\nabla\phi_m\right)=j_a s_a \tag{2-129}$$

阴极催化层内，催化剂和质子导体界面发生氧气还原反应，电子从电子导体流向质子导体。考虑甲醇渗透的影响，电子守恒方程表示为：

$$\nabla\cdot\left(-\sigma_s\nabla\phi_s\right)=j_c s_c-\frac{I_p}{l_{ccl}} \tag{2-130}$$

式中，$l_{ccl}$ 为阴极催化层厚度。

同理，质子守恒方程表示为：

$$\nabla\cdot\left(-\sigma_m\nabla\phi_m\right)=-j_c s_c+\frac{I_p}{l_{ccl}} \tag{2-131}$$

气体扩散层内传导的电流只有电子电流，并且没有电化学反应发生。电子守恒方程表示为：

$$\nabla\cdot\left(-\sigma_{\mathrm{s}}\nabla\phi_{\mathrm{s}}\right)=0 \tag{2-132}$$

质子交换膜内传导的电流只有质子电流，质子守恒方程表示为：

$$\nabla\cdot\left(-\sigma_{\mathrm{m}}\nabla\phi_{\mathrm{m}}\right)=0 \tag{2-133}$$

（7）电化学动力学模型

甲醇的氧化反应模型采用类似于 Tafel 方程的经验公式，氧化反应速率可以表示为：

$$j_{\mathrm{a}}=i_{\mathrm{MeOH}}^{\mathrm{ref}}\frac{C_{\mathrm{MeOH}}}{C_{\mathrm{MeOH}}^{\mathrm{ref}}}\exp\left(\frac{\alpha_{\mathrm{a}}F}{RT}\eta_{\mathrm{a}}\right) \tag{2-134}$$

式中，$i_{\mathrm{MeOH}}^{\mathrm{ref}}$ 为参考交换电流密度；$C_{\mathrm{MeOH}}$ 为阳极催化层内甲醇摩尔浓度；$C_{\mathrm{MeOH}}^{\mathrm{ref}}$ 为参考甲醇浓度；$\alpha_{\mathrm{a}}$ 为阳极催化层传递系数；$\eta_{\mathrm{a}}$ 为阳极过电位。

阳极过电位可以表示为：

$$\eta_{\mathrm{a}}=\phi_{\mathrm{s}}-\phi_{\mathrm{m}}-U_{\mathrm{a}}^{0} \tag{2-135}$$

式中，$\phi_{\mathrm{s}}$ 为电子导体的电势；$\phi_{\mathrm{m}}$ 为质子导体的电势；$U_{\mathrm{a}}^{0}$ 为阳极电极的平衡电位。

阴极氧气还原反应速率同样采用类似于 Tafel 方程的经验公式：

$$j_{\mathrm{c}}=i_{\mathrm{O_2}}^{\mathrm{ref}}\frac{C_{\mathrm{O_2}}}{C_{\mathrm{O_2}}^{\mathrm{ref}}}\exp\left(-\frac{\alpha_{\mathrm{c}}F}{RT}\eta_{\mathrm{c}}\right) \tag{2-136}$$

式中，$i_{\mathrm{O_2}}^{\mathrm{ref}}$ 为参考交换电流密度；$C_{\mathrm{O_2}}$ 为阴极催化层内氧气摩尔浓度；$C_{\mathrm{O_2}}^{\mathrm{ref}}$ 为参考氧气浓度；$\alpha_{\mathrm{c}}$ 为阴极催化层传递系数；$\eta_{\mathrm{c}}$ 为阴极过电位。

阴极过电位可以表示为：

$$\eta_{\mathrm{c}}=\phi_{\mathrm{s}}-\phi_{\mathrm{m}}-U_{\mathrm{c}}^{0} \tag{2-137}$$

式中，$\phi_{\mathrm{s}}$ 为电子导体的电势；$\phi_{\mathrm{m}}$ 为质子导体的电势；$U_{\mathrm{c}}^{0}$ 为阴极电极的平衡电位。

## 2.6 微型集成化燃料电池

比较微型 PEMFC 和微型 DMFC，我们可以看出，前者性能更高，但由于氢气的存储和运输具有一定的安全隐患，并且作为气体存储时能量密度较低；后者甲醇燃料的能量密度高、安全性能好、易存储和运输，但其电化学反应速率较低，因此输出功率密度低。因此，人们想到结合二者的优点，研究开发微型的集成化燃料电池，也就是将制氢技术和微型燃料电池相结合，在微型燃料电池系统中，同时制氢和发电。

制氢技术有多种，常见的有水解制氢、甲醇裂解制氢、甲醇重整制氢、氨裂解制氢等。其中甲醇重整制氢具有反应要求低、反应速度快、产物中氢气浓度高等优点，因此得到重视。微型甲醇重整燃料电池（Reformed Methanol Fuel Cell，RMFC）由微型甲醇重整制氢反应器、微型质子交换膜燃料电池（PEMFC，Proton Exchange Membrane Fuel Cell）等主要子系统构成。与纯氢燃料电池相比，微型 RMFC 系统有效地避免了氢气在储存、运输和使用过程可能出现的安全隐患；与直接甲醇燃料电池相比，微型 RMFC 功率密度更高，且不会出现膜电极水淹、催化剂毒化等问题，因此在综合性能上展现出一定的优势。

### 2.6.1 微型 RMFC 系统的工作原理

图 2-27 所示是微型 RMFC 系统的基本结构示意图。微型 RMFC 系统主要由微型甲醇重

整反应器（Methanol steam reformer，MSR）、微型氢氧燃料电池组、辅助设备和控制系统组成。顾名思义，微型甲醇重整反应器的功能是将甲醇与水通过化学反应重整为氢气。为了实现这一功能，微型甲醇重整反应不仅需要有重整室，还需要有加热室（燃烧室）和蒸发室的组合。

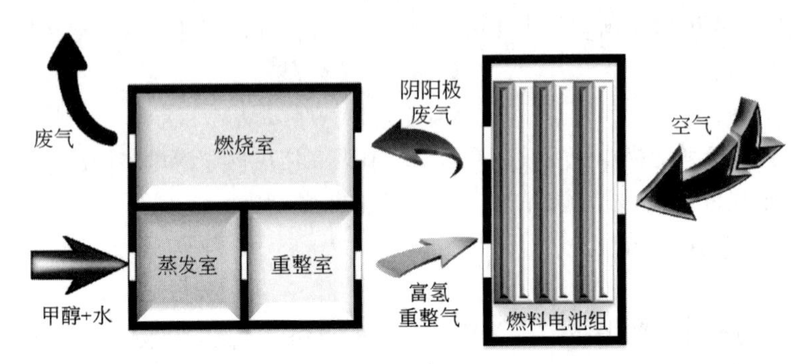


图 2-27　微型 RMFC 系统的基本结构示意图

在微型 RMFC 系统中，微型氢氧燃料电池组一般基于高温质子交换膜燃料电池（HT-PEMFC），它具有典型的层状堆叠结构，主要元件为阴阳极端板、极板、胶垫和膜电极组件（MEA）。其中膜电极组件由阴阳极气体扩散层、催化层和质子交换膜（PEM）组成。

辅助设备指的是 RMFC 系统运行必需的传感器件与执行器件，比如温度传感器、供给燃料和空气的泵、控制燃料流向的阀、维持系统温度稳定的风扇等。辅助设备的工作离不开控制系统。工作过程中，控制系统根据 RMFC 运行状态和变化规律控制系统的运行。

微型 RMFC 系统的工作过程可以分为两个主要阶段，即启动阶段和输出阶段。

启动阶段。通过辅助设备的供给，甲醇燃料和空气到达燃烧室。甲醇在燃烧室内与氧气发生反应，产生大量热，促使整个电池系统升温。一段时间后，重整器的温度达到 240℃以上，即可发生重整反应，制取氢气。待高温 PEMFC 也达到最低工作温度，RMFC 就可以将化学能转化为电能了。

输出阶段。同样，辅助设备的动力作用将燃料——甲醇水溶液送入重整室。甲醇和水在 240℃的温度条件下，经催化发生重整反应，产生氢气含量约为 70%的混合气。混合气作为阳极气体进入高温 PEMFC；同时，空气泵将空气充入高温 PEMFC 阴极，PEMFC 对外输出电功率，将化学能转化为电能。高温 PEMFC 阴阳极反应剩下的气体仍然进入燃烧室，燃烧放出的热可以用来维持整个系统的热平衡。

首先，甲醇重整反应指的是甲醇和水蒸气在催化剂的作用下生成氢气和二氧化碳的反应：

$$CH_3OH+H_2O \longrightarrow CO_2+3H_2\text{，}\ \Delta H_{298K}=49.5kJ/mol \tag{2-138}$$

对于这个吸热反应，只有在温度达到 240℃时才能获得较快的反应速率。所以，重整器中配备加热室和蒸发室将反应物加热蒸发达到并维持反应温度是必要的。启动阶段，重整器要达到工作温度需依赖甲醇的燃烧反应放热；输出阶段，重整器则依赖氢气的燃烧反应放热来维持系统工作温度，对应的化学反应分别为：

$$CH_3OH+3/2O_2 = 2H_2O(l)+CO_2\text{，}\ \Delta H_{298K}=-725.8kJ/mol \tag{2-139}$$

$$H_2+1/2O_2 = H_2O(l)\text{，}\ \Delta H_{298K}=-285.8kJ/mol \tag{2-140}$$

但是，重整反应中不可避免地会产生如下两个寄生反应：甲醇裂解和逆水气变换反应。

$$CH_3OH \longrightarrow CO+2H_2\text{，}\ \Delta H_{298K}=90.5kJ/mol \tag{2-141}$$

$$CO_2+H_2 \longrightarrow CO+H_2O\text{，}\quad \Delta H_{298K}=41.1\text{kJ/mol} \tag{2-142}$$

尽管这两个寄生反应的反应速率比甲醇水蒸气重整反应速度低很多，且产物浓度较低，但即使是低浓度的 CO 也会对常用的基于 Nafion 质子交换膜的低温 MEA 的性能产生影响，出现显著的催化剂 CO 中毒。因此，具有较强的抗 CO 中毒能力的高温 PEMFC 成为了 RMFC 系统应用的首选。基于聚苯并咪唑（PBI）质子交换膜的高温 MEA 工作在大于 120℃的温度条件下，避免了 Pt/C 催化剂的 CO 中毒。因此，其阳极可直接通入重整气体。

微型 RMFC 是一个复杂的系统，它由微型甲醇重整器、高温燃料电池组、电源管理模块和系统控制模块等几个主要单元构成，这些单元可以看作微型 RMFC 的子系统。整个系统性能取决于子系统性能及其彼此间的参数匹配。由此可见，对微型 RMFC 系统的研究必须建立在对系统工作原理进行全面、透彻的分析的基础上，而建立一个微型 RMFC 系统模型能够清晰明了地对系统内部的物质和能量传输行为展开数学描述，为设计、制作并组装一个微型 RMFC 样机奠定理论基础。

常用的系统模型通常有物理模型、文字模型和数学模型等不同种类，其中物理模型与数学模型最为常见。在这些模型形式中，通常采用数学模型来分析系统工程问题，其原因在于：数学模型可以为定量分析打好基础；数学模型可以很好地描述和预测系统的行为方式和运动趋势；数学模型具有很高的适应性和多功能性，分析问题速度快，可有效节约时间和经济成本，且非常适合计算机运行。所以，数学模型非常适合用于对微型 RMFC 系统进行分析研究。

首先给出微型甲醇重整燃料电池主要子系统的工作原理并建立相应的数学模型，接着通过连接子系统接口形成完整的微型 RMFC 系统模型，最后从系统层面描述微型 RMFC 的工作流程和动态行为特点。微型 RMFC 系统模型仿真结果不仅可以作为子系统的具体结构设计的参考依据，也可以作为微型 RMFC 系统运行参数优化的分析工具。

图 2-28 给出了微型 RMFC 系统的主要构成，并注明了其中主要的物质流和能量流。微型甲醇重整燃料电池系统主要由甲醇水蒸气重整器、高温质子交换膜燃料电池组和其他必要的辅助器件和控制系统构成。其中，甲醇水蒸气重整器由蒸发室、重整室和燃烧室构成。从图中可以看出，系统内的质量流主要指的是燃料（甲醇或氢气）从辅助器件通往重整器、经过重整

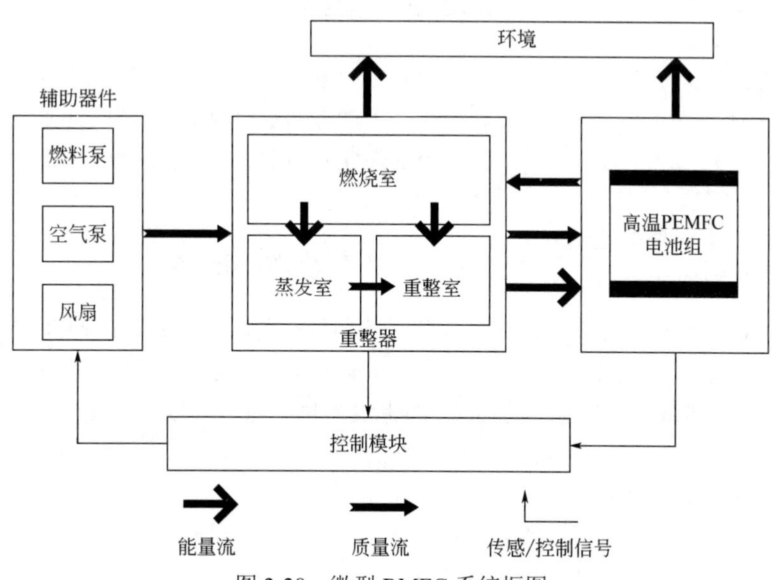


图 2-28　微型 RMFC 系统框图

制氢反应后，通往燃料电池组，未反应完全的氢气再返回重整器的燃烧室，并最终成为废气排向周围环境；系统中的能量流主要为不同物质间的化学能转移，化学能向电能和热量的转化，以及热量从燃烧室流向蒸发室、重整室、燃料电池组，最终散失于周围环境的过程；系统中最主要的电信号主要是控制模块对重整器和燃料电池组的工作状态采集以及对辅助器件的控制信号。

如表 2-2 所示，微型 RMFC 系统的核心部件重整器和燃料电池组必须运行在高温条件下。所以微型 RMFC 系统的工作过程可以根据系统工作温度分为两个主要阶段：一是启动阶段，这一阶段中系统部件一直处于升温过程中，直到系统达到能工作的最低温度；二是工作阶段，这一阶段中系统处于温度的动态平衡中，能够稳定地对外输出电能。因此，微型 RMFC 系统模型必须是一个动态系统模型，能够反映出系统中物质、能量随时间的变化趋势。

**表 2-2　微型 RMFC 系统工作时的温度要求**

| 系统部件 | 温度 | |
|---|---|---|
| 重整器 | 最低 | 240℃ |
| | 最高 | 260℃ |
| 高温电池组 | 最低 | 120℃ |
| | 最高 | 180℃ |

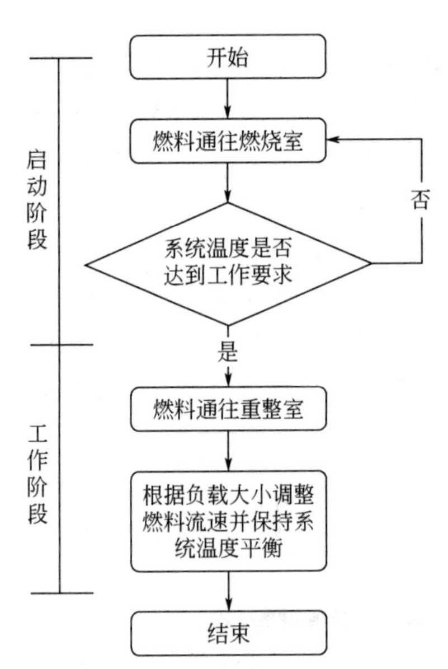

图 2-29　RMFC 动态系统模型主要工作过程示意图

图 2-29 所示为系统模型仿真的主要过程：在启动和工作的不同阶段，燃料的流通路径将发生变化；而在工作阶段，燃料供给流速需要根据负载的变化而变化。RMFC 系统模型中需要加入控制模块对系统的工作流程和燃料流速加以控制，这就使系统模型成为一个闭环模型。闭环 RMFC 系统模型可以模拟出系统“自主”工作的过程。

## 2.6.2　模型

因为微型集成燃料电池系统更为复杂，所以建模仿真往往基于动态的数值模型。首先，我们分别对系统内的各个部件建立模型，再组合成整个系统，形成闭环的系统动态模型。

### 2.6.2.1　系统核心模块

微型 RMFC 系统的核心模块指的是微型甲醇水蒸气重整器和高温 PEMFC 电池组。其中微型甲醇水蒸气重整器由三个主要腔体构成，分别对应于蒸发室、重整室和燃烧室。为了仿真简单高效，在描述微型反应室中的物质和能量传输时，进行了以下假设：

① 采用理想气体模型，气体流动为平推流；

② 每个反应室均为直筒型，横截面积是恒定的；

③ 整个重整反应器各处的温度相同；

④ 忽略从反应室入口到出口的压强变化；

⑤ 催化剂和混合气体在反应室各截面内都是均匀分布的；

⑥ 在经过蒸发室以后，反应物气体的温度已达到重整器温度；

⑦ 燃烧室内氢气、一氧化碳等反应物充分燃烧且燃烧室排出的尾气具有和重整器相同的温度。

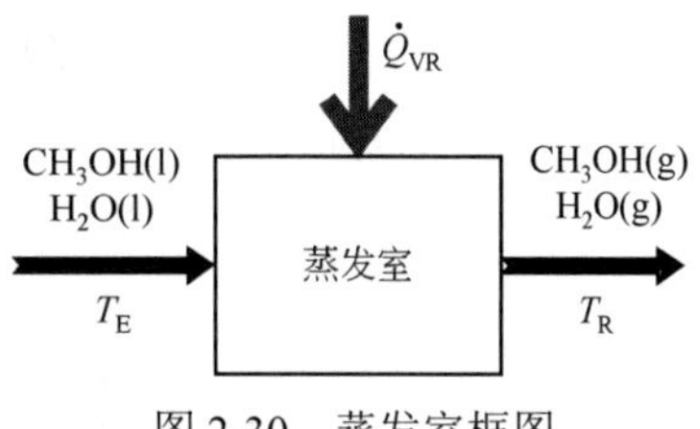


图 2-30　蒸发室框图

（1）蒸发室

蒸发室中没有化学反应发生，所以物质流没有发生变化。温度为室温 $T_E$ 的燃料以液态形式进入蒸发室，以气态形式离开蒸发室，并且离开时的温度达到重整器温度 $T_R$，如图 2-30 所示。燃料吸收的热量来自于燃烧室向蒸发室的热传导，即对应的能量流。

蒸发室单位时间内吸收的热量为：

$$\dot{Q}_{VR}=f_{MeOH}\left(\Delta h_{MeOH}+\gamma\Delta h_{H_2O}\right) \tag{2-143}$$

式中，$f_{MeOH}$ 为甲醇的摩尔流速，mol/s；$\gamma$ 为燃料的水醇比；$h$ 为物质的焓，J/mol。

物质的焓是温度的函数，甲醇和水在不同温度下的焓变可以由以下方程式求得：

$$\Delta h_{MeOH}=h_{MeOH}\left(T_R\right)-h_{MeOH}\left(T_E\right) \tag{2-144}$$

$$\Delta h_{H_2O}=h_{H_2O}\left(T_R\right)-h_{H_2O}\left(T_E\right) \tag{2-145}$$

在不同的温度下，物质的焓是可由以下表达式计算，它是对物质的焓在不同温度下数值的拟合：

$$h(T)-h(298.15)=At+Bt^2/2+Ct^3/3+Dt^4/4-E/t+F-H \tag{2-146}$$

式中，$t=T/1000$；$A$、$B$、$C$、$D$、$E$、$F$、$H$ 为拟合系数。表 2-3 中给出了 RMFC 系统中各物质的焓变表达式中的拟合系数的值。

**表 2-3　RMFC 系统中各物质焓变表达式中的拟合系数**

| 物质 | $A$ | $B$ | $C$ | $D$ | $E$ | $F$ | $H$ |
|---|---|---|---|---|---|---|---|
| $H_2$ | 33.066 | −11.363 | 11.432 | −2.7728 | −0.1585 | −9.9807 | 0 |
| $O_2$ | 31.322 | −20.235 | 57.866 | −36.506 | −0.0073 | −8.9034 | 0 |
| $N_2$ | 19.505 | 19.887 | −8.5985 | 1.3698 | 0.5276 | −4.9352 | 0 |
| CO | 25.567 | 6.0961 | 4.0546 | −2.6713 | 0.131 | −118.01 | −110.53 |
| $CO_2$ | 24.997 | 55.187 | −33.691 | 7.9484 | −0.1366 | −403.61 | −393.52 |
| $H_2O(l)$ | −203.61 | 1523.3 | −3196.4 | 2474.5 | 3.8553 | −256.55 | −285.83 |
| $H_2O(g)$ | 30.092 | 6.8325 | 6.7934 | −2.5345 | 0.0821 | −250.88 | −241.83 |
| $CH_3OH(l)$ | 80.42 | 0 | 0 | 0 | 0 | −262.38 | −238.4 |
| $CH_3OH(g)$ | 51.801 | −143.17 | 501.67 | −367.01 | 0 | 0 | −205 |

（2）重整室

如图 2-31 所示，入口处，甲醇和水的混合蒸气加热到重整器的温度后进入重整室；出口处，流出的物质为甲醇、水、氢气、一氧化碳和二氧化碳，这是重整室中的物质流。重整反应要吸收热量，从燃烧室传导过来的热量为能量流。在重整室中，可使用甲醇水蒸气重整（MSR）、甲醇裂解（MD）和逆水气变换（rWGS）三个反应来描述发生的物质的变化，对应的化学方程式为：

$$CH_3OH+H_2O\longrightarrow CO_2+3H_2,\quad \Delta H_{298K}=49.5\text{kJ/mol} \tag{2-147}$$

$$CH_3OH \longrightarrow CO+2H_2\text{，}\ \Delta H_{298K}=90.5\text{kJ/mol} \tag{2-148}$$

$$CO_2+H_2 \longrightarrow CO+H_2O\text{，}\ \Delta H_{298K}=41.1\text{kJ/mol} \tag{2-149}$$

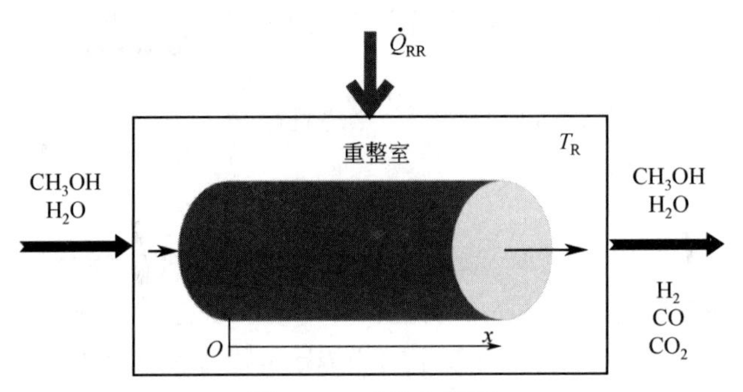


图 2-31　重整室框图

对应的化学反应速率可表示为：

$$r_{MSR}=k_1C_{MeOH}^{0.6}C_{H_2O}^{0.4}\exp\left(-\frac{E_{MSR}}{RT}\right)-k_{-1}C_{H_2}C_{CO_2}\exp\left(-\frac{E_{MSR}}{RT}\right) \tag{2-150}$$

$$r_{MD}=k_2C_{MeOH}^{1.3}\exp\left(-\frac{E_{MD}}{RT}\right) \tag{2-151}$$

$$r_{rWGS}=k_3C_{CO_2}C_{H_2}\exp\left(-\frac{E_{rWGS}}{RT}\right)-k_{-3}C_{CO}C_{H_2O}\exp\left(-\frac{E_{rWGS}}{RT}\right) \tag{2-152}$$

式中，$C$ 为物质浓度，mol/L；$E$ 为反应活化能，J/mol；$k$ 为相应的反应指前因子；$T$ 为反应温度，K；$R$ 为气体常数，J/(mol・K)。

基于前文中对物质传输的简化设定，忽略气体在微型沟道内的扩散作用，可以用如下的对流方程描述反应腔中的气体 i 的浓度分布：

$$\frac{\partial C_i}{\partial t}+\frac{\partial (uC_i)}{\partial x}=r_i \tag{2-153}$$

式中，$u$ 为反应室内混合气体流动速度，m/s；$r_i$ 为气体 i 的消耗或生成速率，mol/(L・s)。

物质 i 在混合气体中的质量分数 $w_i$ 为：

$$w_i=\frac{C_iM_i}{\sum C_iM_i} \tag{2-154}$$

式中，$M_i$ 为物质 i 的摩尔质量，g/mol。

物质 i 在 $x$ 处的摩尔流速为：

$$f_i(x)=f_i^0+A_r\int_0^x r_i\mathrm{d}x \tag{2-155}$$

式中，$f_i^0$ 为物质 i 在重整室入口处的摩尔流速，mol/s；$A_r$ 为重整器的横截面积，m$^2$。

甲醇转化率 $v_i$ 和 CO 摩尔分数 $F_{CO}$ 分别表示为：

$$v_i=\frac{w_{MeOH}}{w_{MeOH}^0} \tag{2-156}$$

$$F_{CO}=\frac{C_{CO}}{\sum C_i} \tag{2-157}$$

式中，$w_{MeOH}^0$ 为重整器入口处甲醇的质量分数，它的值由水醇比 $\gamma$ 决定：

$$w_{\mathrm{MeOH}}^{0}=\frac{M_{\mathrm{MeOH}}}{M_{\mathrm{MeOH}}+\gamma M_{\mathrm{H_2O}}} \tag{2-158}$$

重整室单位时间内吸收的热量可以表示为：

$$\dot{Q}_{\mathrm{RR}}=\sum_{\mathrm{j}}^{\mathrm{out}}h_{\mathrm{j}}f_{\mathrm{j}}\left(l_{\mathrm{R}}\right)-\sum_{\mathrm{i}}^{\mathrm{in}}h_{\mathrm{i}}f_{\mathrm{i}}^{0} \tag{2-159}$$

式中，$l_R$ 为重整室长度，m；i 为甲醇和水；j 为甲醇、水、氢气、一氧化碳和二氧化碳。

（3）高温 PEMFC

如图 2-32 所示，高温 PEMFC 电池组中的物质流为：阴阳极入口处分别通入空气和重整气体，阳极出口处流出低氢气浓度的重整气体，而阴极出口流出低氧气浓度的空气。流入的能量流为重整器热传导的热量和进入电池组的物质所包含的能量；流出的能量流为输出的电功率、燃料电池组向环境中的热散失以及流出电池组的物质所包含的能量。为了简化计算，在对燃料电池组建模仿真时，需要进行以下假设：

① 每节电池的膜组件（MEA）面积、性能完全一样；

② 每节电池中流通的气体成分和流速是相等的；

③ 燃料电池组各处的温度是相同的；

④ 氢气是燃料电池阳极唯一的反应物，氧气是阴极唯一的反应物；

⑤ 空气进入系统前为室温，且氧气摩尔分数为 21%，其余全部为氮气。

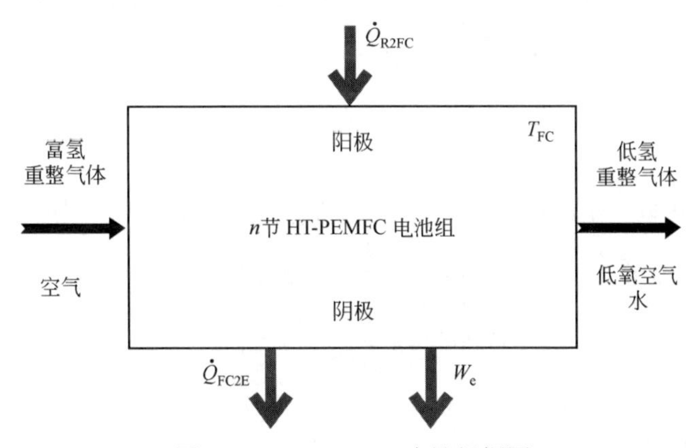


图 2-32　HT-PEMFC 电池组框图

燃料电池的电化学性能由它的输出电压和输出电流表征。单节燃料电池的输出电压受工作条件的影响很大，如温度、外部负载以及燃料和氧化剂流速等。单节 HT-PEMFC 的理论开路电压 $E_{\mathrm{th}}$ 可以表示为：

$$E_{\mathrm{th}}=-\frac{\Delta G^{0}}{2F}-\frac{\Delta s}{2F}\left(T_{\mathrm{FC}}-T_{0}\right) \tag{2-160}$$

式中，$\Delta G^0$ 为标准状态下的吉布斯自由能变，kJ/mol；$T_0$ 为标准状态下的温度（298.15K）；$\Delta s$ 为熵变，kJ/（mol・K）；$F$ 为法拉第常数，C/mol；$T_{\mathrm{FC}}$ 为燃料电池工作温度，K。

由于活化极化、欧姆极化和浓差极化的存在，单节燃料电池的输出电压 $E_{\mathrm{cell}}$ 必定小于其理论开路电压，即：

$$E_{\mathrm{cell}}=E_{\mathrm{th}}+\eta_{\mathrm{act}}+\eta_{\mathrm{ohm}}+\eta_{\mathrm{con}} \tag{2-161}$$

Tafel 方程可以用来表征活化极化电压：

$$\eta_{act}=-\frac{RT}{2\alpha F}\ln\left(\frac{j+j_{leak}}{j_0}\right) \tag{2-162}$$

式中，$\alpha$ 为电荷传递系数；$j$ 为放电电流密度，$A/m^2$；$j_0$ 为交换电流密度，$A/m^2$；$j_{leak}$ 为渗透电流密度，$A/m^2$。

欧姆极化指的是电池内阻上的电压损失：

$$\eta_{ohm}=-jR_{ohm} \tag{2-163}$$

式中，$R_{ohm}$ 为燃料电池内阻，$\Omega \cdot m^2$。

而浓差极化在燃料电池工作在较大的输出电流时表现得比较明显，它可以写成如下 Tafel 方程的形式：

$$\eta_{con}=\frac{RT}{2\alpha F}\ln\left(1-\frac{j}{j_L}\right) \tag{2-164}$$

式中，$j_L$ 为燃料电池的极限电流密度，$A/m^2$。

极限电流密度表征了一定燃料供给流速下，单位质量的催化剂所能提供的最大催化反应能力，可以利用以下表达式求得：

$$j_L=j_L^{eff}\left(\frac{f_{H_2}}{f_{H_2}^{eff}}\right)^{\beta} \tag{2-165}$$

式中，$j_L^{eff}$ 为极限电流的参考值，$A/m^2$；$f_{H_2}^{eff}$ 为阳极氢气供给摩尔流速的参考值，mol/s；$f_{H_2}$ 为阳极氢气供给摩尔流速的实际值，mol/s；$\beta$ 为修正指数，其值为 0 或 1。

$$\beta=\begin{cases}0 & \left(f_{H_2}>f_{H_2}^{eff}\right)\\ 1 & \left(f_{H_2}\leqslant f_{H_2}^{eff}\right)\end{cases} \tag{2-166}$$

根据质子守恒可以得出燃料电池组中氢气和氧气的摩尔消耗速率为：

$$\Delta f_{H_2}^{FC}=n\frac{A_m}{2F}\left(j+j_{leak}\right) \tag{2-167}$$

$$\Delta f_{O_2}^{FC}=n\frac{A_m}{4F}\left(j+j_{leak}\right) \tag{2-168}$$

式中，$n$ 为燃料电池组节数；$A_m$ 为 MEA 的有效面积，$m^2$。

燃料电池组中阴极生成的水的摩尔流速为：

$$\Delta f_{H_2O}^{FC}=n\frac{A_m}{2F}\left(j+j_{leak}\right) \tag{2-169}$$

RMFC 系统中另一个重要的变化是能量的变化和转移，最直接的变化是系统温度的变化。简单地说，RMFC 系统的能量守恒是系统本身吸收的能量等于进入系统的能量与流出系统的能量之差。所以，燃料电池组中的能量守恒满足：

$$c_{FC}m_{FC}\frac{dT_{FC}}{dt}=\dot{Q}_{FC,in}-\dot{Q}_{FC,out} \tag{2-170}$$

式中，$c_{FC}$ 为燃料电池组等效比热容，J/(kg·K)；$m_{FC}$ 为燃料电池组等效质量，kg；$\dot{Q}_{FC,in}$ 为单位时间内进入燃料电池组的能量，W；$\dot{Q}_{FC,out}$ 为单位时间内流出燃料电池组的能量，W。

燃料电池组中能量流的源头分为两个部分，一是从温度更高的重整器向电池组的直接热传导，二是反应物进入燃料电池组带入能量；流出燃料电池组的能量由三部分构成，分别是电功率输出，反应生成物（包括未反应物）流出燃料电池组带走的能量，以及向周围环境的热散失。用公式表示为：

$$\dot{Q}_{\mathrm{FC,in}}=\dot{Q}_{\mathrm{R2FC}}+\sum_{i}^{\mathrm{in}}f_i\Delta h_i \tag{2-171}$$

$$\dot{Q}_{\mathrm{FC,out}}=\dot{Q}_{\mathrm{FC2E}}+W_{\mathrm{e}}+\sum_{j}^{\mathrm{out}}f_j\Delta h_j \tag{2-172}$$

式中，$W_{\mathrm{e}}$ 为电池组输出功率，W；$\dot{Q}_{\mathrm{R2FC}}$ 为单位时间内重整器向燃料电池组传递的热量，W；$\dot{Q}_{\mathrm{FC2E}}$ 为单位时间内燃料电池组向周围环境中散失的热量，W；$i$ 为阳极的甲醇、水、氢气、一氧化碳、二氧化碳和阴极的氧气、氮气；$j$ 为阳极的甲醇、水、氢气、一氧化碳、二氧化碳和阴极的氧气、氮气、水。

其中，燃料电池组的输出功率等于每节电池输出电压和输出电流的乘积的和，即：

$$W_{\mathrm{e}}=nE_{\mathrm{cell}}I \tag{2-173}$$

式中，$n$ 为燃料电池组节数。

重整器向燃料电池组的热传导可以表示为：

$$\dot{Q}_{\mathrm{R2FC}}=h_{\mathrm{R2FC}}\frac{A_{\mathrm{R2FC}}}{L_{\mathrm{R2FC}}}\left(T_{\mathrm{R}}-T_{\mathrm{FC}}\right) \tag{2-174}$$

式中，$h_{\mathrm{R2FC}}$ 为热传导系数，W/（m·K）；$A_{\mathrm{R2FC}}$ 为热传导面积，m$^2$；$L_{\mathrm{R2FC}}$ 为热传导距离，m。

燃料电池组向环境中的热损失可利用图 2-33 所示的简易模型求解。图中，横轴表示的是从燃料电池组表面向外的径向长度，$l$ 表示燃料电池外表的保温层厚度；纵轴表示温度，$T_{\mathrm{FC}}$ 表示燃料电池组温度，$T_{\mathrm{FCS}}$ 为燃料电池保温层外表面温度，$T_{\mathrm{E}}$ 表示环境温度。在保温层厚度范围内，温度由内向外线性下降。忽略保温层自身的热容量，那么保温层中传导出的热量等于保温层外表面向周围环境的热散失，即：

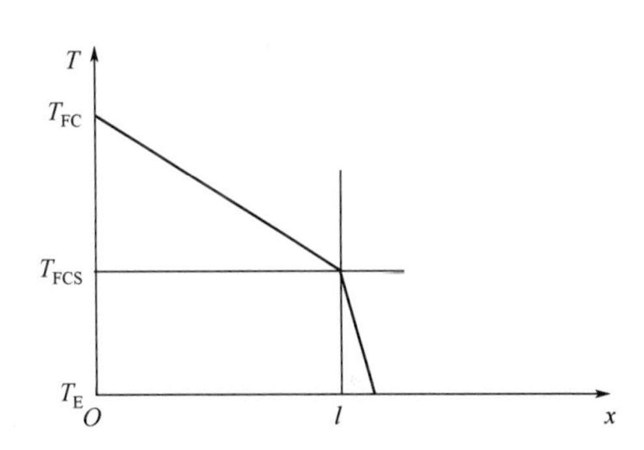

图 2-33　燃料电池组向环境中的热损失计算模型

$$\dot{Q}_{\mathrm{FC2E}}=h_{\mathrm{ex}}A_{\mathrm{FC}}\left(T_{\mathrm{FCS}}-T_{\mathrm{E}}\right)=h_{\mathrm{ins}}\frac{A_{\mathrm{FC}}}{l}\left(T_{\mathrm{FC}}-T_{\mathrm{FCS}}\right) \tag{2-175}$$

式中，$h_{\mathrm{ins}}$ 为保温层热传导系数，W/（m·K）；$A_{\mathrm{FC}}$ 为燃料电池组表面积，m$^2$；$h_{\mathrm{ex}}$ 为保温层表面与空气的热交换效率系数，W/（m$^2$·K）。

（4）燃烧室

在燃烧室中，主要发生的是甲醇、氢气以及一氧化碳气体的燃烧反应。在系统启动阶段，仅发生甲醇燃烧反应；而在系统工作阶段，主要发生的是氢气燃烧反应，并伴有一小部分残留的一氧化碳和甲醇的燃烧反应。三个反应的化学方程式如下：

$$CH_3OH+3/2O_2 = 2H_2O(g)+CO_2,\ \Delta H_{298K}=-678.2\mathrm{kJ/mol} \tag{2-176}$$

$$H_2+1/2O_2 = H_2O(g),\ \Delta H_{298K}=-242\mathrm{kJ/mol} \tag{2-177}$$

$$CO+1/2O_2 = CO_2,\ \Delta H_{298K}=-283\mathrm{kJ/mol} \tag{2-178}$$

为了简化计算，假定所有可燃物质在燃烧室中完全燃烧，对应的物质流如图 2-34 所示。混合气体在燃烧室出口处具有和重整器同样的温度，即燃烧放出的热被燃烧室完全吸收。燃烧室出口处可燃物质的摩尔流速：

$$f_{H_2}^{out}=f_{MeOH}^{out}=f_{CO}^{out}=0 \tag{2-179}$$

一般情况下，系统供给的氧气是过量的，故废气中未反应的氧气流速为：

$$f_{O_2}^{out}=f_{O_2}^{in}-\frac{f_{H_2}^{in}}{2}-\frac{f_{CO}^{in}}{2}-\frac{3f_{MeOH}^{in}}{2} \tag{2-180}$$

根据质量守恒，废气中水的摩尔流速为：

$$f_{H_2O}^{out}=\left(1+\gamma\right)f_{MeOH}^{0} \tag{2-181}$$

式中，$f_{MeOH}^{0}$为系统入口处甲醇的摩尔流速，mol/s。

在系统内部，系统的几个重要组件——燃烧室、重整室、蒸发室、燃料电池组都和热传输过程息息相关。图 2-34 显示了燃烧室相关的能量流。热源燃烧室产生的热量传递给了四个目标：一是重整室，二是蒸发室，三是燃料电池组，四是向周围环境的散失。

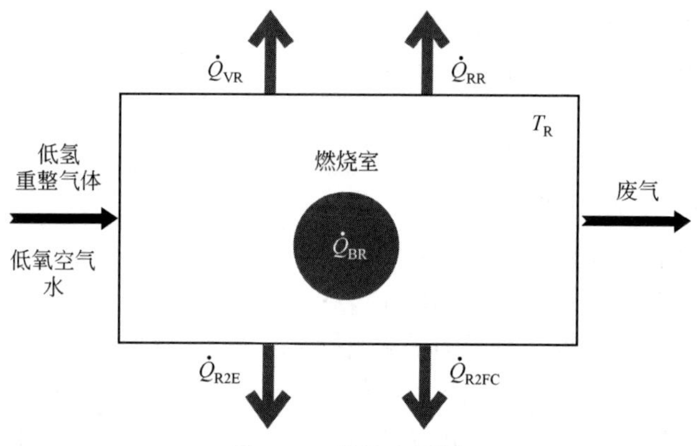


图 2-34　燃烧室框图

从能量守恒定律出发，重整室温度满足：

$$c_R m_R\frac{dT_R}{dt}=\dot{Q}_{BR}-\dot{Q}_{BR,out} \tag{2-182}$$

式中，$\dot{Q}_{BR}$为单位时间内燃烧室产生的热量，W；$\dot{Q}_{BR,out}$为单位时间内流出燃烧室的热量，W；$c_R$为重整器等效比热容，J/（kg・K）；$m_R$为重整器等效质量，kg。

燃料进入燃烧室，燃烧反应释放热量，同时燃料自身温度的升高会吸收热量。单位时间内燃烧室产生的热量可以表示为：

$$\dot{Q}_{BR}=\sum_j h_j^{out}f_j^{out}-\sum_i h_i^{in}f_i^{in} \tag{2-183}$$

式中，$i$为进入燃烧室的甲醇、水、氢气、氮气、一氧化碳和二氧化碳；$j$代表流出燃烧室的水、氮气和二氧化碳。

单位时间内流出燃烧室的热量分为四个部分，即重整室吸收热量、蒸发室吸收热量、向燃料电池组的热传导以及向环境中的热散失，如下式所示：

$$\dot{Q}_{BR,out}=\dot{Q}_{RR}+\dot{Q}_{VR}+\dot{Q}_{R2FC}+\dot{Q}_{R2E} \tag{2-184}$$

其中，重整器向环境中的热量损失可以表示为：

$$\dot{Q}_{R2E}=h_{ex}A_R\left(T_{RS}-T_E\right)=h_{ins}\frac{A_R\left(T_R-T_{RS}\right)}{l} \tag{2-185}$$

式中，$A_R$为重整器表面积，$m^2$。

### 2.6.2.2 辅助器件

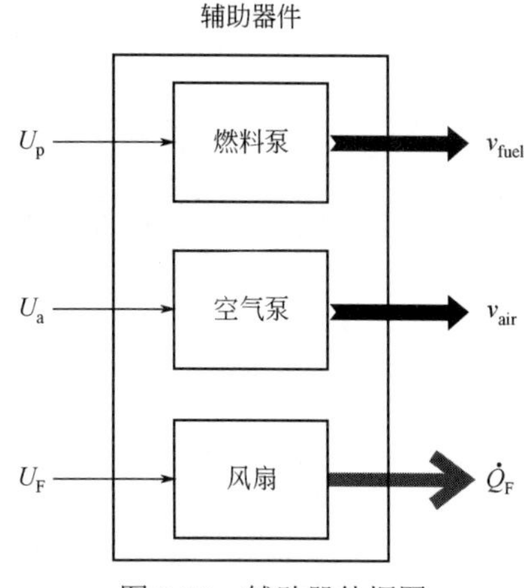

图 2-35 辅助器件框图

如图 2-35 所示，微型 RMFC 系统的主要辅助器件包含：分别供给燃料和空气的泵、用于给高温燃料电池组散热的风扇。本章的理论研究采用了上述辅助器件模型的简化模型。

对于燃料泵，液态燃料供给流速 $v_{fuel}$ 与泵的电压关系为：

$$v_{fuel}=k_pU_p \tag{2-186}$$

式中，$U_p$ 为燃料泵（蠕动泵）电压，V；$k_p$ 为燃料泵流速与电压关系系数，mL（V • min）；

燃料体积流速与甲醇的摩尔流速之间的关系为：

$$f_{MeOH}=\frac{\rho_{fuel}v_{fuel}}{M_{MeOH}+\gamma M_{H_2O}} \tag{2-187}$$

式中，$\rho_{fuel}$ 为燃料的密度，g/mL。它会随着水醇比变化：

$$\rho_{fuel}=\frac{\gamma+0.88}{\gamma+1.1} \tag{2-188}$$

同样地，空气供给流速 $v_{air}$ 与空气泵的电压简易关系模型为：

$$v_{air}=k_aU_a \tag{2-189}$$

式中，$U_a$ 为空气泵（蠕动泵）电压，V；$k_a$ 为空气泵流速与电压关系系数，sccm/（V • min）。

风扇能够起到冷却燃料电池组的目的，常用微小型直流散热风扇的散热简易模型为：

$$\dot{Q}_F=\frac{\pi r_F^2 k_F U_F}{22.4[L/mol]}\left[h_{air}(T_{FCS})-h_{air}(T_E)\right] \tag{2-190}$$

式中，$U_F$ 为风扇电压，V；$k_F$ 为风速与电压关系系数，m/（V • s）；$r_F$ 为风扇半径（0.02 m）。

系统中还需要一个三通阀，用于切换燃料的供给方向：当系统处于启动阶段时，燃料通往燃烧室；当系统处于输出阶段时，燃料通往蒸发室。

### 2.6.2.3 系统控制逻辑

为了实现 RMFC 动态系统模型的闭环结构，模型中需要加入控制模块。加入控制模块后，系统模型具有“自主的”工作过程控制和供给流速及系统温度平衡控制功能。图 2-36 展示了基于有限状态机的 RMFC 系统控制模块模型。控制模型以重整器和燃料电池组的温度以及燃料电池的输出电流大小为主要输入参数，以蠕动泵电压、空气泵电压、风扇和阀的控制信号为主要输出参数。

### 2.6.2.4 模型求解

利用 Matlab/Simulink 软件对微型 RMFC 系统动态模型可以进行求解。图 2-37 所示是基于 Matlab/Simulink 的微型 RMFC 模型框图。图中包含的主要模块与系统框架相对应，分别包含空气泵（Air Pump）、燃料泵（Fuel Pump）、风扇（Fan）、阀（Valve）、蒸发室（Vaporizing Room）、重整室（Reforming Room）、燃烧室（Burning Room）、高温燃料电池模块（HT-PEMFC）、控制模块（Controller）和电子负载（Load）。

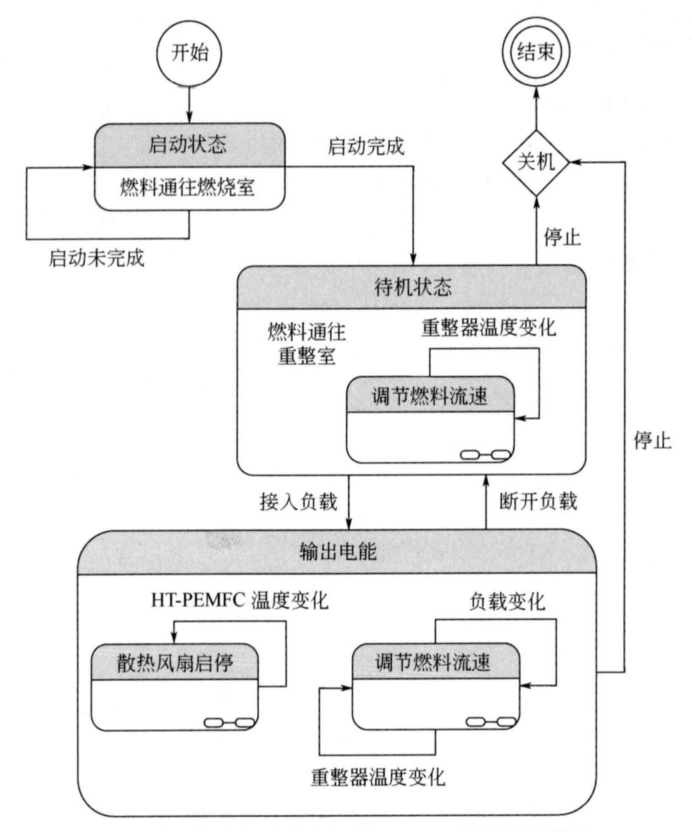


图 2-36　基于有限状态机的 RMFC 系统控制模型

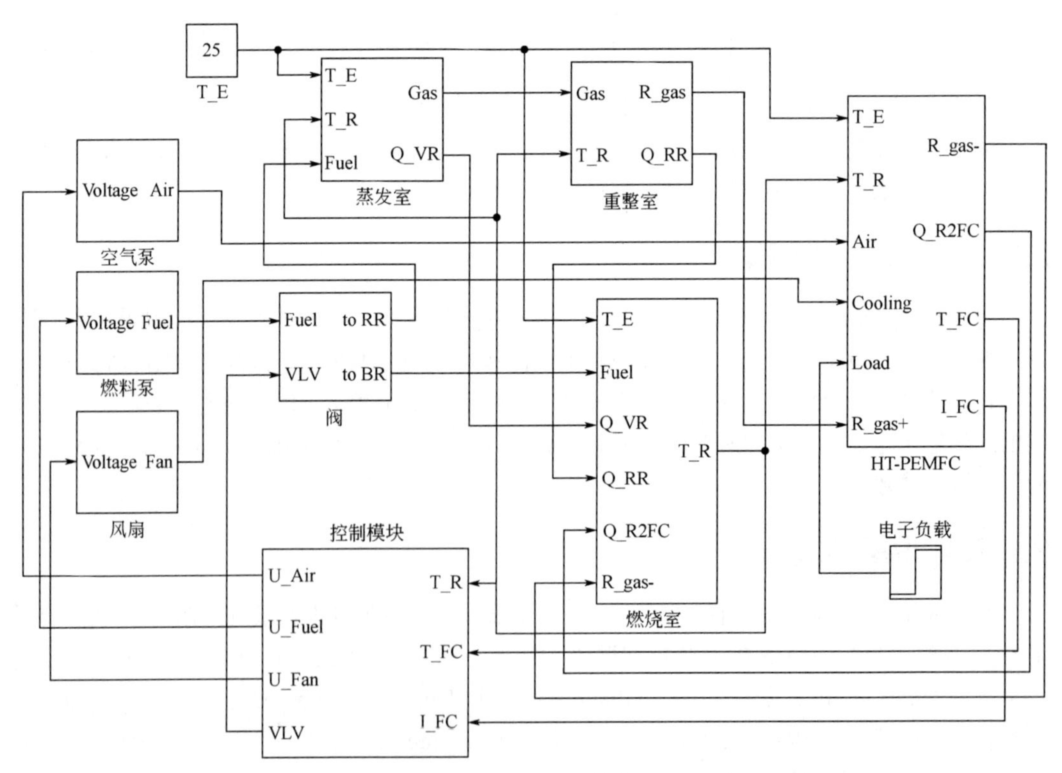


图 2-37　基于 Matlab/Simulink 的微型 RMFC 模型框图

仿真运算时，软件采用了变步长求解器，模拟了微型 RMFC 系统 5000s 的工作状况。系统模型的仿真过程可以分为两个主要阶段。首先进行的是初始化阶段。在此阶段，Simulink 将所用到的库合并到模型中来，确定仿真入口、数据类型和采样时间，同时确定模块的执行顺序。第二个阶段，微型 RMFC 系统模型进入“仿真循环”，每次循环可认为是单步仿真。在每个仿真步期间，微型 RMFC 系统模型按照初始化阶段确定的模块执行顺序依次执行。对于每个模块而言，Simulink 调用函数来计算当前采样时间下的状态、导数和输出。以上过程如此循环，一直持续到仿真结束。图 2-38 所示为微型 RMFC 系统模型仿真的流程。

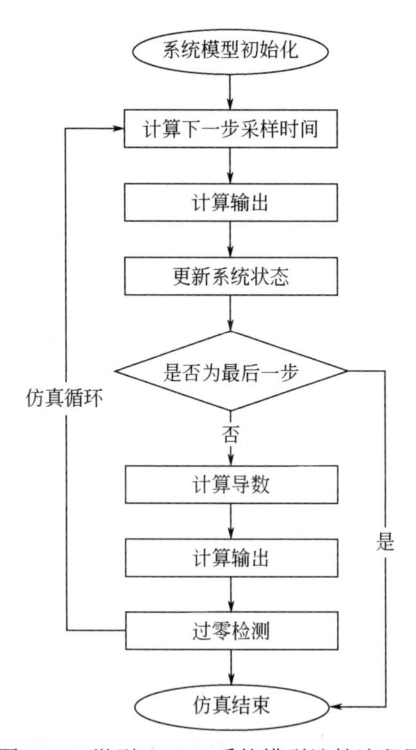


图 2-38　微型 RMFC 系统模型计算流程图

图 2-39 显示的是微型 RMFC 系统工作过程的模拟结果和接入负载时的动态响应特性。图中展示了重整器温度、燃料电池组温度和燃料（甲醇水溶液）供给速度随着时间的变化趋势。在系统刚启动时，燃料和空气进入燃烧室，燃料和空气燃烧放出的热量促使重整器迅速升温，同时有部分热量传递到燃料电池组使其缓慢升温。大约 770s 后，重整器达到工作温度而燃料电池组温度仍然小于 120℃。这时，调整燃料供给流速使重整器的温度维持在 240℃左右。系统继续运行到约 1200s 时，燃料电池组温度达到 120℃，改变燃料流通路径，使其通往重整室发生重整反应，微型 RMFC 系统即进入输出工作状态。在 2500s 时，系统接入 20W 负载，微型 RMFC 系统的动态响应特性主要体现在温度变化和燃料供给流速的变化。负载接入后，燃料流速随即增大以适应电化学反应和燃烧反应的氢气需求。这时的重整器温度会出现波动——先减小后增大。这主要由两个原因造成：第一，刚接入负载的时候，燃料电池组中消耗了更多的氢气，所以剩余的用于燃烧的氢气量大幅减少；第二，燃料流速的增大会使重整反应和蒸发室吸收更多的热量，因此重整器的温度会先降低。当度过了接入负载的这一短暂动态变化过程后，更大的燃料流速使重整器的温度回升，并维持在 245～250℃的温度条件下，以

保证甲醇转化率接近 100%。同时，从图 2-39 中也可看出，燃料电池组的温度在接入负载后也出现了明显的上升趋势，这是因为它自身产生大量的热。当时间来到 3200s 时，燃料电池组的温度超过了 180℃，系统需要启动风扇来给电池组散热，以避免其温度过高。最后，在时间 3600s 处，负载停止，系统关闭后温度逐渐降低。从微型 RMFC 系统的动态工作过程模拟结果中可以看出，系统模型较好地模拟了微型 RMFC 系统工作的过程以及温度和燃料供给流速的动态变化趋势，可以使我们更清晰地理解微型 RMFC 系统的工作流程。

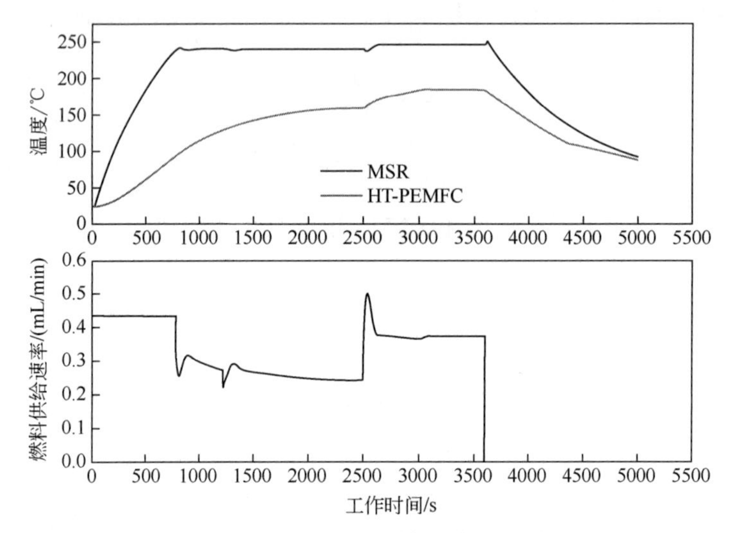


图 2-39 微型 RMFC 系统工作过程模拟

## 2.7 习题

### 一、选择题

1. 给定一个总反应如下的燃料电池：$3A(g)+2B(g) \longrightarrow 2C(g)$，均匀增加电池压力会如何影响热力学电压（　　）。

（a）$E$ 减小

（b）$E$ 增加

（c）$E$ 是常数

（d）无法确定

2. 考虑一个工作在 $T$=95°C时的微型 DMFC，假设供给的甲醇燃料浓度为 1mol/L，甲醇的有效扩散系数 $D_{eff}=10^{-5}cm^2/s$，质子交换膜厚度 $\delta$=150μm，那么阳极处的 $j_L$ 为（　　）。

（a）$386A/cm^2$

（b）$0.386A/cm^2$

（c）$8.52A/cm^2$

（d）$0.00852A/cm^2$

3. 其他条件相同时，DMFC 供给的甲醇浓度从 1mol/L 提升到 2mol/L，其极限电流密度（　　）。

（a）将减少

（b）将增加

（c）将保持不变

（d）无法确定

## 二、计算题

1. 试计算：（1）如果燃料电池在 $p=p_1$ 和 $T=T_1$ 处具有可逆电压 $E_1$，则在将电池压力调节至 $p_2$ 时，写出保持燃料电池电压在 $E_1$ 处所需的温度 $T_2$ 表达式；（2）对于在室温和大气压（纯氧）下工作的氢氧燃料电池，如果工作压力降低一个数量级，需要什么温度来保持原来的可逆电压？

2. 一个微型 DMFC 在标况下输出电压为 0.3V、输出电流为 50mA，甲醇和空气分别以 0.001mol/h 和 0.01mol/h 的速度供应给燃料电池。试计算：（1）出口处甲醇、空气、水和二氧化碳的质量流量（mol/h）；（2）甲醇的化学计量因子（$\lambda_{MeOH}$和$\lambda_{air}$）；（3）假设在标况下甲醇燃烧时$\Delta h_{rxn}=-719.19$kJ/mol，此燃料电池的产热速率（J/s）。

3. 考虑两个电化学反应。反应 A 导致每摩尔反应物转移 2mol 电子，并在面积为 $2cm^2$ 的电极上产生 5A 的电流。反应 B 导致每摩尔反应物转移 3mol 电子，并在面积为 $5cm^2$ 的电极上产生 15A 的电流。反应 A 和 B 的净反应速率是多少？哪个反应的净反应速率较高？

## 三、综合题

考虑纯 $H_2$-$O_2$ 的微型 PEMFC，已知工作温度 $T$=80℃，工作压强 $P_{cathode}=P_{anode}$=1atm。为该 PEMFC 建立模型，并求出：

（1）在 $E_0$=1.23V 和$\Delta S_{rxn}=-163$J/（K・mol）的条件下，计算该燃料电池的理想热力学电压（注意，$E_0$是针对 STP 条件给出的；假设反应生成液态水）；

（2）若电流密度$j=1A/cm^2$，计算阴极$\eta_{act}$（$\alpha$=0.3，$n$=4，$j_0=10^{-3}A/cm^2$）；

（3）在给定 $D_{eff}=10^{-2}cm^2/s$ 和$\delta$=150μm 的情况下，计算阴极处的 $j_L$；

（4）$j=1A/cm^2$ 时，假设 $c=RT/2\alpha F$=0.10V，计算阴极$\eta_{con}$；

（5）将燃料电池阴极加压到 10atm（但阳极压力保持为 1atm）。计算这种情况下的新热力学电压；

（6）阴极压强改变后，$j=1A/cm^2$，$\alpha$=0.3，$n$=4，$j_0=10^{-3}A/cm^2$ 时，求加压阴极的$\eta_{act}$；

（7）阴极压强改变后的 $j_L$；

（8）阴极压强改变后，$j=1A/cm^2$ 时的阴极$\eta_{con}$；

（9）压强改变前后，$j=1A/cm^2$ 时该 PEMFC 总输出电压增加了多少？

# 射频器件

近几十年里，随着无线通信系统的飞速发展，射频集成电路（Radio Frequency Integrated Circuit，RFIC）逐渐进入了大家的视野中。最初的射频集成电路是指工作于 300MHz～3GHz 范围之间的电路。随着 5G 技术的到来以及未来更新世代技术的发展，目前的 RFIC 工作频率范围已经拓展至 20GHz 甚至更高的频率范围，与微波频段具有了更多的交叉。表 3-1 给出了国际标准定义的各类型信号的波段及名称。不同于传统的数字、模拟集成电路，射频集成电路对于器件、电路设计等方面均提出了更高的需求。

**表 3-1　射频及微波波段**

| 波段 | 频率范围 |
| --- | --- |
| Very low frequency（VLF 超低频） | 3～30kHz |
| Low frequency（LF 低频） | 30～300kHz |
| Medium frequency（MF 中频） | 300kHz～3MHz |
| High frequency（HF/Short Wave 短波） | 3～30MHz |
| Very high frequency（VHF 超高频） | 30～300MHz |
| Ultra high frequency（UHF 极高频） | 300MHz～3GHz |
| （Microwave 微波） | |
| L 波段 | 1～2GHz |
| S 波段 | 2～4GHz |
| C 波段 | 4～8GHz |
| X 波段 | 8～12GHz |
| Ku 波段 | 12～18GHz |
| K 波段 | 18～26GHz |
| Ka 波段 | 26～40GHz |
| （Millimeter Wave 毫米波） | |
| 波长<1cm | 30～300GHz |

本章将从射频收发机讲起，之后介绍收发机模组中重要的几个射频器件，包括低噪声放大器（Low Noise Amplifier）、功率放大器（Power Amplifier）、混频器（Mixer）。

# 3.1 射频收发机的原理及结构

射频收发机（Transceiver）是射频器件的大集成者，其名字来源于发射机（Transmitter）和接收机（Receiver）的结合。

## 3.1.1 射频收发机的工作原理

射频收发机的基本框架和实物图见图 3-1 和图 3-2。

图 3-1　射频收发机的基本框架

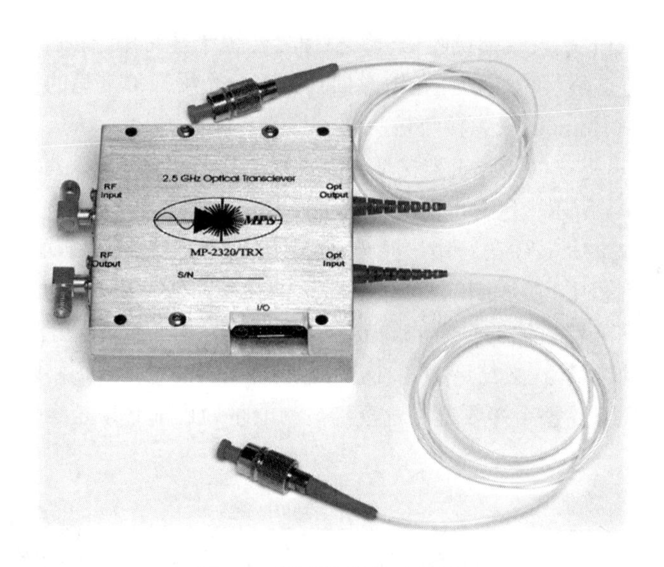


图 3-2　射频收发机实物图

发射机将基带信号调制到高频载波，并馈送到天线上，通过空气传送到预期的目的地。最简单的发射机包含载波信号发生器和调制器。通常会将高频功率放大器放在调制器之后、天线之前，从而在发射前放大已调制信号的功率。

接收机实现与发射机相反的功能，从发射源、干扰信号和噪声中筛选出所需的已调制载波信号，将其放大并从载波中解调，从而恢复信息内容。这一任务通常比发射机更具挑战性，因为接收到的信号十分微弱，典型值范围为–80～–120dBm，而且经常被更强的干扰信号所淹没。在各类型的射频应用中，接收机几乎无一例外都必须具备大动态范围、低噪声、高灵敏度和高增益等特性。因此设计优秀的接收机必须实现如下目标：

① 对接收的信号实现高增益放大。

② 对滤除的信号具有高选择性以及对干扰信号的高抑制性。

③ 信号的检测。

在某些情况下，接收信号在检测前先转移到较低的频率上，从而在特定频段上简化滤波，并降低对信号增益的要求。在大部分接收机架构中，接收机增益分散在系统的射频（RF）、中频（IF）和基带（Baseband）部分，以避免系统的不稳定和可能的振荡。造成振荡的原因是增益过高，以及接收机输出与输入之间的隔离不够充分。设计性能优良的接收机，经验之一是在任何特定频段内增益不要超过 50dB。

如果收发机中接收机与发射机同时工作，那么接收机与发射机之间的高隔离度是非常必要的，这样可以防止发射机过大的输出信号导致接收机饱和。

为了实现选频和隔离，过去曾经采用滤波器、双工器和隔离器，但频率越高，这些器件的价格就越昂贵，并且至今难以在芯片上进行集成。因此，收发机架构倾向于减少滤波，或者将其移至较低的频率，或者采用更适于单芯片集成的方案，例如实际应用中往往在数字域进行滤波。

### 3.1.2 接收机结构

接收机（Receiver）从天线端接收信号，将信号传输至基带中。设计时常见的指标有工作频率、增益、灵敏度、线性度、功耗和镜像抑制。下面介绍几种常见的接收机架构。

（1）调谐零差（Homodyne）接收机

在 20 世纪初最早提出的接收机架构便是调谐射频接收机架构，又称为直接检测接收机架构。其原理图如图 3-3 所示，包含串联的调谐带通 RF 放大机以及后续的平方检测器，所有模块均工作于 RF 频率 $f_{RF}$。其中第一级增益级必须为低噪声放大器（LNA），用来放大从天线接收的微弱信号而不恶化其信噪比（SNR）。带通的频率响应可以内建于放大器，也可以在放大器增益级前或级间外置可调的窄带的频带选择滤波器。由于检测器的灵敏度相对较差，放大器和滤波器整体的增益 $A_v$ 必须足够大，从而克服检测器的噪声（正常时超过 50～60dB）。为了防止检测前的失真，整个接收链路一直到检测电路为止都必须是线性的。

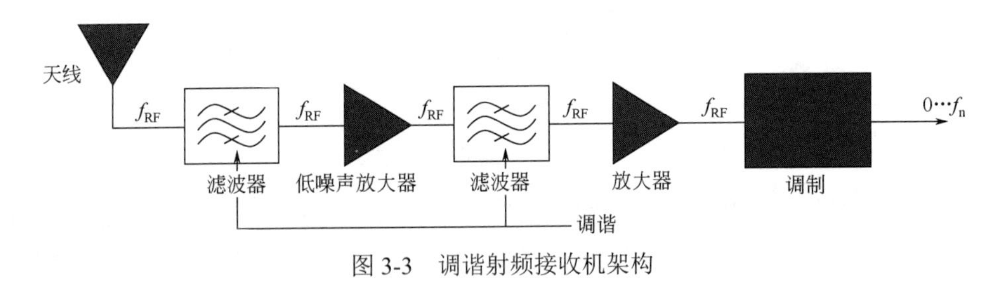


图 3-3 调谐射频接收机架构

该结构最常见的例子是 20 世纪早期的 AM 收音机，通过机械方式调节电容或电感来实现调谐。对于先进的 AM 收音机，电子调谐滤波器取代了机械调谐，对于某些功耗或性能不太重要的情况，可以采用图 3-4 所示的带通 A/D 转换器来实现检测功能。另外一个采用调谐射频接收机的例子是毫米波频段的无源镜像接收机。该结构的最大缺点是需要在单个频率点上提供很大的增益和极高的灵敏度，在微波和毫米波频段，这是巨大的挑战，稳定性是个很大的问题。

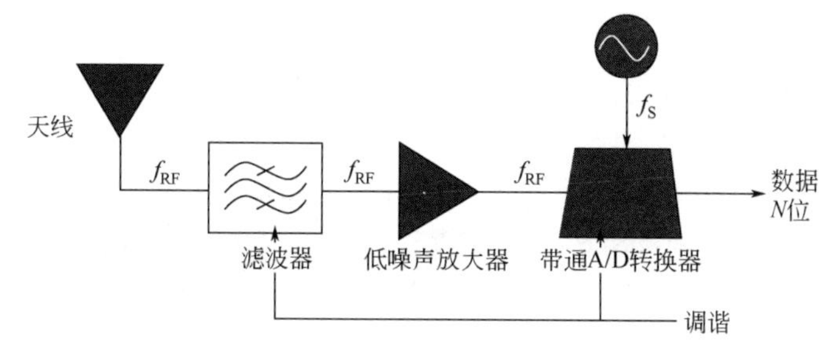

图 3-4 数字式调谐射频接收机架构和 RF 带通模数转换器

（2）外差（Hererodyne）接收机

外差（又称超外差，Super-hererodyne）接收机由 Reginald Aubery Fessenden 在 1906 年的圣诞夜于马萨诸塞州的 Brant Rock 首次演示，超过一个世纪以来一直是无线业界的主力。不同于调谐射频接收机，RF 频率通过一步或两步下变频的过程变换到中频 $f_{IF}$(图 3-5)。因此，通过在工作于 RF 和 IF 频率的放大级间进行增益匹配，RF 放大器的增益要求得到缓解，稳定性得到改善。接收路径中的三个频率 $f_{RF}$、$f_{LO}$、$f_{IF}$ 必须满足关系：

$$f_{RF}=f_{LO}-f_{IF} \quad 或 \quad f_{RF}=f_{LO}+f_{IF}$$

由此可得，$f_{LO}-f_{IF}$ 和 $f_{LO}+f_{IF}$ 两个频段上的信号被同时下变频到 IF 上。

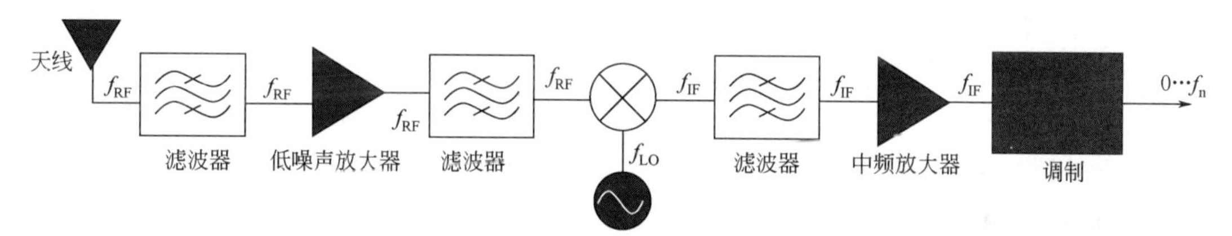

图 3-5 一步下变频的超外差射频接收机架构

在大部分实际系统中，上述频段只有一个包含着有用信息。这一频段被称为 RF 频段，另一个镜像频段成为镜像频率（Image Frequency，IM），后者的内容必须被滤除，这就是镜像抑制滤波器的作用。实际过程中，常用两种镜像抑制接收机结构，它们分别为 Hartley 结构和 Weaver 结构，两种结构都需要产生相位相差 90°的同相 I 和正交 Q 本振信号。

（3）直接变频接收机

直接变频接收机又称为零中频（Zero-IF）或零差接收机，由 F.M. Colebrooke 于 1924 年发明。如名字所指，调制的 RF 载波通过一次混频过程直接下变频到基带。因此，此类型接收机也可看成外差接收机在 $f_{RF}=f_{LO}$ 和 $f_{IF}=0$ 条件下的特例。由于信息信号同时也是其自身的镜像，镜像问题不复存在，因此不需要额外的滤波器，更加易于芯片的集成。

## 3.1.3 发射机结构

发射机在功能上类似于完成了接收机相反的作用，其关键的组成部分为混频器和功率放大器。信号通过如下方式调制到载波上：①采用混频器进行线性的频率变换，为上变频；②直接对载波进行幅度、频率、相位，以及脉宽的调制。直接调制可以是线性的，也可以通过非线性方法实现，最近最常用的方法是采用某种高频 D/A 转换器。

（1）直接上变频发射机

该发射机的正交结构如图 3-6 所示，就是直接变频接收机在发射端的对等结构。该结构未包含 IF 和 RF 滤波器，在硅工艺下有非常优秀的集成性。在大部分情况下，PA 前会插入带通滤波器以去除高阶滤波和宽带噪声。该结构的主要问题是 LO 和 PA 的工作频率在同一频率上，这样会导致 PA 信号影响振荡器，从而改变其频率，除非可以使两个元件之间保持高隔离度，这样才能消除此影响。此结构的另外一个问题是 I 和 Q 路径两个混频器的严格匹配要求。

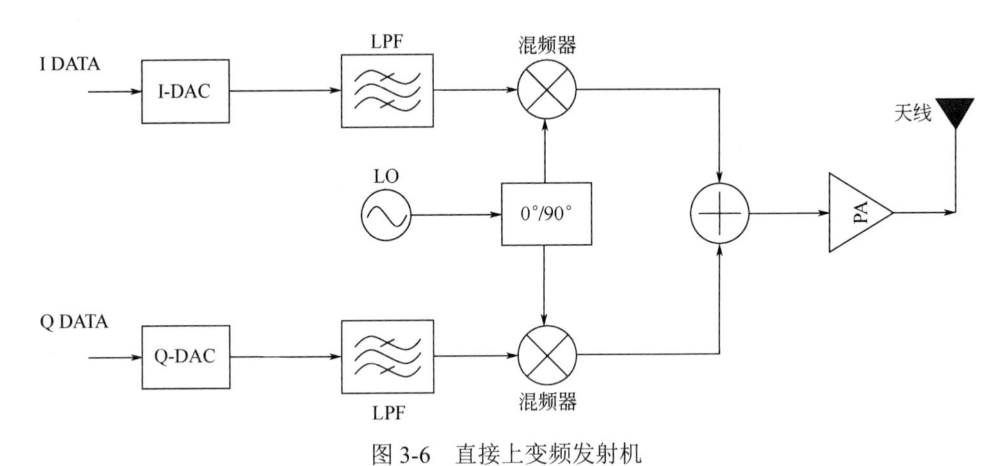


图 3-6　直接上变频发射机

（2）单边带、两步式上变频发射机

单边带、两步式上变频发射机是很常用的发射机结构，与超外差接收机结构对称。相比于直接上变频发射机，尽管其需要额外的 IF 和 RF 滤波器，由于 PA 和 LO 工作频率不同，LO 频率的牵引问题得到了缓解。和之前的发射机结构类似，复数的基带数据信号被直接上变频，但只是先被上变频到 IF 频段。

（3）直接调制发射机

最早的无线发射机类型是直接调制发射机结构。刚开始，振荡信号通过模拟技术进行幅度、频率或相位调制。近年来，调制和调制器本身也都可以采用数字技术实现。一些直接调制结构已经进行了演示。其中只有 LO 是模拟信号。数字控制振荡器已经非常普遍，全数字发射机的未来前景是可以预期的。

最新的直接调制数字发射机通过将 ASK、BPSK、QPSK 或者 M 进制的 QAM 调制器放置在振荡器和 PA 之间，将 VCO 的控制电压用数字码进行控制来进行频率调制，例如在 GSM 和蓝牙系统中，如图 3-7 所示。

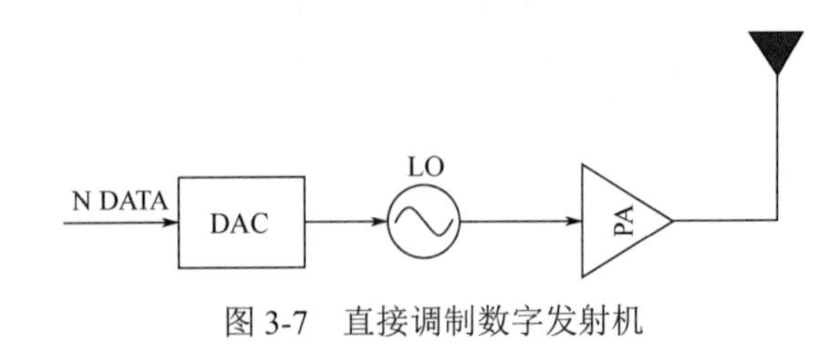


图 3-7　直接调制数字发射机

直接数字调制结构有如下优缺点：

① 直接数字调制器有充足的输出功率，可以使系统最大效率地工作在饱和模式下，其输

出信号摆幅受限于发射机的可靠性。

② 简化了几代电路，可以全数字实现。

③ 调制体制不同，具有多标准兼容的特点。

④ 脉冲整形和低通滤波器可以完全在数字域实现。

### 3.1.4 习题

1. 射频系统中有哪些组成部分？它们的作用分别是什么？
2. 接收机与发射机有哪些不同？请从设计指标的角度分析原因。
3. 对于接收机和发射机，最重要的设计指标是哪一项？请说明原因。
4. 从生活中找出一项接收机的结构例子，说明为什么选用这种电路结构？有哪些好处？
5. 从生活中找出一项发射机的结构例子，说明为什么选用这种电路结构？有哪些好处？
6. 接收机内部电路中，各项子电路的排布顺序是什么？为什么这样排序？
7. 发射机内部电路中，各项子电路的排布顺序是什么？为什么这样排序？

## 3.2 低噪声放大器的工作原理及设计

在无线通信系统中，接收机作为重要组成部分，负责将天线采集的信号进行接收处理。通常来说，接收机的第一级放大器称为低噪声放大器，英文为LNA（Low Noise Amplifier）。

### 3.2.1 LNA 介绍

LNA 的作用为将输入信号放大，并且尽可能地抑制信号源内的噪声，从而使下一级能够得到相对纯净的信号数据。LNA 的关键性能为低噪声系数，理想的 LNA 是将无失真的放大信号送到信号处理单元，同时不增加额外的噪声。

本节我们先介绍 LNA 的性能和评价指标，然后介绍功率匹配和噪声匹配的方法，最后介绍常见的 LNA 结构。

我们可以先考虑如下几个问题：

① 为什么要放大功率增益？

② 为什么需要低噪声？

③ 为什么要关心线性度？

④ 设计中性能和功耗之间有什么相关性？

### 3.2.2 LNA 性能和评价指标

在讨论 LNA 性能指标前，我们需要先回顾一下接收机中的性能。在无线接收机中，第一级的放大器在整体接收机中起着决定作用。下面以 $n$ 级级联系统为例，看一下系统增益 $G$，噪声指数 $F$ 以及线性度 IIP3 的大小。

假设系统满足最大功率传输条件，即某一级的输出与后一级的输入阻抗匹配，根据 Friis 公式，则该级联系统的整体增益、噪声指数以及线性度分别为：

$$G = G_1 G_2 \cdots G_n$$

$$F = 1 + (F_1 - 1) + \frac{(F_2 - 1)}{G_1} + \frac{(F_3 - 1)}{G_1 G_2} + \ldots + \frac{(F_n - 1)}{\prod_{m=1}^{n-1} G_m}$$

$$\frac{1}{A_{\mathrm{IIP3}}^2} = \frac{1}{A_{\mathrm{IIP3},1}^2} + \frac{A_1^2}{A_{\mathrm{IIP3},2}^2} + \frac{A_1^2 A_2^2}{A_{\mathrm{IIP3},3}^2} + \ldots + \frac{\prod_{m=1}^{n-1} A_m^2}{A_{\mathrm{IIP3},\ n}^2}$$

式中，$F_n$ 为每一级的噪声系数；$G_n$ 为每一级的功率增益；$A_{\mathrm{IIP3}}$，$n$ 为每一级的输入三阶截点，其反映了对应的线性度；$A_n$ 为每一级的电压增益。

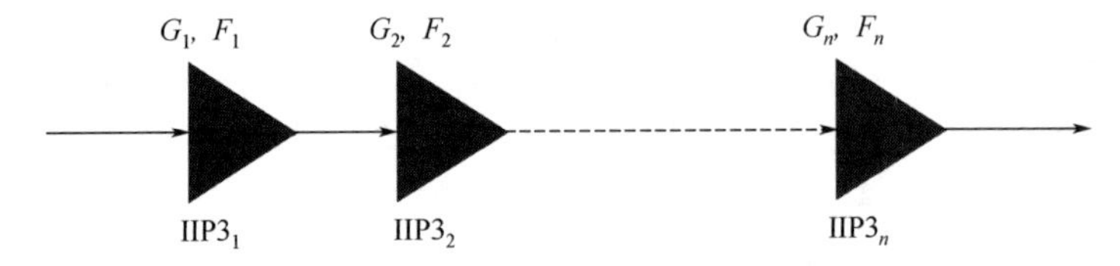


图 3-8　多级电路架构线性度示意图

下面重点讨论一下噪声指数。从以上公式中可以发现，基于之前所有级的总增益，每一级对噪声的贡献降低了相应的倍数。因此，为了抑制后级的噪声贡献，第一级应设计为同时具有较低的噪声指数以及足够高的增益。对于线性度，情况也是类似的。

当然，在设计第一级，通常为 LNA 时，增益和噪声指数并不是需要考虑的唯一因素。LNA 的工作频段、工作频率以及应用中的带宽都会影响其实际性能。为了满足多个应用的技术规格，还必须考虑到很多因素，因此我们引入了计算评价因子 FoM（Figures of Merit）的概念。

在 LNA 设计的考量指标中，主要有如下因素：增益（S21）、噪声指数（Noise Figure）、输入输出反射系数（S11、S22）、输入输出隔离度（S12）、稳定性、线性度（IIP3、P1dB）、工作频率（$f_{\mathrm{RF}}$）、带宽、功耗等。

常规的 LNA 评价因子的公式为：$FoM_{\mathrm{LNA}} = \dfrac{GIIP3 f_{\mathrm{RF}}}{(NF - 1)}$

通常，最终的目标是最大化 LNA 的 *FoM* 值，这意味着需要同时：

① 最小化噪声指数；

② 满足系统所需要的增益最小值的同时，最大化增益；

③ 最大化线性度，来提高系统的宽容性；

④ 最小化功耗，减少系统消耗；

⑤ 在给定的工作频率带宽内，将输入输出反射系数减小到一定值以下（通常为–10dB）。

## 3.2.3　功率匹配与噪声匹配

在无线通信系统中，各级之间信号的传输需要将功率传输做到最佳优化状态，以尽可能减少传输过程中的能量损耗。下面以一个微波系统中常见的同轴电缆线为例，如图 3-9 所示。

其阻抗为:

$$Z_0 = \sqrt{\frac{\mu}{\varepsilon}} \times \frac{\ln(b/a)}{2\pi}$$

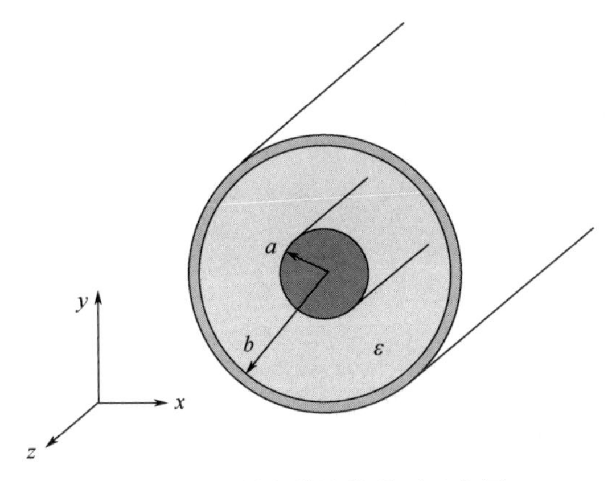


图 3-9　同轴电缆线横截面示意图

从图 3-10 中可以看出，当阻抗在 30Ω时，信号获得最大的电源处理能力；当阻抗为 77Ω时，信号的衰减最小。通常来讲，射频微波系统都取 50Ω为标准的功率匹配数值，以便在两者之间获得最佳平衡点。

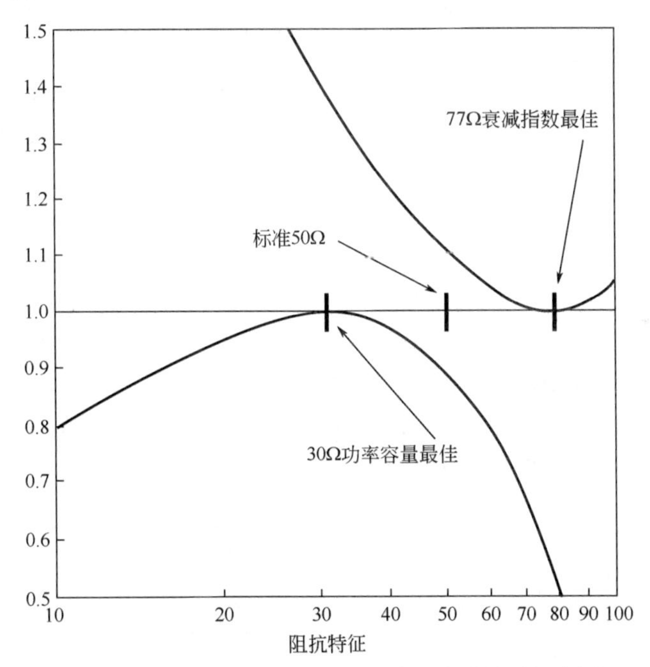


图 3-10　阻抗匹配与电源处理能力和衰减关系示意图

下面具体来分析。我们以信号传输的角度来看:

$$P_{\mathrm{L}} = I^2 R_{\mathrm{L}} = \frac{U_{\mathrm{S}}}{R_{\mathrm{S}} + R_{\mathrm{L}}}$$

$$\frac{\partial P_{\mathrm{L}}}{\partial R_{\mathrm{L}}} = \frac{U_{\mathrm{S}}^2}{\left(R_{\mathrm{S}} + R_{\mathrm{L}}\right)^2} - \frac{2R_{\mathrm{L}}U_{\mathrm{S}}^2}{\left(R_{\mathrm{S}} + R_{\mathrm{L}}\right)^3} = 0$$

$$R_{\mathrm{L,\,opt}} = R_{\mathrm{S}}$$

$$\eta = \frac{R_{\mathrm{L}}}{R_{\mathrm{L}} + R_{\mathrm{S}}}$$

对于输入输出反射系数，我们还需要进行共轭匹配。通常来讲，对于天线和滤波器连接相近的 LNA 取 50Ω作为匹配数值，以满足最大化电源处理能力和信号衰减的需要。为了最小化反射系数，需要满足如下公式：

$$Z_S = R_S + jX_S \qquad Z_L = Z_S^* = R_S - jX_S$$

反射系数如下公式：

$$\Gamma = \frac{Z_L - Z_S}{Z_L + Z_S}$$

对于宽频 LNA 来说，其在运行频段内的数值不可高于−10dB，否则将会出现较大的能量反射损耗，这不是我们所希望看到的。而对于窄频 LNA 来说，其运行频率的数值将会更小，一般低于−20dB 或者更小。

LNA 关键指标中的增益和反射系数反映了此电路功率匹配的好坏，其对电路性能的影响是巨大的，这也是一个射频微波集成电路设计工程师必须要具备的基础技能之一。

微波与毫米波段的 LNA 传统设计使用无损有源匹配网络，其将信号源阻抗转换为分立晶体管的最优噪声阻抗。晶体管自身一般偏置在噪声系数最小处。由于一般情况下最优噪声阻抗的实部与晶体管输入阻抗的相差不是很大，这种方法为减小噪声系数而牺牲了放大器的输入反射与增益系数。在 20 世纪 80 年代，单片微波集成电路（MMIC）出现之前，这种 LNA 设计技术对于使用分立晶体管和微带线匹配网络的混合电路而言是最优的选择。随着 MMIC 工艺（从 20 世纪 80 年代的 GaAs 开始，到 20 世纪 90 年代的 Si）出现，此情况发生了显著的变化。晶体管的尺寸和最优偏置电流成为了两个设计的变量，并且面积上大得多的有源匹配网络决定了 LNA 的尺寸和成本。由于更高的衬底和金属消耗，LNA 的性能有所退化。基于 Si 底的 LNA 在设计方法上变化得非常明显。由于尺寸的缘故，无源器件的数量需要降低，并且在设计过程中尽可能地利用晶体管本身实现有源匹配。

LNA 的噪声匹配通常分为以下两种类型：①有源器件匹配；②无源器件匹配。

有源器件匹配大多采用调整晶体管尺寸的方法来实现，使得最优噪声阻抗的实部与信号源阻抗的实部相等。我们的设计流程为：在选择完最优电流密度之后，就可以进一步选择晶体管的尺寸。在论文图中，我们可以看到相关的特性参数图（图 3-11）。

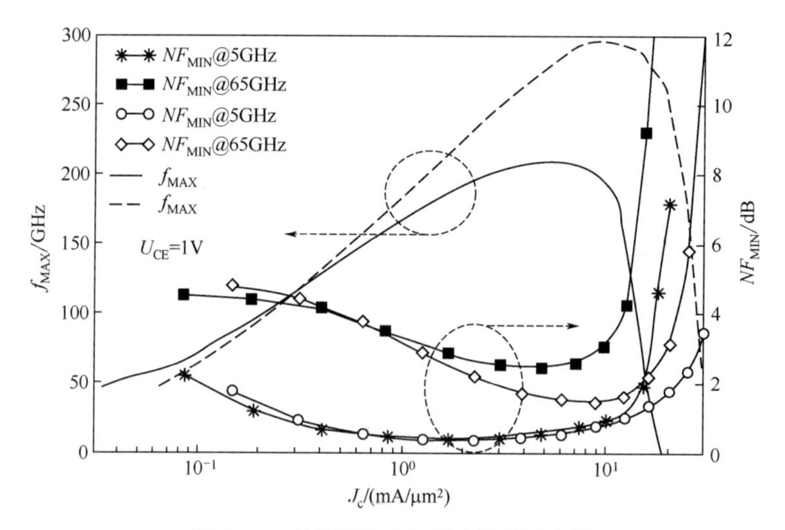


图 3-11　晶体管尺寸与噪声关系示意图

无源器件匹配基于传统的阻抗匹配，其选择与LNA电路结构有关。增加阻性元件会恶化噪声系数，因此应当尽量避免使用。纯电抗元件不会贡献噪声，因此在LNA电路中更倾向使用理想的电感、变压器、传输线或者电容作为匹配元件。这些元件具有有限的评价因子（$Q$ Factor），并且其芯片面积远大于晶体管。因此，原则上还是建议尽可能地少用无源器件。另外，电感不消耗直流功率，不贡献噪声，其尺寸也较小，因此电感成为了LNA中主要的无源器件，即使在毫米波段的电路也是一样。

## 3.2.4 常见的LNA设计实例

常见的LNA设计实例见图3-12、图3-13。

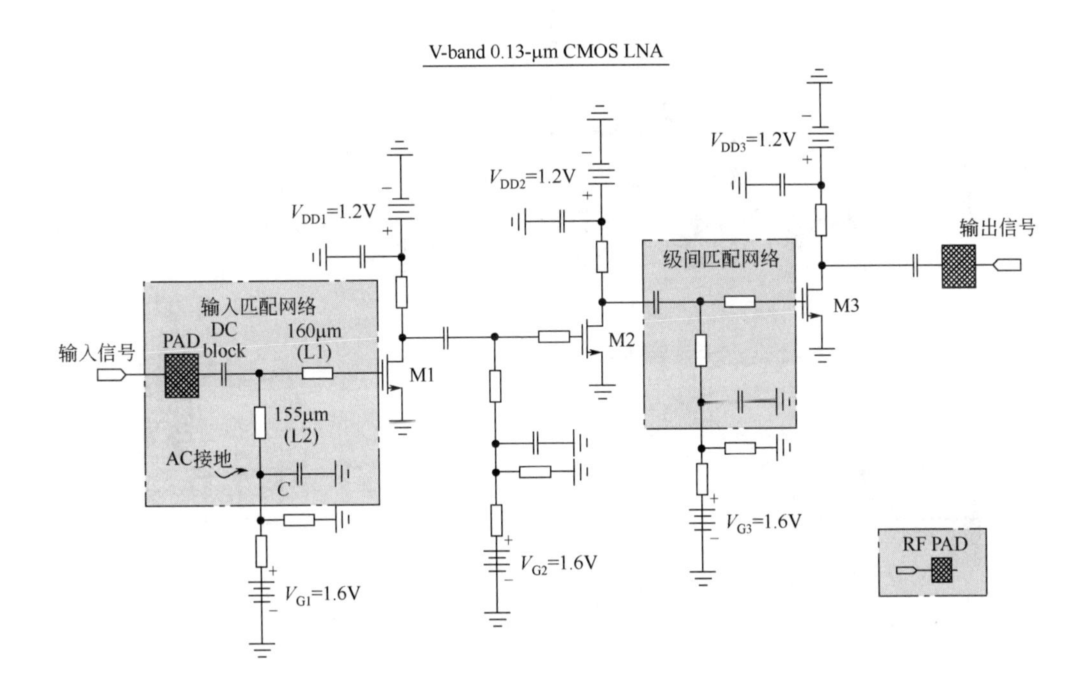


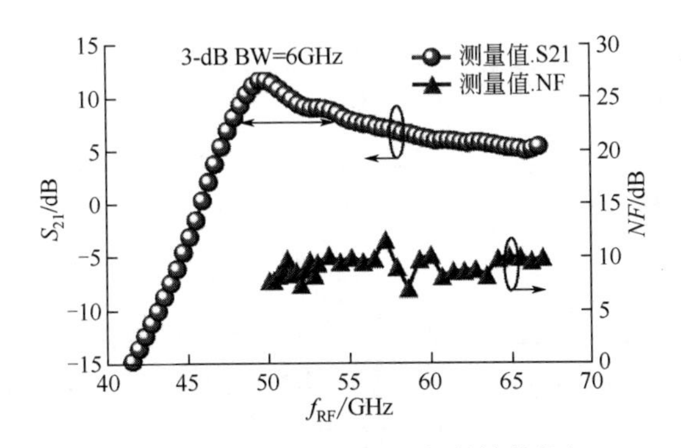


图3-12 LNA设计电路图及相关性能指标

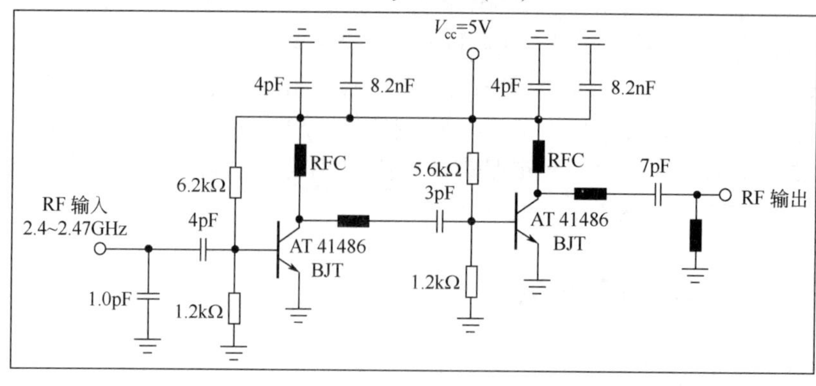


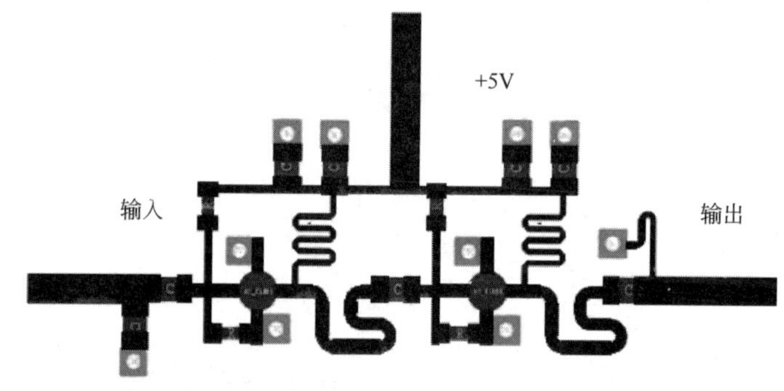


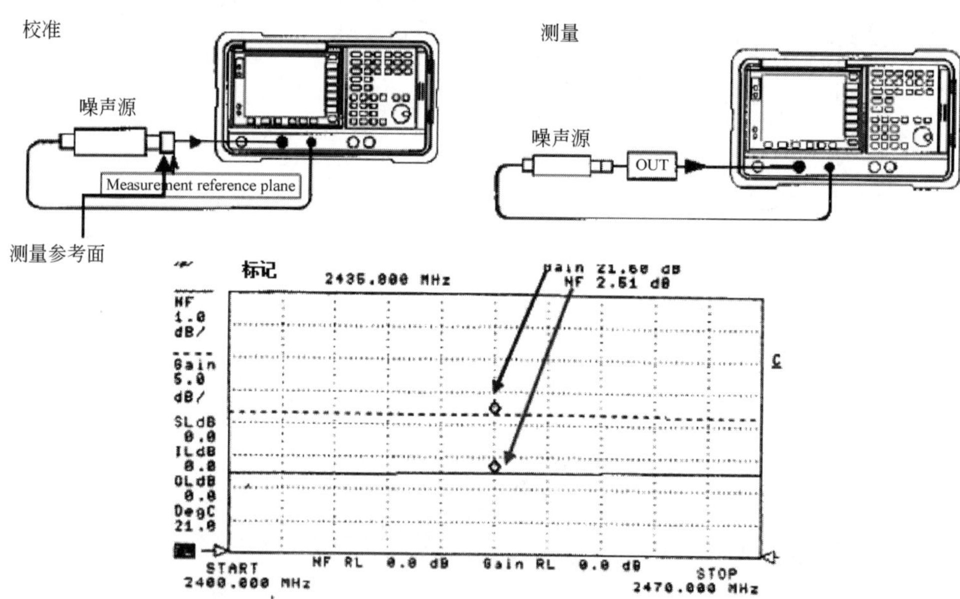


| 2.4GHz 两级低噪声放大器（LNA） | | | |
|---|---|---|---|
| 频宽 | 2.4~2.47GHz | 输出反射系数 | >15 dB |
| 电压 | 5 V | 噪声指数 | 2.5 dB |
| 增益 | 21.6 dB | 三阶截止点 | 23.6 dBm |
| 输入反射系数 | >15 dB | | |

图 3-13　基于双极晶体管的 LNA 电路、版图及测试结果

### 3.2.5 习题

1. 低噪声放大器又称为 LNA，其跟一般的放大器有什么不同？特点是什么？

2. 从射频电路设计指标来看，LNA 的最大优点是什么？怎么做到这个优势的？

3. 市面上常见的 LNA 是采用哪种 IC 工艺来生产的？请举 2～3 个实际例子来说明。

4. 多级 LNA 和常规的放大器一样，可以增加增益，更好地放大原信号，但是在 LNA 中，电路设计有什么不同？

5. 差分型 LNA 电路对于 LNA 的噪声系数有什么改善？为什么？

## 3.3 功率放大器的工作原理及设计

射频前端系统结构示意图如图 3-14 所示。

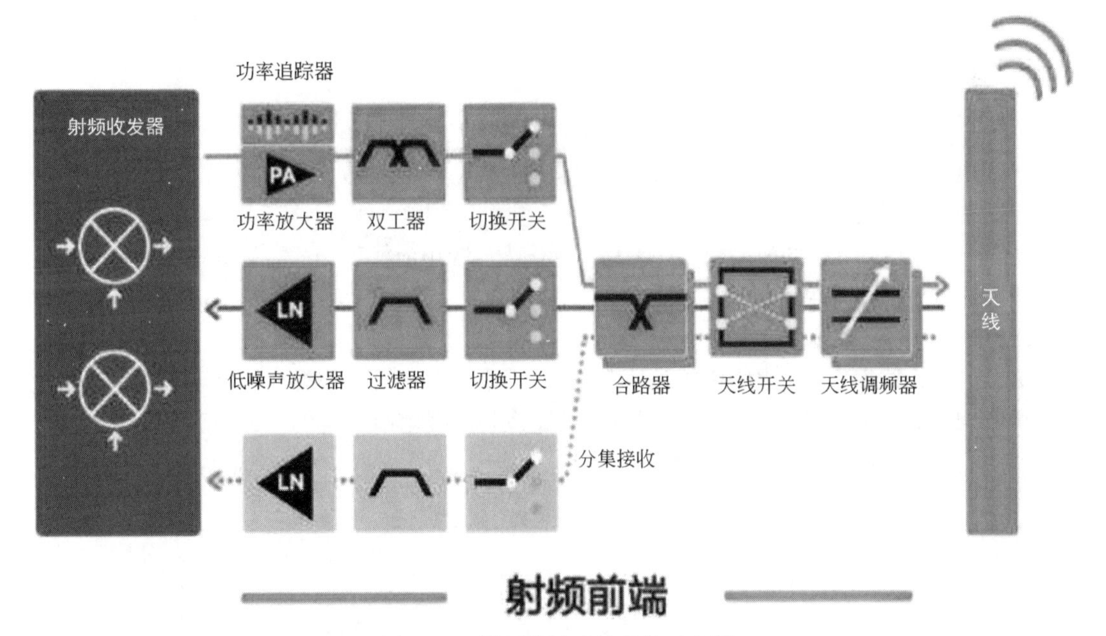


图 3-14 射频前端系统结构示意图

### 3.3.1 PA 介绍

功率放大器（Power Amplifier）作为发射路径中的关键器件，应用于无线通信系统和汽车雷达中，通常用来将信号传输给天线并为此提供所需的能量。信号传输需要高效率，通常还需要高线性度，信号的带宽可达到放大器中心频率的 10%～20%以上。特别是对于靠电池工作的系统，在特定的输出功率下，直流消耗尽量最小。

理想的功率放大器包括一个工作在大信号下的共射级或者共源极晶体管，其输出电压摆幅较大。该晶体管的漏极或集电极由 T 形网络进行偏置，其负载为所运行频率处共振的并联谐振回路。该电路通过获取直流功率来放大输入信号的功率，并将其提供给负载。理想情况下，所有的直流功率和输入信号都应该转换为输出信号功率，但在实际情况中，至少有一部分直流功率以热能的形式耗散。近年来，CMOS 功率放大器出现在大家视野中，其独特的优势在于体积小，可以用在片上系统这种相对传输功率较小的应用中。主流的 PA 中，GaAs HBT PA 占据压倒性地位，其具有高传输功率的特点。

## 3.3.2 PA 的设计基础与分类

为了建立 PA 性能的评价标准，我们需要了解一些关键参数。这些参数包括输出功率 $P_{out}$、功率增益 $G$、载波频率 $f$、线性度（P1dB 或者 IIP3），以及功率增加效率 $P_{AE}$。线性度主要取决于功率放大器的类型，因此不同类型的放大器很难相互比较。当前研究的热点聚焦于高度非线性的饱和输出功率开关 PA 结构，因为其具有很高的效率。因此，评价不同种类的 PA 时，线性度通常不在其内。一个广泛评价 PA 的评价因子为：

$$FOM_{PA} = P_{out} G P_{AE} f^2$$

式中　$P_{AE}=(P_{out}-P_{in})/P_{DC}$——放大器功率增加效率，W；

$P_{out}$——输出功率，W；

$P_{in}$——输入功率，W；

$P_{DC}$——PA 从电源获取的功率，W。

有时也可以用漏极或集电极效率 $\eta=P_{out}/P_{DC}$ 代替 $P_{AE}$ 来描述放大器的效率，对于较大的功率增益，$P_{AE}$ 逐渐逼近 $\eta$。

总体来说，PA 可以分成两大类：①晶体管作为压控电流源工作；②晶体管以开关方式工作。其中第一大类又可细分为 A 类、B 类、AB 类和 C 类 PA，第二大类分为 D 类、E 类、F 类 PA。

A 类 PA 为线性电路，电路中的晶体管在偏置电流的影响下，使得整体电路在整个周期内都处于导通状态。如图 3-15 所示，此类 PA 的特点为：理论最高效率是 50%，大部分小信号和低噪声放大器都处于 A 类放大电路。

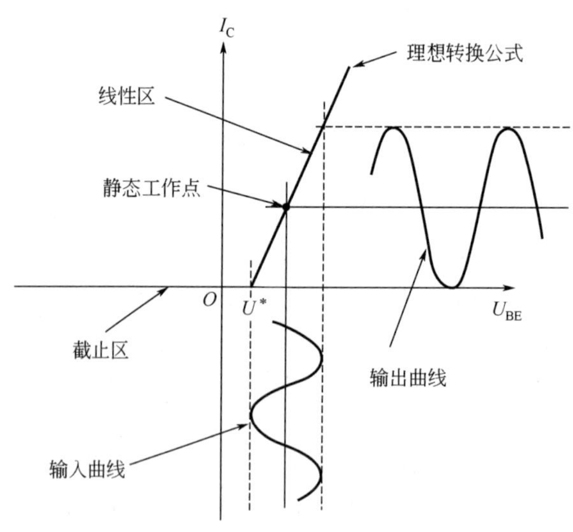


图 3-15　A 类 PA 性能图

B 类 PA 是在整个周期内只有一半的时间处于导通状态。如图 3-16 所示，其特点为：通常使用两个互补的晶体管推挽放大器在整个循环中提供放大效果，其理论的效率最高可达 78%。

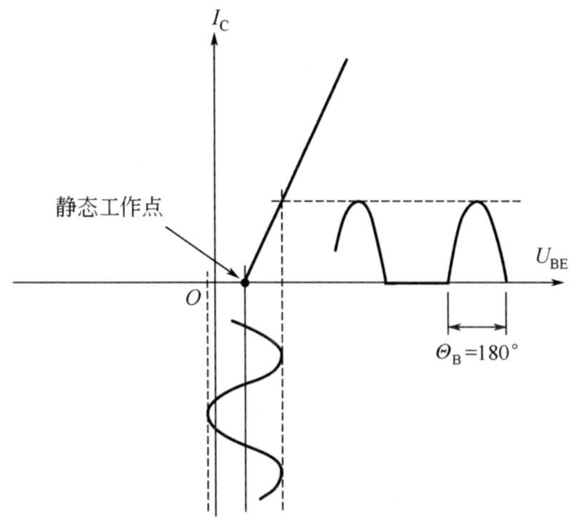


图 3-16　B 类 PA 性能图

AB 类 PA 是指导通周期处于半个到整个状态的放大器。如图 3-17 所示，其特点为在 A 类的线性度和 B 类的效率两者之间达到了折中。

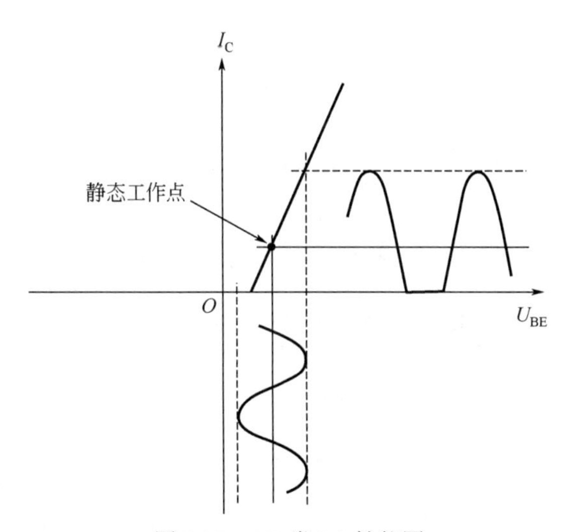


图 3-17　AB 类 PA 性能图

C 类 PA 的电路中，晶体管工作于接近截止状态，导通周期低于半个状态。如图 3-18 所示，此类放大器的特点是转换效率高，由于失真严重的原因，不适合用于音频放大。

关于以上几类 PA 的导通角与转换效率的关系，可以参考图 3-19。

表 3-2 归纳了功率放大器各类型性能参数。

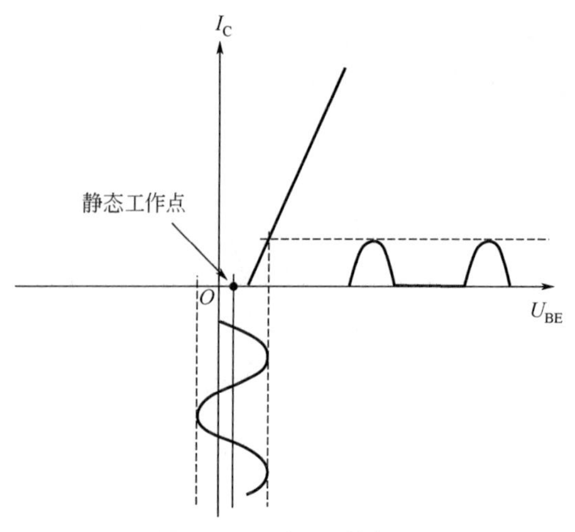


图 3-18　C 类 PA 性能图

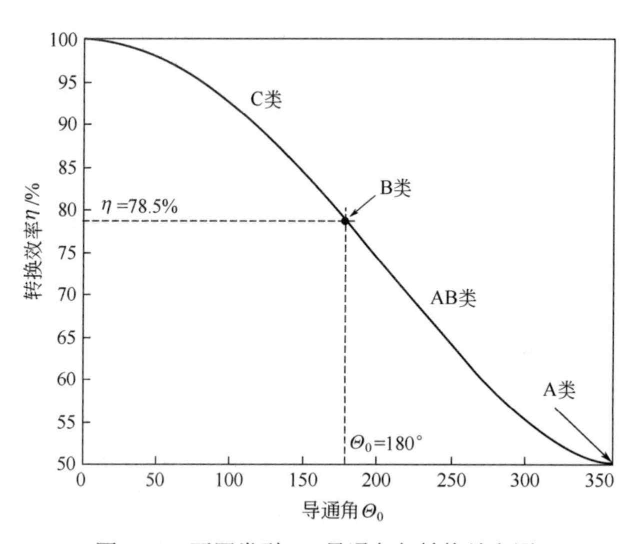


图 3-19　不同类型 PA 导通角与转换效率图

**表 3-2　功率放大器各类型性能参数**

| 类型 | 工作方式 | 导通角 | 输出功率 | 最大效率 | 增益 | 线性度 |
|---|---|---|---|---|---|---|
| A | 电流源 | 100% | 中 | 50% | 大 | 高 |
| B | | 50% | 中 | 78.5% | 中 | 中 |
| AB | | >50%<br><100% | 中 | 50%～78.5% | 大于 classB | 中高 |
| C | | <50% | 小 | 100% | 小 | 低 |
| D | 开关 | 50% | 大 | 100% | 小 | 低 |
| E | | 50% | 大 | 100% | 小 | 低 |
| F | | 50% | 大 | 100% | 小 | 低 |

表 3-2 中，D、E、F 类 PA 为以开关方式工作的 PA。理论上，晶体管作为开关来工作有可能实现 100%的效率，这可以通过波形管理来实现。效率最大化背后的关键思想是避免晶体管的电压和电流波形之间交叠。

## 3.3.3 常见的 PA 设计实例

900MHz 三级 PA 结构及性能指标示意图见图 3-20。

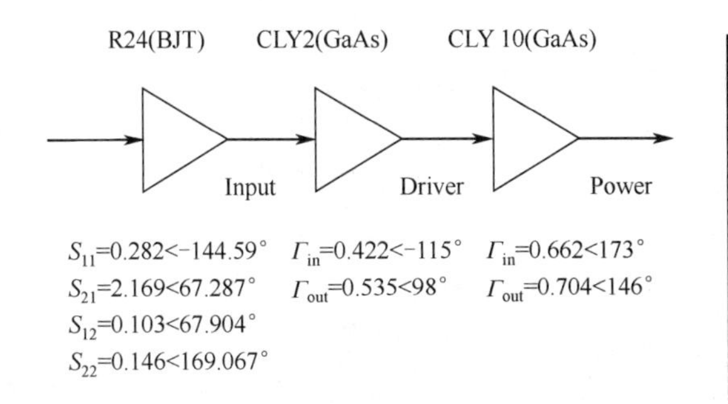


| 5V功放测量结果 | |
| --- | --- |
| 频宽 | 902~928 MHz |
| VDD | 5V |
| VGG | −4V |
| 增益 | 约33dB |
| 增益平坦度. | +/− 0.07 dB |
| 输入驻波比 | <1.25 |
| 输出功率 | 1.42W (31.5 dBm) |
| 1 dB压缩点 | 31.5 dBm |
| 3 dB截止点 | 47.75 dBm |
| $P_{AE}$ | 45% |

图 3-20 900MHz 三级 PA 结构及性能指标示意图

2.4GHz 混合结构 PA 结构及性能指标示意图见图 3-21。

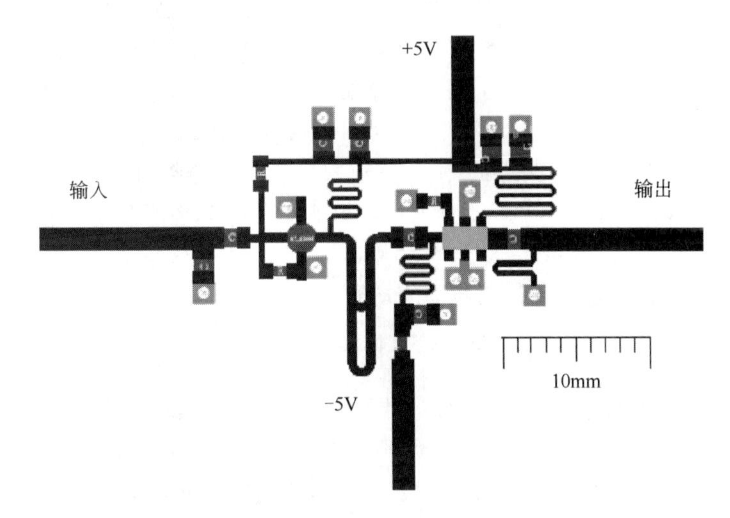


| 2.4GHz 两级功率放大器（PA） | | | |
| --- | --- | --- | --- |
| 频宽 | 2.4~2.47GHz | 输入驻波比 | <1.2 |
| 电压 | 5V/−5V | 一阶压缩点 | 24 dBm |
| 增益 | 21dB | 三阶截止点 | 31.4 dBm |
| 增益平坦度 | ±0.5 dB | $P_{AE}$ | 40% |

图 3-21 2.4GHz 混合结构 PA 结构及性能指标示意图

## 3.3.4 习题

1. PA 在射频系统中处于哪个位置？其作用主要是什么？
2. 市场上目前已有的 PA 中，都采用了哪些制造工艺？为什么？
3. PA 设计指标中，哪个最重要？

# 3.4 混频器的工作原理及设计

## 3.4.1 Mixer 介绍

混频器（Mixer）是一种由非线性或时变器件组成的三端电路，在无线通信系统中用于实现频率变换功能，其中的非线性或时变器件参数可以是电导/电阻，也可以是跨导。如果时变元件是电阻或电导，则该混频器是阻性的，采用时变跨导的混频器为有源混频器。

当应用于发送端时，混频器作为上变频器件将数据信号从低频处搬移至载波频率上，使其得以通过天线进行发射。在接收端的应用中，混频器作为下变频器件将数据信号从载波上分离并搬移至低频，从而实现高效的信号解调处理。在上述两种情况下，理论上变频器输出端的信号应是其输入端信号在较低或较高频率处的复制，而没有信息的缺失以及额外的杂散。

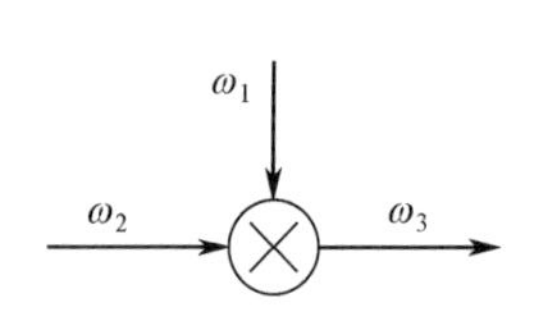

图 3-22 混频器工作示意图

大多数集成电路混频器都是基于开关实现的，在镜频抑制混频器中还需要 90°移相器，以及同相功率合成器或分离器。混频器还可以用来实现数字调制器。理想的混频器是一个乘法器，其产生的输出信号包含了两个输入信号的频率与频率差。混频器的图形符号如图 3-22 所示，其包含了两个信号频率分别为$\omega_1$与$\omega_2$的输入端，以及信号频率为$\omega_3$的输出端。第二个输入信号为本振信号 LO（Local Oscillator），该信号幅度通常大于第一个输入信号。在上变频器中，第一个输入信号为基带或者中频 IF（Intermediate Frequency）信号，输出信号为射频信号；在下变频器中，第一个信号为射频信号，输出信号为中频或基带信号。

下式描述了理想混频器与乘法器相同的功能：

$$A\cos(\omega_1 t)\times B\cos(\omega_2 t)=\frac{AB}{2}\left[\cos(\omega_1-\omega_2)t+\cos(\omega_1+\omega_2)t\right]$$

上式说明，在混频器输出端产生的信号位于两个输入信号的和频与差频处。通常，理想混频器的输出中只保留一种信号，而另一种则被舍弃，从而损失一半的输出功率。在实际电路中，这种乘法器是由二极管或晶体管等非线性元件或者时变元件构成的。无论哪种情况下，大量谐波以及不需要的输入信号的乘积都会出现在输出端。为了消除这些不需要的谐波，需要在混频器的 RF、LO 以及 IF 端口分别放置滤波器，以保证得到所需的信号频率。

上变频器主要应用于发射机，其中$\omega_1=\omega_{IF}$的输入信号施加在 IF 端，$\omega_2=\omega_{LO}$，此时在 RF（输出）端同时产生$\omega_{LO}-\omega_{IF}=\omega_{RF}$ 和 $\omega_{LO}+\omega_{IF}=\omega_{RF}$的两个边带信号。和频$f_{RF}=f_{LO}+f_{IF}$称为上边带（Upper Sideband，USB），差频$f_{LO}-f_{IF}$称为下边带（Lower Sideband，LSB），如图 3-23 所示。

放置在升频器的射频输出端带通滤波器可以用来选择所需的信号，并抑制来自 IF 端和 LO 端的信号泄露。也就是说，除了不需要的边带信号，输出滤波器还必须抑制频率为$f_{IF}$和$f_{LO}$的信号。

同样，在接收机中，$\omega_1=\omega_{RF}$的输入信号施加在 RF 端，其中$\omega_{RF}=\omega_{LO}+\omega_{IF}$或$\omega_{RF}=\omega_{LO}-\omega_{IF}$。LO 信号与上变频器中一样施加在端口 2，$\omega_2=\omega_{LO}$。IF 端同时输出$\omega_{RF}-\omega_{LO}=\omega_{IF}$和$\omega_{LO}-\omega_{RF}=\omega_{IF}$的信号，如图 3-24 所示。

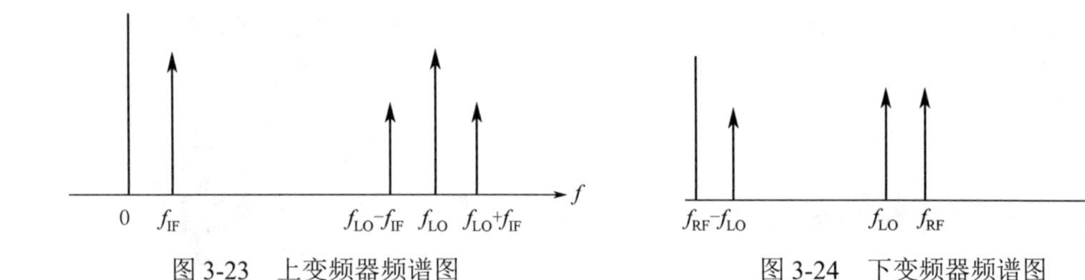


图 3-23　上变频器频谱图　　　　图 3-24　下变频器频谱图

混频器的核心工作原理就是乘法器，其中乘法器可以通过非线性器件和时变器件来实现。使用非线性器件的实例包括：

① 二极管，基于 PN 结或肖特基势垒所具有的指数 *I-U* 特性；

② 双极型晶体管，如 BJT 和 HBT，同样基于 PN 结的指数 *I-U* 特性；

③ MOSFET 和 HEMT，在较低的有效栅压下，由于其特性符合平方关系而表现出较弱的非线性。但是在纳米尺度节点下，在大部分偏置范围内均表现为线性特性。

$$
\begin{aligned}
S_{IF} &= S_{RF}S_{LO} \\
&= \left(A_{RF}\cos\omega_{RF}t\right)\left(A_{LO}\cos\omega_{LO}t\right) \\
&= \frac{A_{RF}A_{LO}}{2}[\underbrace{\cos\left(\omega_{RF}-\omega_{LO}\right)t}_{\text{下变频信号}}+\underbrace{\cos\left(\omega_{RF}+\omega_{LO}\right)t}_{\text{上变频信号}}]
\end{aligned}
$$

下面演示一个在 Simlink 下理想的混频器工作案例，假设 $f_{RF}=1000\text{MHz}$，$f_{LO}=900\text{MHz}$，LPF 的 $BW=200\text{MHz}$。图 3-25 所示为在 Simlink 建立的混频器结构示意图，图 3-26 所示为混频器仿真的结果，包括射频信号为 1000MHz, 下变频信号为 900MHz，混频后没有经过滤波的波形，以及混频后经过滤波得到的 100MHz 信号波形。可以看出，混频器能够正常的工作。

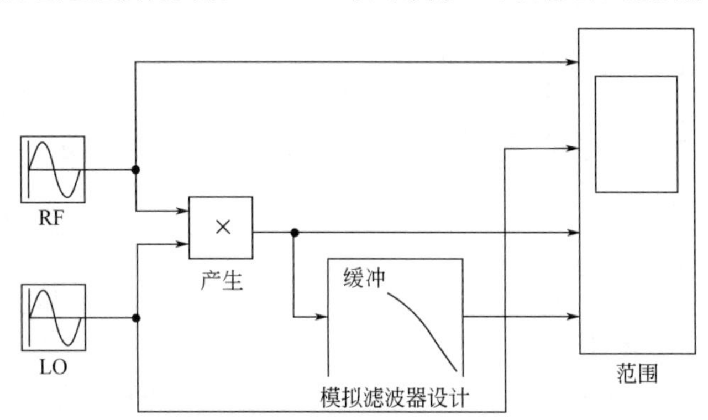


图 3-25　在 Simlink 建立的混频器结构示意图

## 3.4.2　Mixer 分类与设计指标

混频器在设计时通常需要考虑一下指标参数：转换增益、噪声系统、线性度、隔离度等。

（1）转换增益

转换增益用于表征下变频器中从 RF 端到 IF 端或者上变频器中从 IF 端到 RF 端的小信号传输关系，通常定义为功率增益，这主要是因为在 RF 和 LO 端口只有功率是可以进行精确测量的。在介绍 CMOS 混频器的出版物中也会提到电压转换增益，这样做的一个理由是高输入

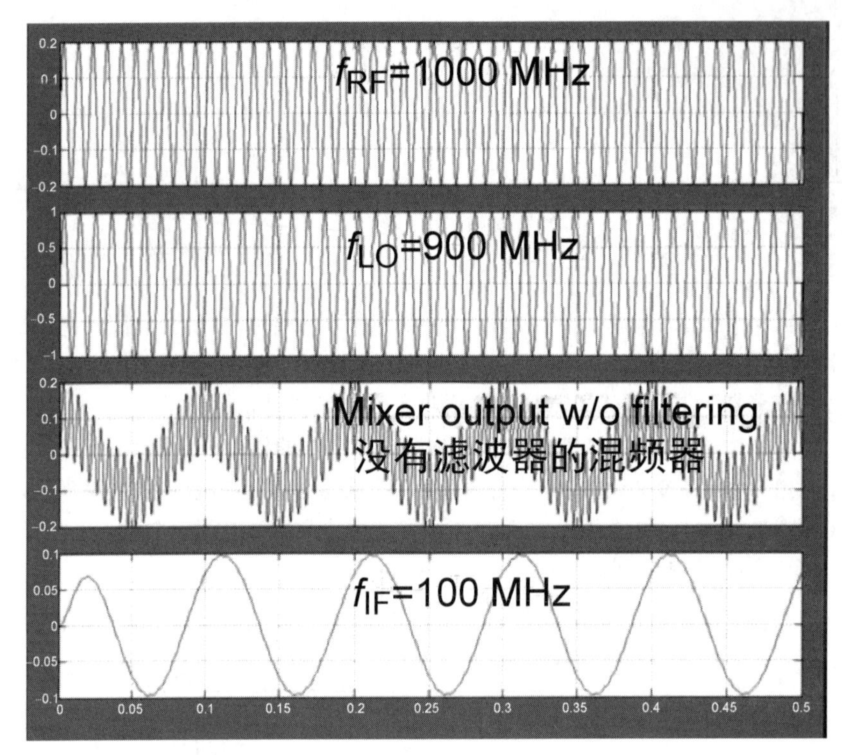


图 3-26　混频器仿真结果

阻抗的低频测试设备可以显示电压，另一个更常见的原因是混频器的驱动并不一定是 50Ω，而可能是一个高阻负载。

$$
\begin{aligned}
S_{\mathrm{IF}} &= S_{\mathrm{RF}} S_{\mathrm{LO}} = \left(A_{\mathrm{RF}} \cos \omega_{\mathrm{RF}} t\right)\left(A_{\mathrm{LO}} \cos \omega_{\mathrm{LO}} t\right) \\
&= \frac{A_{\mathrm{RF}} A_{\mathrm{LO}}}{2}\left[\cos\left(\omega_{\mathrm{RF}} - \omega_{\mathrm{LO}}\right) t + \cos\left(\omega_{\mathrm{RF}} + \omega_{\mathrm{LO}}\right) t\right] \\
&\xrightarrow{LPF} \frac{A_{\mathrm{RF}} A_{\mathrm{LO}}}{2} \cos\left(\omega_{\mathrm{RF}} - \omega_{\mathrm{LO}}\right) t = \frac{A_{\mathrm{RF}} A_{\mathrm{LO}}}{2} \cos \omega_{\mathrm{IF}} t
\end{aligned}
$$

因此，电压转换增益 $=\dfrac{1}{2}$

混频器的下变频增益总是小于采用相同晶体管或电路结构的放大器的增益。这主要是因为混频器产生的一部分信号（在 $\omega_{\mathrm{LO}}+\omega_{\mathrm{RF}}$ 处）会被滤除并造成 3dB 的功率损失，即功率增益下降 1/2。其次，混频器的跨导被大信号的 LO 信号调制，导致混频器的平均跨导小于放大器稳定的峰值跨导。转换增益与 LO 信号功率和混频器架构有关。为了得到最大的转换增益，RF、LO、IF 等端口应该连接与各自频率相匹配的阻抗。采用二极管和场效应实现的阻性混频器表现出转换损耗，而由晶体管构成的有源混频器可以具有转换增益。

（2）噪声系数

混频器通常采用噪声系数（或噪声因子）来表征其噪声特性，和 LNA 相类似。混频器在温度 $T$ 下的噪声系数与噪声文图 $T_{\mathrm{a}}$ 存在直接关系，因此采用经典的噪声系数定义，即 RF 输入端和 IF 输出端的 SNR 之比，或者通过噪声温度加以计算。无论采用哪种方法，都可以得到双边带和单边带的混频器噪声系数。

如果混频器没有采用镜像抑制滤波或镜像抑制结构，且 $G_1$=$G_2$，那么 $NF_{\mathrm{SSB}}=NF_{\mathrm{DSB}}+3\mathrm{dB}$。

在镜像抑制混频器中，$G_2$=0，$F_{DSB}=F_{SSB}$。更为重要的是，如果混频器是理想的且自身不产生噪声，那么单边带噪声系数为 3dB，等于混频器的转换损耗，这一结果符合预期。无源混频器的噪声系数略近似但略大于其转换损耗，肖特基二极管混频器的典型 NFSSB 的值为 5～6dB。

（3）线性度

下变频混频器的线性度定义与 LNA 或接收机的对应定义相类似，使用 1dB 压缩点 P1dB 和三阶交调点 IIP3，图 3-27 为下变频混频器的线性度计算示意图。下式给出了功率匹配的一组链路上的线性度表达式。混频器通常作为接收机链路中的第二个模块，由该等式可以看出，混频器一般会限制整个接收机的线性度和动态范围：$\frac{1}{\mathrm{IIP3}}=\frac{1}{\mathrm{IIP3}_1}+\frac{G_1}{\mathrm{IIP3}_2}+\frac{G_1G_2}{\mathrm{IIP3}_3}+\ldots+\frac{G_1G_2\cdots G_{n-1}}{\mathrm{IIP3}_n}$

在零中频或低中频的接收机架构中，混频器还会受到下变频到直流处的二阶交调的干扰。在这类混频器中，除了 IIP3 外，二阶非线性通过二阶交调点 IIP2 来进行表征。

上变频混频器的信号电平一般高于下变频器，因此其线性度通常与功率放大器相类似，采用输入输出 1dB 压缩点来加以表征。

通常，零偏（无偏置电流）的无源阻性混频器采用二极管或场效应管以平衡的拓扑结构构成，其线性度较优。但是，这类混频器需要大幅度的 LO 信号，并存在转换损耗以及噪声系数较大的缺点。

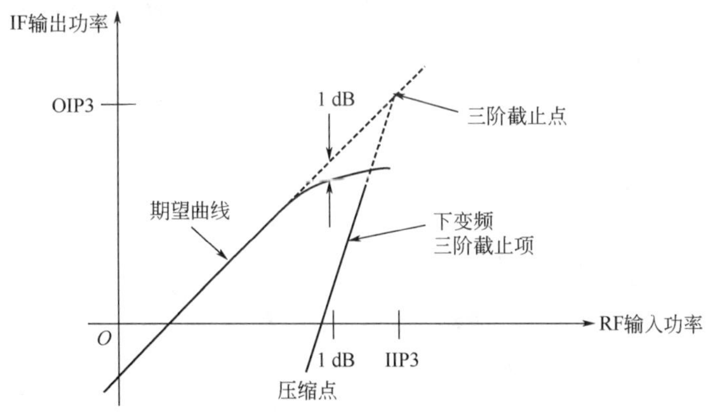


图 3-27　下变频混频器的线性度计算示意图

（4）隔离度

高隔离度是所有混频器的共同设计目标，可以通过选择合适的混频器结构以及滤波器来实现。理想情况下，输出端（RF 或 IF）阻抗在 LO 频率及其所有谐波处均应该表现为短路，从而避免 LO 信号泄漏至 RF 和 IF 端。在下变频器中，IF 端同样应该在 RF 和 IM 频率处表现为短路。类似地，在升频器中，RF 端应该对 IF 和 LO 频率处的信号表现为短路。

LO 端、RF 端和 IF 端之间的干扰应该尽可能小，其可以用端口间的隔离度（图 3-28）加以定义，可以测量（单位为 dB）：

① LO 端到 IF 端的隔离度 $IS_{\text{LO-IF}}$。

② LO 端到 RF 短的隔离度 $IS_{\text{LO-RF}}$。

③ IF 端到 LO 端的隔离度 $IS_{\text{IF-LO}}$。

隔离度对混频器的影响如图 3-29 所示。

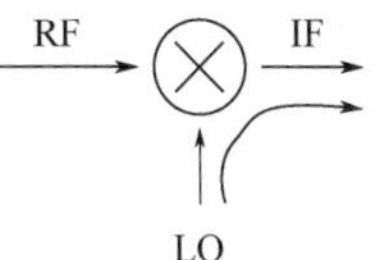


图 3-28　混频器隔离度示意图

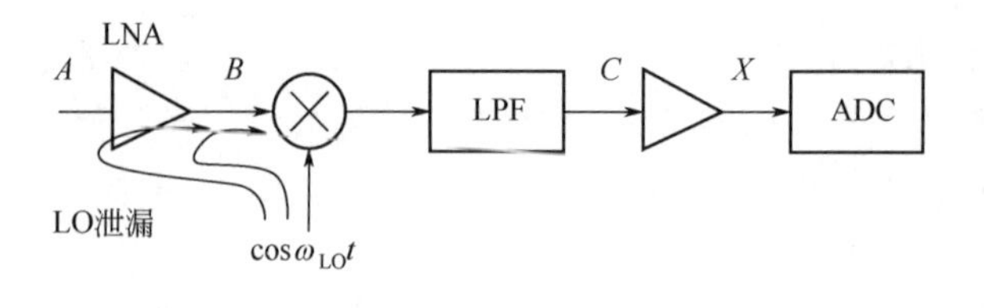


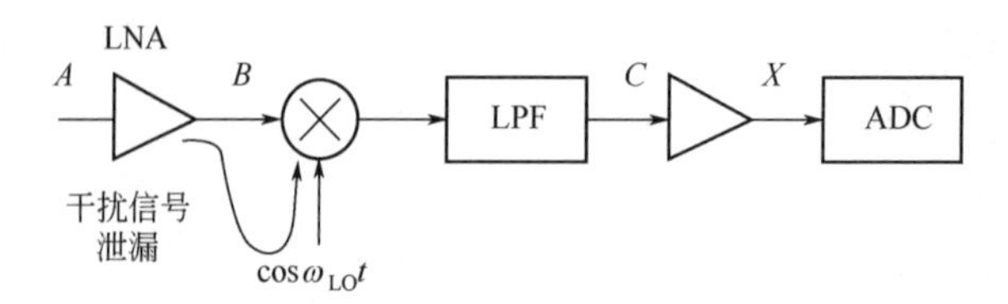


图 3-29　隔离度对混频器的影响

### 3.4.3　Mixer 设计实例

5.7GHz 单平衡型 CMOS 混频器见图 3-30～图 3-33、表 3-3。

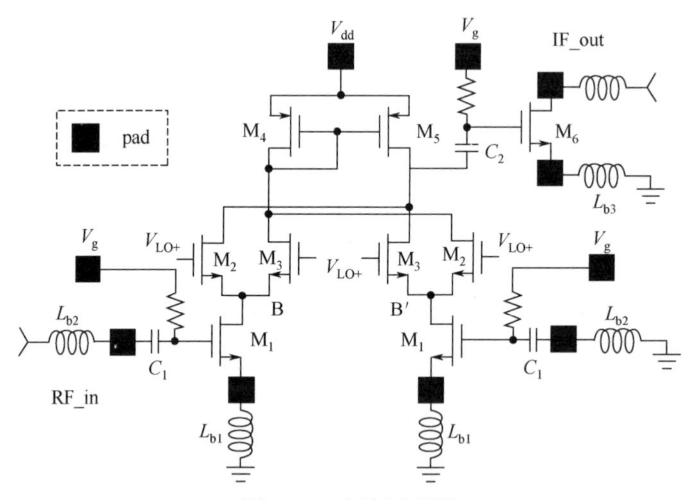


图 3-30　电路原理图

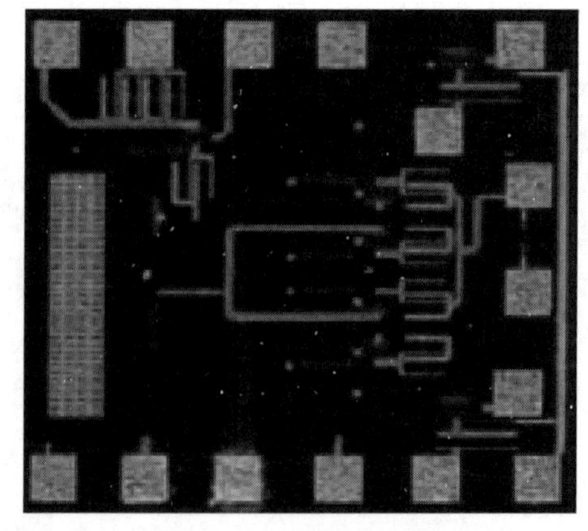

图 3-31　印刷电路板

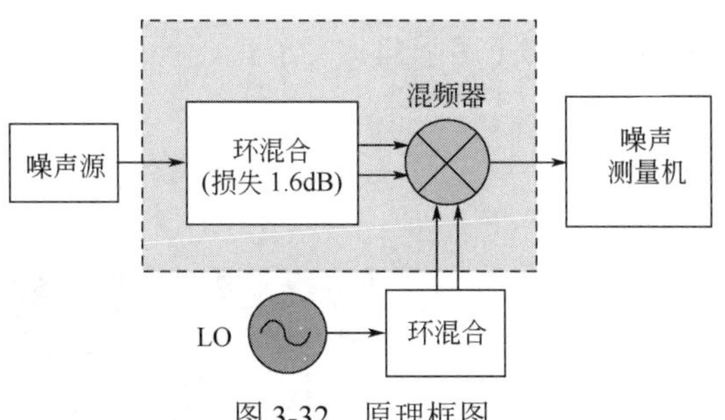


图 3-32　原理框图

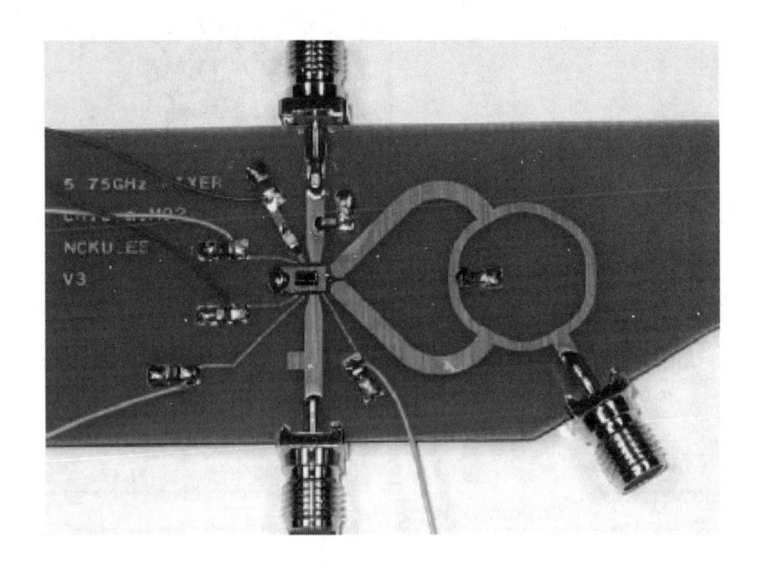


图 3-33　元件焊接图

**表 3-3　5.7GHz 单平衡型 CMOS 混频器性能参数**

| 5.7GHz CMOS 吉尔伯特混频器 | |
|---|---|
| $V_{dd}/V_{g1}/V_{g2}$ | 2.5V/0.65V/1.45V |
| RF/LO/IF 频率 | 5.75/5.27GHz/480MHz |
| LO 功率 | 0dBm |
| 工作电流 | 6mA |
| 输入反射损耗@5.75GHz | 30dB |
| 输出反射损耗@480MHz | 24dB |
| 增益 | 7.8dB |
| 输出三阶截止点 | 1.57dBm |
| 输入一阶压缩点 | –3dBm |
| 噪声系数 | 14dB |
| LO-RF 隔离度 | 28dB |
| LO-IF 隔离度 | 35dB |
| RF-IF 隔离度 | 21dB |
| 芯片面积 | 0.89×0.99mm$^2$ |

5.7GHz 双平衡型 CMOS 混频器见图 3-34、表 3-4。

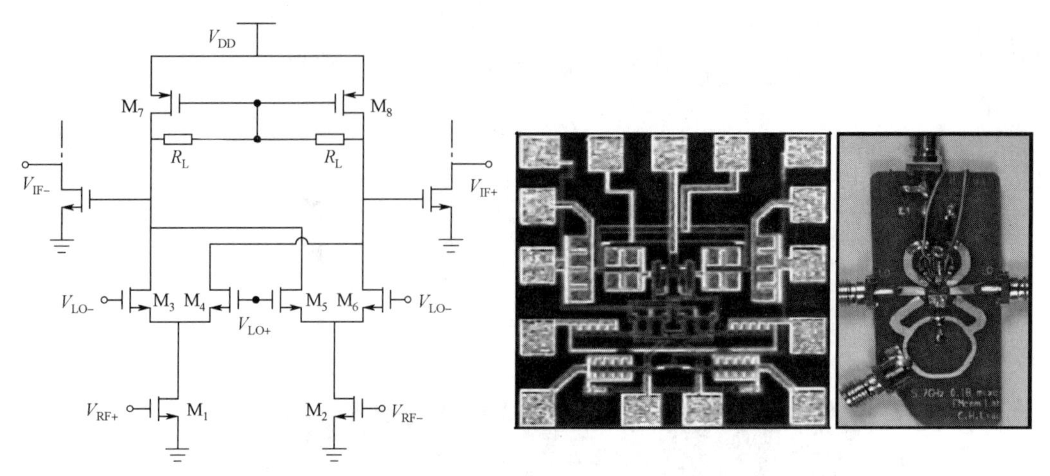


图 3-34　电路原理、印刷电路板、元件焊接图

**表 3-4　5.7GHz 双平衡型 CMOS 混频器性能参数**

| 5.7GHz CMOS 双平衡混频器 | (TSMC 0.18μm) | |
|---|---|---|
| RF 频率范围 | 5.725～5.825GHz | |
| IF 频率 | 480MHz | |
| LO 频率 | 5.265～5.325GHz | |
| $V_{dd}$ | 1.8V | |
| | 仿真值 | 测量值 |
| LO 功率 | −3dBm | −3dBm |
| 主要工作电流 | 1.8/1.4mA | 2/1mA |
| 增益 | 12.76dB | 11.06dB |
| RF 输入反射系数 | >21dB | >18dB |
| IF 输出反射系数 | 15dB@480MHz | 20dB@480MHz |
| LO-RF 隔离度(LO=−3dBm) | 42dB | 19dB |
| LO-IF 隔离度(LO=−3dBm) | >100dB | >50dB |
| RF-IF 隔离度(RF=−30dBm) | <100dB | — |
| 噪声系数 | 12.4dB | 12.8dB |
| 三阶截止点 | −6.9dBm@RF=−28dBm | −7.5dBm@RF=−28dBm |
| 一阶压缩点 | −15dBm | −16.4dBm |
| 芯片大小 | $0.627\times0.649\text{mm}^2$ | |

## 3.4.4　习题

1. 混频器在射频模组中处于哪个位置？其作用是什么？
2. 影响混频器主要功能的因素有哪些？请举例说明。
3. 设想一个高频信号传输场景，如果没有混频器，会出现什么情况？带来什么困难？

# 新型集成无源器件

如图 4-1 所示，受多元化应用驱动，集成无源器件（IPD）的市场应用持续增长；受微型化、更高性能和更低成本的需求驱动，IPD 在智能手机市场前景广阔。

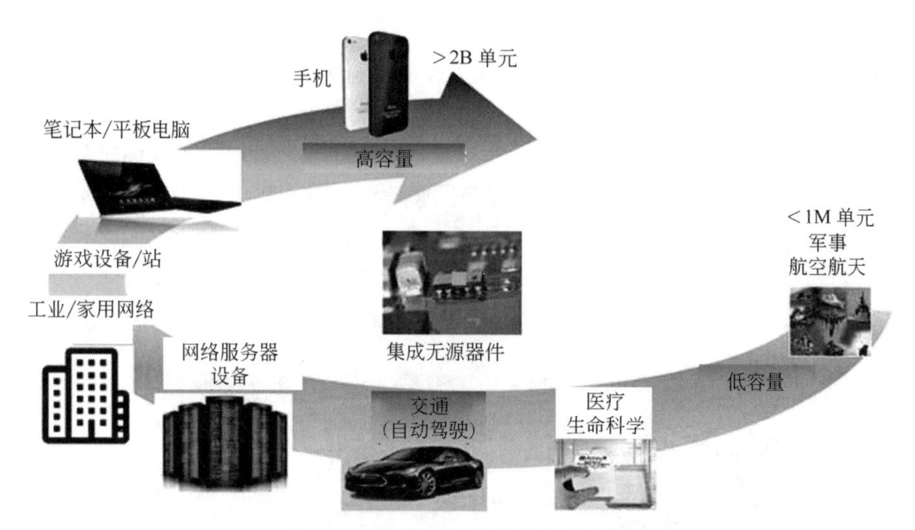


图 4-1　集成 IPD 设备的市场容量

虽然薄膜 IPD 技术提供了独特的功能，其在无源元器件市场的渗透仍非常有限。不过，在这个庞大产业中，市场份额再微不足道，也能代表显著成就。如图 4-2 所示，随着时间推移，薄膜 IPD 已经渗透了一些应用。如今，以射频模块为特色的定制 RF-IPD 成为增长强劲的主战场，尤其针对未来 5G 应用。例如，大频带滤波器和用于阻抗匹配的集总元件电路。该市场复合年增长率（2019～2025 年）有望突破 8.2%，2025 年市场规模超 3.6 亿美元。另外一个主要市场是非定制 IPD 市场，主要针对严苛的电磁干扰屏蔽、平衡器或滤波器等基础的射频操作。到 2025 年，这一市场将达到 1.95 亿美元，2019～2025 年复合年增长率为 3.15%。

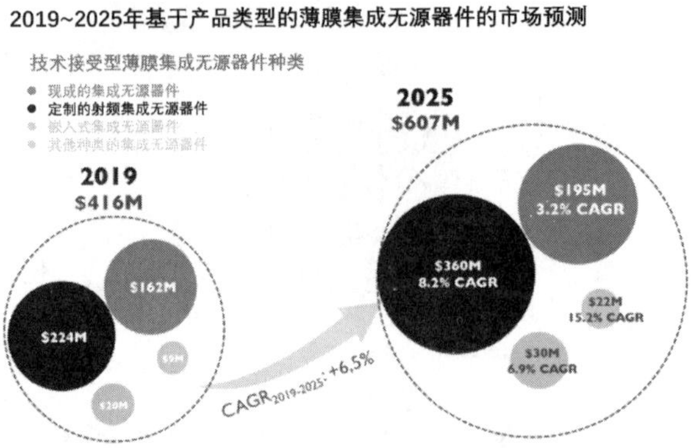

图 4-2　2019～2025 年薄膜 IPD 市场预测（产品细分）

# 4.1　新型集成无源器件的概念及发展现状

## 4.1.1　概念

集成无源器件加工技术以其精度高、重复性高、尺寸小、成本低、可靠性高、与半导体工艺兼容等优势，得以取代传统体积庞大的分立无源器件，并逐步成为电子新技术的一个突出亮点，如图 4-3 所示。集成无源器件技术通过制作薄膜电阻（Thin Film Resistor，TFR）、金属-绝缘层-金属电容（Metal-Insulator-Metal Capacitor，MIMCAP）和螺旋电感（Spiral Inductor，SI）元件，以及低电感接地板和连接无源元件的传输线（Transmission Line，TL）完成电路设计。以高性能的 TFR、MIMCAP 和 SI 为基本元件，利用微波技术在三维层面进行高集成度设计，可以制备例如谐振器、滤波器（低通、高通、带通）、耦合器、功率分配器、天线共用器、平衡-不平衡变换器、转换器、渐变器、匹配网络、混频器、开关等微波无源器件，并能保证其相关微波参数如插入损耗、回波损耗、隔离度、相位等达到性能要求。近年来，高性能薄膜集成无源器件技术为高精度射频及微波领域提供了新的应用空间和市场前景。

图 4-3　IPD 芯片在集成电路系统中的示例

## 4.1.2 发展现状

微型化和集成性是电子设备发展的重要驱动因素，这在许多消费类应用中尤为关键，更薄的设备意味着更高的集成度，因此需要更薄的元器件。薄膜集成无源器件（TF-IPD）加工工艺能够提供更精细的间距特性、更好的容差控制、更高的灵活性，以及比其他常用技术（例如印刷电路板 PCB 和低温共烧陶瓷 LTCC 技术等）具有更高集成度的封装。这些优势充分诠释了 IPD 近几年的快速发展，以及持续的增长预期。

如图 4-4 所示，静电放电（Electro-Static discharge，ESD）和电磁干扰（Electromagnetic Interference，EMI）保护是当前 IPD 的主要应用，消费类应用（尤其是智能手机）是目前最主要的应用领域。微型化、低成本和高价值的精度是 IPD 为这些应用所带来的附加值。许多公司根据所需要的 IPD 性能，提出了各种介电材料和电阻材料。另外，尽管目前还无法预测数字混合信号 IPD 是否能获得成功，但是目前在智能手机处理器中已经有少量应用（主要受去耦应用驱动），其微型化是重要驱动因素。此外，一些医疗应用也需要 IPD 形式的去耦电容，同样，微型化和高电容密度是关键需求。

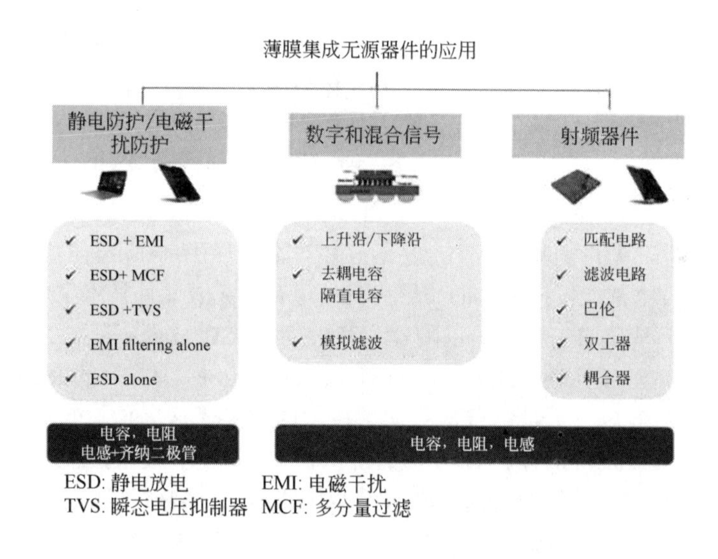


图 4-4　薄膜 IPD 应用概览

就衬底材料而言，尽管硅衬底仍然是 ESD/EMI IPD 和数字混合信号应用唯一的主流解决方案，但对于 RF IPD 制造，可用的衬底材料非常广泛。事实上，RF 应用需要考虑衬底损失等高级要求。如图 4-5 所示，由于硅的插入损耗以及介电损耗等限制，玻璃（Glass）衬底和砷化镓（GaAs）衬底等多种替代衬底已经集成进入某些由 STMicroelectronics（意法半导体）、Murata（村田）、Qorvo 等厂商制造的 RF IPD 产品中。这些衬底将在 RF IPD 市场逐渐占据市场份额。

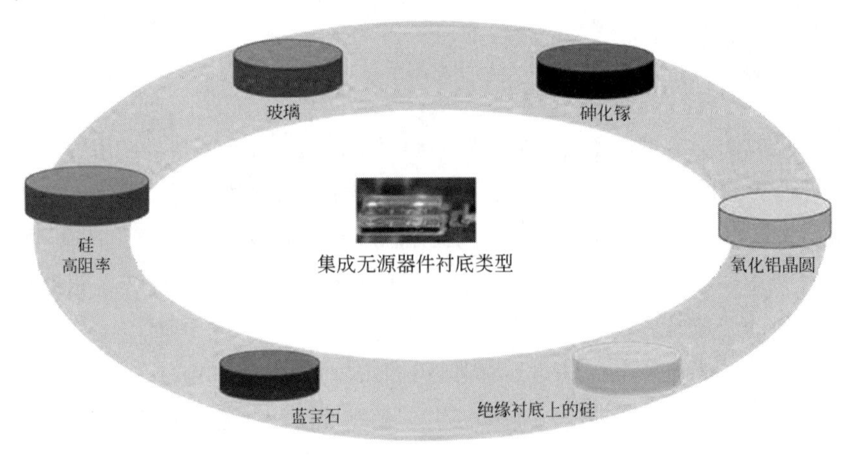

图 4-5　薄膜 IPD 的衬底类型

## 4.1.3　未来挑战

随着集成电路工艺的发展，晶体管的性能已经获得大幅度的提升，无源元件的实现已逐步成为电路集成的瓶颈，因此改进工艺以提高无源元件的性能就显得十分必要。尽管分立无源元件有着价格低、容易实现等优势，但是其占用面积大、品质因数低等特点与发展趋势大相径庭。无源元件集成技术的出现可以完全取代体积庞大的分立无源元件，充分发挥其小型化和提高系统性能的优势。事实上，对无源元件集成技术的研究必将成为研究热点。因为该技术可以集成多种电子功能，如传感器、射频收发器、微机电系统（Micro-Electro-Mechanical System，MEMS）、功率放大器、电源管理单元和数字处理器等，提供紧凑功能多样化的集成无源器件产品。因此，无论是减小整个产品的尺寸与重量，还是在现有的产品体积内增加功能，无源元件集成技术都能发挥很大的作用。对于现有的无源元件技术主要可以分为以下三大类：第一类是基于厚膜加工技术的以陶瓷为基板的 LTCC 技术；第二类也是以厚膜加工技术为基础的基于高密度互连（High Density Interconnection，HDI）的 PCB 印制电路板埋入式无源元件技术；最后一类是基于薄膜加工技术的集成无源元件 IPD 技术。LTCC 技术利用陶瓷材料作为基板，将电容、电阻等被动元件埋入陶瓷基板中，通过烧结形成集成的陶瓷元件，可大幅度缩小元件的空间，但随着层数的增加，制作难度及成本越高。HDI 埋入式元器件的 PCB 技术（Embedded PCB）通常用于数字系统，在这种系统中只适用于分布装焊的电容与中低等精度的电阻，随着元件体积的缩小，表面贴装技术（Surface Mount Technology，SMT）设备不易处理过小元件。虽然埋入式印刷电路板技术最为成熟，但产品特性较差，公差无法准确把握，因为元件是被埋藏在多层板之内，出现问题后难以进行替换或修补调整。

如图 4-6 所示，IPD 面临 LTCC 竞争，而 LTCC 自身也面临着低成本的表面贴装器件（Surface Mounted Device，SMD）竞争。事实上，在任何复杂系统中，无源器件都不是关键的部件。无源器件在电子学发展早期就已经存在，其尺寸小、价格便宜、性能高。对大批量应用而言，成本是最重要的标准之一，因此总是首选最便宜的解决方案。这意味着，只有在别无他选的情况下，才会选择 LTCC，同样，只有在特定情况下，才会选择 IPD。对于小批量、高性能的解决方案，IPD 定位的问题就全然不同，选择权在于制造商。

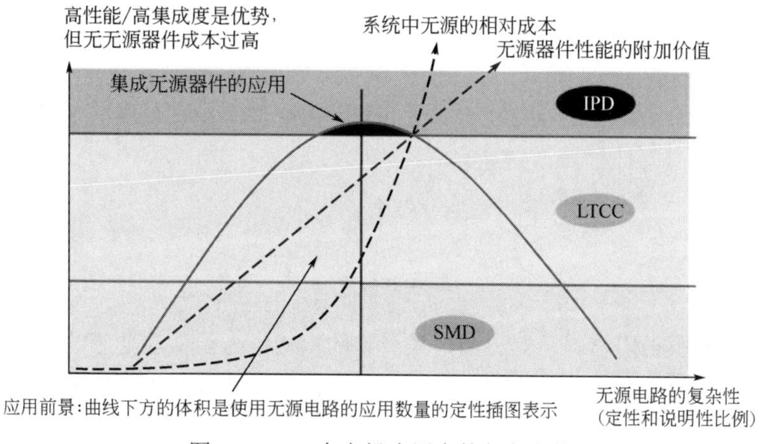

图 4-6　IPD 在市场应用中的复杂定位

### 4.1.4　习题

1. 什么是集成无源器件？
2. 集成无源器件的当前发展现状如何？
3. 薄膜 IPD 相比于 LTCC 工艺和 Embedded PCB 工艺，其优势是什么？
4. 集成无源器件面临的挑战是什么？

## 4.2　薄膜电阻 TFR 的性能指标及设计

### 4.2.1　简介

电阻作为集成无源器件中一个重要的元器件，能够应用于 RF、微波和毫米波集成电路中，具体应用包括终端、隔离电阻、反馈网络、有损阻抗匹配、分压器、偏置元件、衰减器、增益均衡元件，以及可防止寄生振荡的阻尼电阻器。上述这些电阻的应用设计需要掌握以下知识：①方阻；②热阻；③电流处理能力；④标称公差；⑤薄膜的温度系数。电阻的加工工艺可以通过在介质材料上沉积有损耗的膜质材料来实现，通过利用薄膜工艺、厚膜工艺、单片集成工艺，以及在两个金属电极之间沉积半导体膜的方式来实现电阻膜质材料的加工。目前，镍铬合金和氮化钽是最流行且实用的用于加工薄膜电阻的膜质材料，其厚度通常在 0.05～0.2μm 之间。

如图 4-7 所示，平面电阻器的电阻 $R$ 值取决于材料特性和尺寸，由下式给出：

$$\mathrm{R}=\rho\frac{l}{A}=\rho\frac{l}{Wt}=\frac{l}{\sigma Wt}$$

式中　$\rho$——材料的体电阻率，Ω・m；

$\sigma$——体电导率，S/m；

$l$——电阻沿电流方向的长度，m；

$W$——宽度，m；

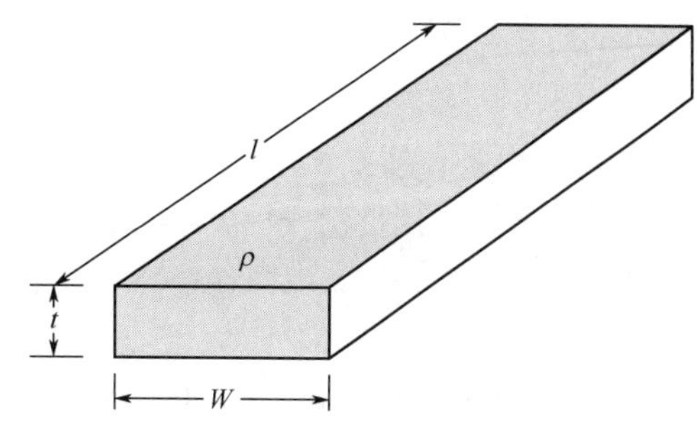

图 4-7　薄膜电阻的平面结构示意图

$t$——材料厚度，m；

$A$ ——材料的截面积，$m^2$。

如果上述公式的计算基于方阻值 $R_s$（单位Ω/sq），对于给定厚度的薄膜电阻，电阻公式可以写为：

$$R=R_s\frac{l}{W}$$

$$R_s=\rho/t=\frac{1}{\sigma t}$$

对于给定的薄膜电阻材料，其方阻值是一定的，通过方阻值与薄膜的面积的乘积即可计算得到所需的电阻值。对于一个理想的电阻，当电流流过器件时仅消耗电能而不产生相关的寄生电容和寄生电感。

应用于 RF 和微波领域的薄膜电阻器件必须具有如下特性：

① 方阻值在 1～1000Ω/sq 之间；

② 温度系数低；

③ 稳定性好；

④ 功耗能力好；

⑤ 低寄生参数（寄生电容，寄生电感等）。

在电阻的微纳米加工工艺中，镍铬合金和氮化钽是目前使用最为广泛的两种薄膜电阻材料，这些材料的特性会随着加工工艺和薄膜厚度的不同而发生变化。

## 4.2.2 基本参数

（1）额定功率

电阻器的额定功率定义为电阻器在不影响其基础值和可靠性的情况下可以承受的最大功率。额定功率取决于薄膜材料的面积（更大的面积可以吸收更多的耗散功率）和环境温度。高额定功率的电阻往往面积较大且存在明显的寄生效应，这会影响它们在微波频率下的射频性能。

（2）温度系数

电阻值随温度的变化率称为电阻的温度系数（Temperature Coefficient of Resistors，TCR，或简称为 TC），用每摄氏度的百分比或每摄氏度百万分之几（$10^{-6}$℃$^{-1}$）来表示。当电阻随温度升高而增加时，$TC$ 值为正；当电阻随温度升高而减小时，$TC$ 值为负。电阻的温度依赖性可以由下式给出：

$$R_{OT}=R_{RT}+TC\left(T_{OT}-T_{RT}\right)$$

式中，$T_{OT}$ 和 $T_{RT}$ 为工作温度和环境温度。

（3）电阻容差

电阻容差是用批次或批次间指定电阻值的变化来表示的，其值通常取决于电阻的微纳米加工技术和应用领域。电阻容差的范围可以为±1%、±5%、±10%或±20%。

（4）最大工作电压

在不影响其电阻值的情况下，一个电阻两端可以施加的最大电压称为最大工作电压。最大工作电压取决于电阻材料、较小的电压值下所能允许的电阻偏差以及物理结构尺寸。电阻的电压系数以百分比的形式可以表示为：

$$电压系数=\frac{R-R_m}{RU_m}\times100$$

式中，$R$ 和 $R_m$ 分别为低电压和最大允许电压 $U_m$ 下的电阻值。

（5）工作频率

电阻值的大小还取决于其工作频率。平面薄膜电阻具有一定的寄生电抗，它们的值会随频率而增加，从而影响电阻的净电阻值。在特定的频率下，容抗和感电相等，此时会引起自谐振现象。

（6）稳定性

在大多数应用中，电阻值随时间的变化不会呈现理想的特性。电阻值在长时间段内的电阻值漂移用电阻的稳定性来表示。通常而言，薄膜电阻在 5 年内仅可能会产生±0.2%的电阻值范围变化。

（7）噪声

每个电阻都会有 Johnson 噪声其值与电阻内部产生不必要的随机电压波动有关。此外，由于电阻的材料和其微纳米加工工艺的原因，电阻还具有其他的噪声源。例如，在 GaAs 半导体基板上的单片薄膜电阻器中，欧姆接触和电阻的薄膜材料的不完善会引入额外的噪声。Johnson 噪声也称为白噪声或者热噪声，与温度相关，与工作频率无关，其均方根电压 $U_n$ 以伏特为单位可以表示为：

$$U_n=(4kRT\Delta f)^{1/2}$$

式中，$k$ 为玻尔兹曼常量（$1.38\times10^{-23}$J/K）；$R$ 为电阻值，Ω；$T$ 为工作温度，K；$\Delta f$ 为计入噪声后的带宽，Hz。

（8）最大额定电流

保证薄膜电阻在额定的电流密度下仍不会失效时，允许流过的最大电流称为额定电流。

### 4.2.3 电阻类型

集总型电阻器的制造可分为三类：芯片式、MCM 式以及单片集成电阻。

（1）芯片电阻

薄膜和厚膜加工工艺已用于制造低功率和高功率应用的芯片式电阻器。在薄膜加工工艺中，由镍铬合金（NiCr）或氮化钽（TaN）组成的电阻薄膜沉积在氧化铝上以实现低功率应用，沉积在铍化铝上以实现高功率应用。在厚膜加工工艺中，电阻由使用二氧化钌（$RuO_2$）糊剂的各种成分和丝网印刷工艺加工而成。通过将 $RuO_2$ 与银（Ag）和钯（Pd）导电颗粒混合以得到小于 100Ω/sq 的方阻值；通过将 $RuO_2$ 与 Ag、钌酸铅和钌酸铋进行混合，可以得到大于 100Ω/sq 的方阻值。常用的衬底材料为氧化铝、氧化铍或者氮化铝。

（2）MCM 电阻

MCM 技术是将多个裸芯片和其他元器件组装在同一块多层互连基板上，然后进行封装，从而形成高密度和高可靠性的微电子组件。该技术包括 PCB、共烧陶瓷以及薄膜技术等。以 PCB 加工技术为例，电阻材料沉积在聚酰亚胺层上，并用另一个聚酰亚胺薄膜覆盖以进行封装，测量电极通过过孔与电阻薄膜材料连接，过孔利用光刻技术并在孔壁沉积金属铜。电阻薄膜材料可以 NiCr、TaN 或者 CrSi 沉积而成。

（3）单片集成电阻

电阻是集成电路不可或缺的一部分，可以通过沉积有损金属薄膜或在半绝缘衬底上采用体半导体膜来实现，如图 4-8 所示。镍铬合金和氮化钽是较为流行和实用的薄膜电阻材料，厚度通常为 0.05～0.2μm；基于 GaAs 和 Si 衬底的电阻，可以通过形成具有隔离区域的半导体导电层（厚度通常为 0.05～0.5μm）来形成。上述两种类型的电阻都是通过光刻工艺定义所需的电阻结构图案制造的。表 4-1 总结了在 GaAs 衬底上制造的单片集成电阻的典型参数。

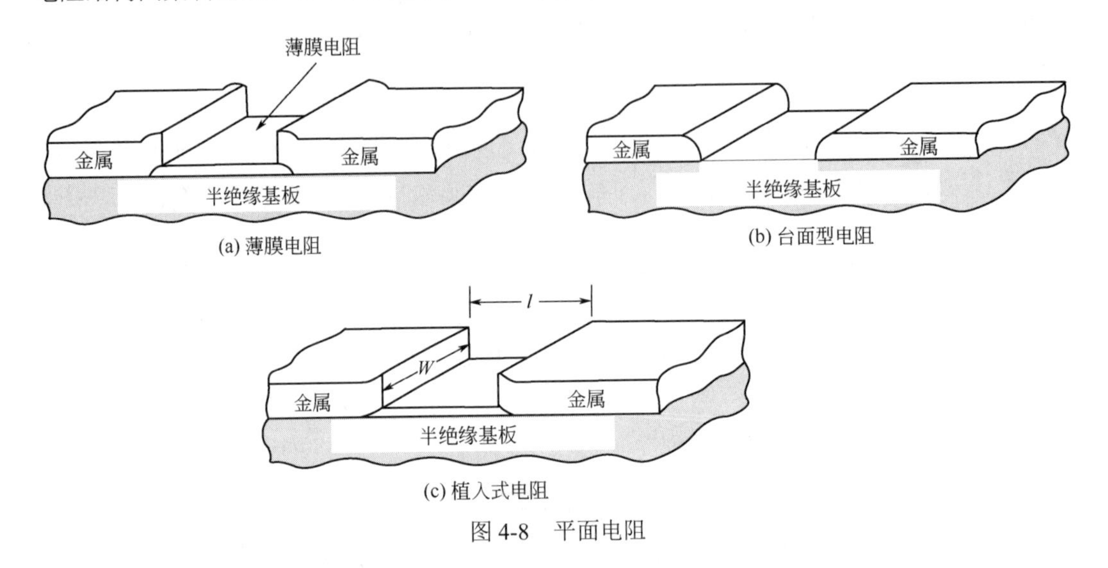


图 4-8 平面电阻

**表 4-1 室温条件下 GaAs 衬底上单片集成电阻的典型参数**

| 电阻类型 | 材质 | 厚度/μm | 面电阻值/(Ω/sq) | 公称公差/% | 温度系数/$10^{-6}$℃$^{-1}$ | 最大电流/(mA/μm) |
|---|---|---|---|---|---|---|
| 薄膜式 | TiWN | 0.18 | 10.8 | ±10 | +100 | 1.0 |
| 植入式 | $n^{+}$GaAs | 0.2 | 140.0 | ±20 | +2000 | 0.6 |
| 欧姆式 | Ni/Ge/Au | 0.14 | 0.9 | ±30 | +100 | 0.4 |
| 金属式 | Ti/Pd/Au | 0.60 | 0.05 | ±20 | +100 | 1.0 |

在单片集成电阻中，总电阻值为电阻薄膜与两个欧姆触点的电阻之和，可以表示为：

$$R=R_s\frac{l}{W}+2R_{sc}\frac{l_c}{W_c}$$

式中 $R_{sc}$——欧姆接触的方阻值；

$l_c$——欧姆接触的长度；

$W_c$——欧姆接触的宽度。

## 4.2.4 大功率电阻

大功率电阻在实际的集成电路中应用广泛，尤其是在微波电路中能够用于吸收微波耦合器、混合器、功率分配器以及组合器中的多余功率。对于大功率电阻，为了实现其性能的可靠性，衬底材料需要具备以下电气和机械特性：

① 低介电常数（$\varepsilon_r$）；

② 在高工作温度下具有高热导率（K）；

③ 热膨胀系数（Coefficient of Thermal Expansion，CTE）接近电阻膜和用作散热器的金属铜；

④ 具有高电阻率、良好的绝缘体；

⑤ 对电阻薄膜和接触金属有良好的附着力；

⑥ 能够量产；

⑦ 低成本。

表 4-2 列出了大功率芯片型电阻的衬底对比信息，其中氧化铍（BeO）作为大功率电阻的首选衬底已得到了广泛应用，但是 BeO 粉末和粉尘是有害物质，因此在使用时需要经过特殊的处理。与 BeO 相当的衬底材料是氮化铝（AlN），由于国际社会对 BeO 危害的关注，氮化铝的使用在稳步增长。其他衬底材料诸如碳化硅（SiC）、氮化硼（BN）、氧化铝（$Al_2O_3$）和金刚石，也能够在大功率的电阻中得到相当的应用。在上述材料中，金刚石衬底具有最高的热导率，能够用于需要良好散热性能的应用中。

**表 4-2　大功率芯片型电阻的衬底信息比较**

| 特性 | 氧化铝 | 氮化硼 | 氧化铍 | 氮化铝 | 碳化硅 | 金刚石 |
|---|---|---|---|---|---|---|
| 介电常数 | 9.9 | 4.2 | 6.7 | 8.5 | 45 | 5.7 |
| 温度系数/［W/(m・℃)］ | | | | | | |
| 在 25℃ | 30 | 70 | 280 | 170 | 270 | 1400 |
| 在 100℃ | 25 | 200 | 200 | 150 | 190 | — |
| 在 200℃ | — | — | 150 | 125 | 150 | — |
| 热胀系数/$10^{-6}$℃$^{-1}$ | 6.9 | 5.0 | 6.4 | 4.6 | 3.8 | 1.2 |
| 并联电容 | 中 | 小 | 小 | 中 | 大 | 小 |
| 薄膜附着力 | 极好 | 较差 | 极好 | 好 | 好 | 较差 |
| 可加工性 | 好 | 好 | 好 | 好 | 好 | 差 |
| 成本 | 低 | 低 | 中 | 中 | 中 | 高 |

用于计算电阻额定功率的参数主要有：①消耗在电阻上的总功率；②衬底材料的导热性；③电阻薄膜的表面积；④衬底厚度；⑤环境温度，即电阻周围介质的温度或散热器温度；⑥电阻薄膜所能承受的最大允许温度。如果 $R_{th}$ 是衬底的热阻，而 $T_m$ 是最大工作温度，电阻中允许的最大耗散功率 $P_{dc}$（单位为瓦特）可由下式给出：

$$P_{dc}=\frac{T_m-T_a}{R_{th}}$$

式中，$T_a$ 为环境温度。

$R_{th}$ 可由下式进行估算：

$$R_{th}=\frac{d}{KA}=\frac{d}{KWl}$$

式中，$d$、$W$、$l$ 的单位为米，$K$ 的单位为 W/(m・℃)。大功率芯片型电阻的具体尺寸信息如图 4-9 所示。

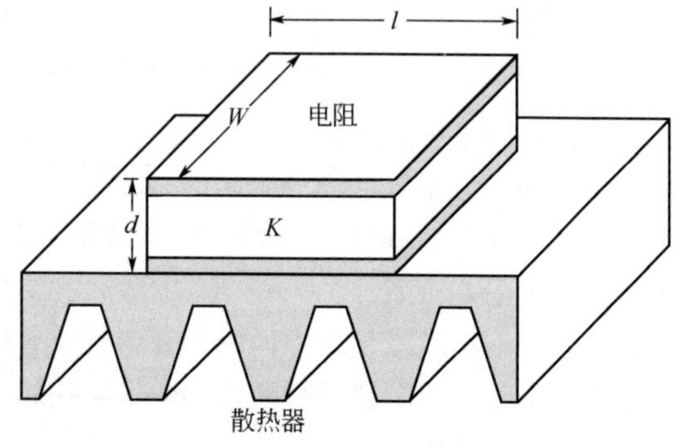

图 4-9　安装在散热器上的大功率芯片型电阻

### 4.2.5 电阻模型

集总电阻的表征可以使用各种模型来完成，包括分析模型、集总等效电路（EC）模型以及分布式线路模型。其中，集总等效电路模型和分布式线路模型是常用方法。

（1）集总等效电路模型

微带线电阻横截面图及其两端口 EC 模型的表示分别如图 4-10（a）、（b）所示。EC 模型可以看成两个对称的结构，那么各个元件可以表示如下：$R$ 为总等效电阻，$C_p$ 是由于电阻端口两端电压差而引入的电容，$C_{s1}$、$C_{s2}$ 和 $L$ 为 EC 模型中其中一半结构的等效并联电容和等效串联电感。并联电容 $C_{s1}$ 和串联电感 $L$ 还包括所用导线/键合引入的寄生效应。由于在 RF 和微波频率中使用的电阻（芯片型或单片集成型）尺寸远小于工作波长，在 EC 模型中心使用的总电阻 $R$ 是一阶近似值。由于电阻两端的电压差通常很大，通常需要在 EC 模型中用 $C_p$ 进行表示。

如果在并联等效电路中将电阻用作单端口元件时（即端口 2 接地），其 EC 模型可以进一步简化，如图 4-10（c）所示。此时 $C_t = C_p + C_{s1} + 2C_{s2}$，$L_t = 2L$。

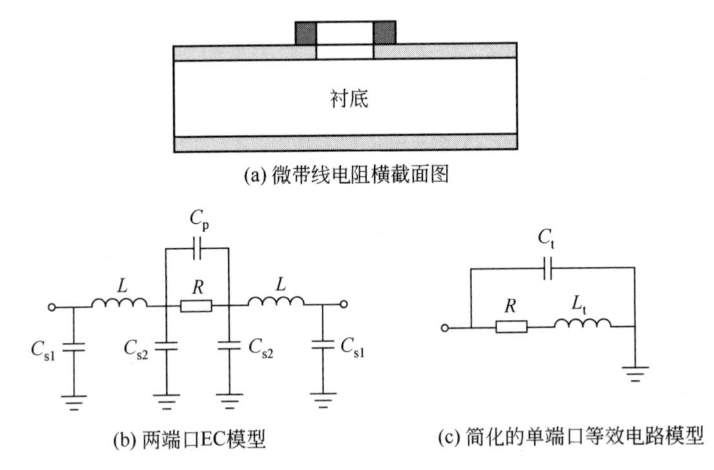


图 4-10 薄膜电阻

（2）分布式线路模型

图 4-11（a）展示了薄膜电阻的物理结构。薄膜电阻的分布式线路模型适用于 25～200Ω 范围内的电阻模型。图 4-11（b）展示了基于微带传输线的薄膜电阻分布式线路模型，该模型由与传输线部分串联的理想电阻的多个部分组成，所有传输线部分的总和等于薄膜电阻的长度。该模型还包括 0.3Ω的欧姆接触电阻和 17μm 的欧姆接触线长。该模型对薄膜电阻和有源半导体层电阻均有效。

精确表征电阻模型所需的段数 $n$ 可以用 $l/\lambda$比率表示，其中 $l$ 是电阻的总长度，$\lambda$是在上述模型最高工作频率下微带传输线的波导波长。理想电阻的阻值为 $R' = R / n$，其中 $R$ 为电阻的总直流电阻。基于一般经验法则，可以通过以下关系来表示段数 $n$：

$$l/\lambda \leqslant 0.02, \quad n = 1$$

$$l/\lambda \geqslant 0.02, \quad n \geqslant (50l/\lambda)$$

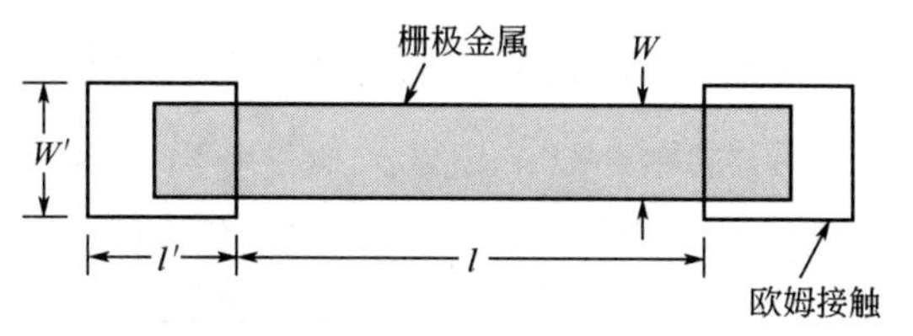


(a) 薄膜电阻的物理结构（电阻器的每一端都有一个欧姆接触区域，阴影部分代表接触金属）

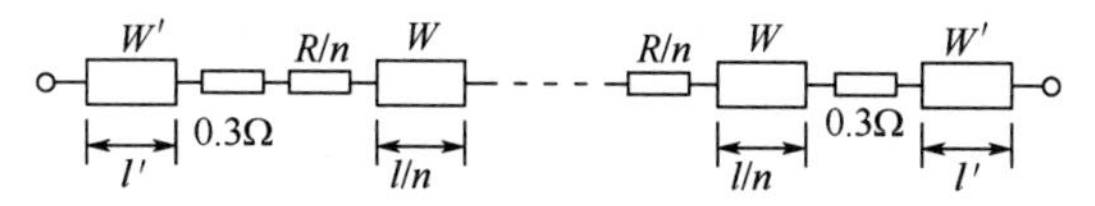


(b) 薄膜电阻的分布式模型（由n条微带线和电阻组成）

图 4-11　分布式线路模型

## 4.2.6　电阻电学表示方法

电阻可以通过多种方式进行连接：串联、并联以及串并联形式，如图 4-12 所示。当 $n$ 个电阻（$R_1$，$R_2$，…，$R_n$）串联连接时，如图 4-12（a）所示，总电阻 $R_T$ 由下式给出：

$$R_T = R_1 + R_2 + \cdots + R_n$$

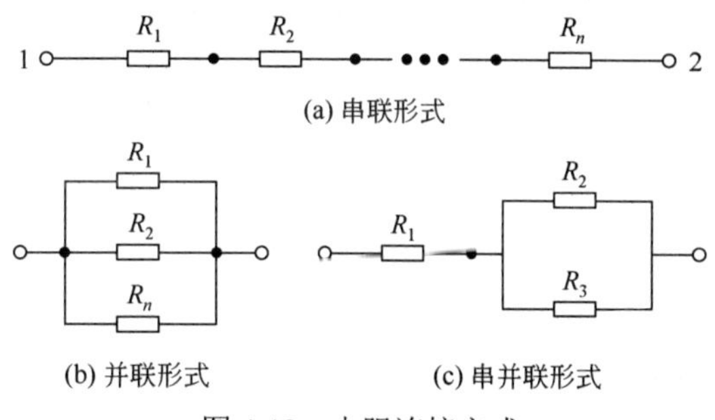


(a) 串联形式

(b) 并联形式　　(c) 串并联形式

图 4-12　电阻连接方式

对于并联连接方式，如图 4-12（b）所示，总电阻由下式给出：

$$R_T = \frac{1}{1/R_1 + 1/R_2 + \cdots + 1/R_n}$$

对于如图 4-12（c）所示的串并联连接方式，总电阻由下式给出：

$$R_T = R_1 + \frac{R_2 R_3}{R_2 + R_3}$$

## 4.2.7　有效电导率

薄膜电阻值的计算基于以下假设：薄膜的厚度比薄膜接触金属中电子的平均自由程大得多。但是，因为电子从薄膜表面散射，所以非常薄的薄膜导相比于块状电阻而言，导电率较低。Hansen 和 Pawlewicz 提出了有效电导率$\sigma_e$的通用公式，以体电导率$\sigma$、膜厚度 $t$ 以及电子平均自由程 $p$ 表示：

$$\frac{\sigma_e}{\sigma} = 1 - \frac{3}{8x} + \frac{e^{-x}}{16x}(6 - 10x - x^2 + x^3) + \frac{x}{16}(12 - x^2)E_1(x)$$

式中，$x = t/p$；$E_1(x)$为指数积分。表 4-3 提供了几种材料的电子平均自由程。

**表 4-3 良导体的电子平均自由程 $p$、体导电率$\sigma$以及体电阻率$\rho$**

| 材料 | 电子平均自由路径 $p$/Å | $\sigma$/($\times 10^7$S/m) | $\rho$/$\times 10^{-8}$ Ω · m |
|---|---|---|---|
| 银 | 570 | 6.17 | 1.62 |
| 铜 | 420 | 5.80 | 1.724 |
| 金 | 570 | 4.10 | 2.44 |

注：1Å=$10^{-10}$m。

### 4.2.8 热敏电阻

热敏电阻是具有非常大的居里温度 $T_C$ 值的电阻，并且其电阻值随温度的升高呈指数增长。热敏电阻的电阻-温度关系可以表示为：

$$R(T) = A + B\mathrm{e}^{CT}$$

式中，系数 $A$、$B$ 和 $C$ 是通过对所用的材料进行测量来确定的。常用的热敏电阻材料为 $BaTiO_3$、$SrTiO_3$ 和 $PbTiO_3$。热敏电阻通常应用于 RF 传感器和微波功率计传感器。总之，薄膜电阻与块状砷化镓电阻相比，具有更低的温度依赖性、更好的线性以及更低的噪声。但是，通常它们需要额外的光掩模和微纳米加工步骤来完成薄膜电阻的制造。

### 4.2.9 习题

1. 写出电阻的通用计算公式。
2. 解释电阻的温度系数。
3. 画出芯片型电阻的 EC 电路模型并解释。
4. 写出热敏电阻的计算公式。

## 4.3 螺旋电感 SI 的性能指标及设计

### 4.3.1 简介

在射频集成电路（RFIC）的应用电路中，电感往往占据了大部分面积，其相关参数在很大程度上会限制电路的性能和表现，是影响低成本、低功耗、低噪声 RFIC 电路实现的关键元件。而电感是一种磁能储能元件，配合电能储能元件（如电容）等能实现诸多功能，尤其是它的低通高阻特性使其广泛应用于降低电源电压、滤波等电路中。而片上螺旋电感相对于分立绕线电感，成本更低、更易集成、功耗更小、噪声更少，但是却因其结构导致的诸多寄生效应而影响性能。

平面螺旋电感一般是利用标准 CMOS 工艺中的两层金属层来实现电感元件，一层作为螺旋电感的线圈主体，一层通过通孔与主体金属层连通，用作内圈金属跨接引出端口的引线。为远离有损衬底同时减小导体损耗，一般仅使用顶层及次顶层金属。

电感的性能指标是电感值和品质因数。螺旋电感同时具有电感和电容特性，当寄生电容在一定频率下与电感发生共振时，我们称这个频率点为自谐振频率（SRF）。根据电感的频率特性，把电感感值基本不随频率变化而保持稳定的频段作为电路有意义的工作频段。

## 4.3.2 基本定义

（1）电感值

在电路中，磁能存储的效果由电感 $L$ 表示，电感 $L$ 由磁通量 $\boldsymbol{\varPsi}$ 定义为：

$$L=\frac{1}{I}\oint_S B\mathrm{d}S=\frac{\varPsi}{I}=\mu_0\mu_\mathrm{r}\frac{1}{I}\oint_l H\mathrm{d}l$$

式中 $I$——流过导体的电流，A；

$B$——磁通密度，T 或 Wb/m²，$B=\mu_0\mu_\mathrm{r}H$，磁场 $H$ 以 A/m 为单位；

$S$——由导线环围成的表面积，m²；

$\mu_0$——自由空间磁导率，等于 $4\pi\times10^{-7}\,\mathrm{H/m}$；

$\mu_\mathrm{r}$——介质磁导率，对于理想导体等于 1。

电流 $I$ 在环路限制的区域 $S$ 中产生磁通量，如图 4-13 所示。在这种情况下，$L$ 也称为自感。图 4-14 显示了线圈中的磁通线。

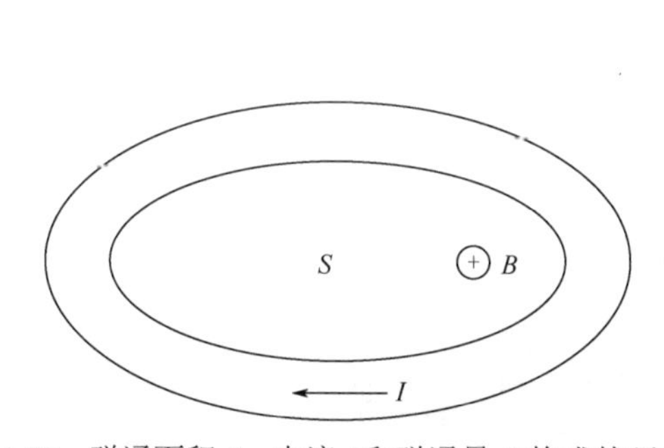


图 4-13　磁通面积 $S$、电流 $I$ 和磁通量 $B$ 构成的环形导线结构

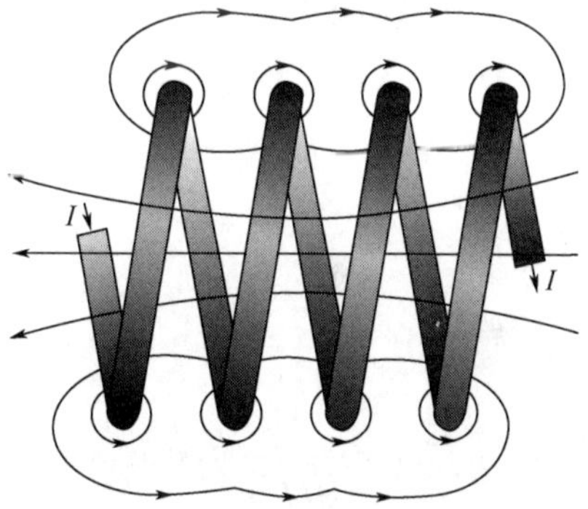

图 4-14　线圈中的磁通线

（2）磁能

在电感器中，只要电流不断流过，磁能就可以存储，磁能 $W_\mathrm{m}$ 为：

$$W_\mathrm{m}=\frac{LI^2}{2}$$

式中 $W_\mathrm{m}$——磁能，W·s = J；

$L$——电感，H；

$I$——电流，A。

（3）互感

当两个承载电流的导体靠近时，它们的磁通线会相互影响。如果电流沿相反方向流动，则每个导体的电感都会减小。沿相同方向流动的电流会增加每个导体的电感。隔离导体靠近另一导体时的电感变化称为互感。如果两个导体平行放置，互感可以定义为：

$$M=L_m=\frac{L_a+L_o}{2}$$

式中　$M=L_m$——互感，H；

$L_a$——相同的方向电流流入两个导体时的总电感，H；

$L_o$——相反的方向电流流入两个导体时的总电感，H。

如果 $L$ 是独立工作下每个导体的自感，则每个导体的总电感为：

$L_t=L+M$（电流朝相同方向流动）

$=L-M$（电流朝相反的方向流动）

（4）有效电感

对于芯片式电感，工作频率的范围往往比较高。如图 4-15（a）所示，芯片式电感的等效电路可以由两个电感导线之间存在的寄生电容（由于匝数和接地平面效应）和其电感值并联组成，因此电感的阻抗在忽略导体串联电阻的情况下，可以写为：

$$Z_i=\frac{j\omega L\times\frac{1}{j\omega C_p}}{j\omega L+\frac{1}{j\omega C_p}}=\frac{j\omega L}{1-\omega^2LC_p}$$

或者可以简化为：

$$Z_i=j\omega L_e$$

其中：

$$L_e=\frac{L}{1-(\omega/\omega_p)^2}$$

式中，$\omega_p=\frac{1}{\sqrt{LC_p}}$ 为并联谐振频率；等效电感 $L_e$ 称为有效电感。

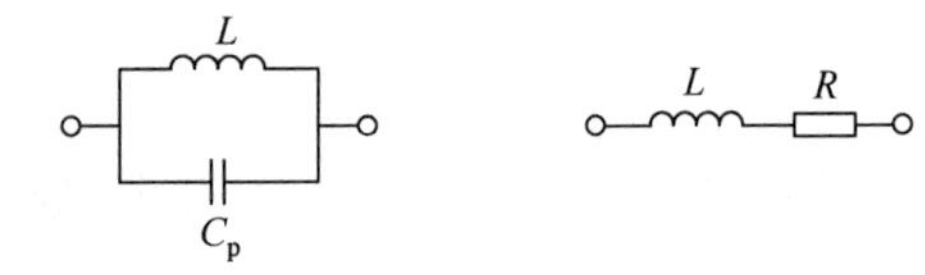


(a) 寄生电容和电感的并联形式　(b) 电感和电阻的串联形式

图 4-15　等效电路

（5）阻抗

电感的阻抗定义为：

$$Z_L=\frac{U}{I}=j\omega L$$

式中，$\omega=2\pi f$；$f$ 为工作频率，Hz。

（6）时间常数

如图 4-15（b）所示，在串联的电感-电阻结构两端施加直流电压时，将电感充电至施加的电压所需的时间称为时间常数$\tau$，定义为：

$$\tau = \frac{L}{R}$$

式中　$\tau$——时间常数，s；

$L$ ——电感，H；

$R$ ——电阻，Ω。

（7）品质因数 $Q$

$Q$ 的一般定义是基于每个周期电感中存储的能量 $W_S$ 与功率消耗 $P_D$ 的比值，即：

$$Q = \frac{\omega W_S}{P_D}$$

在低频下，电感的主要电抗是呈感性的，即：

$$Q = \frac{\omega \frac{1}{2} L i_0^2}{\frac{1}{2} R i_0^2} = \frac{\omega L}{R}$$

当电感被应用到接近其自谐振频率（SRF）的谐振组件时，$Q$ 因数更为恰当的定义是根据其 3dB 带宽（$BW$）给出的：

$$Q = \frac{f_{res}}{BW}$$

（8）自谐振频率

当 $\mathrm{Im}[Z_{in}] = 0$ 时，可以确定电感的自谐振频率（$f_{res}$）。也就是说，感抗和寄生容抗的符号相等且相反。此时，由于并联谐振，$\mathrm{Re}[Z_{in}]$最大。超过自谐振频率时，电感将变为电容性的器件。

（9）额定电流

电感由于其有限的电阻值而可以承受的最大直流电流（不被破坏，即熔断或电迁移或过热）称为额定电流。额定电流取决于导体材料、形状、周围环境和温度等因素。

（10）额定功率

可以安全地施加到电感而不会改变其特性或不会由于发热而损坏它的最大 RF 功率称为额定功率。额定功率取决于电感的品质因数 $Q$、面积/体积、使用的芯材、周围环境和温度等因素。印刷电感比空气线圈电感具有更高的额定功率。

### 4.3.3 电感结构

电感可以采用三种结构形式得以实现：键合线和带状线，如图 4-16（a）所示；单环，如图 4-16（b）所示；螺旋形，如图 4-16（c）所示。基于印刷电路的微带截面电感常用于低电感值，通常小于 2nH，通过弯折微带线电感结构以减小电感元件的尺寸。基于印刷电路的单环电感由于其单位面积的电感有限，因此不如线圈型电感使用广泛。但是，在 MIC 中，单环电感通常用于 RF 和微波电路。螺旋形结构是使用最为广泛的电感结构，螺旋形电感可以印刷或绕线形成，两者都可以采用矩形或圆形。圆形几何形状的电感其电气性能优越，而矩形形状的电感其布局更容易。印刷电感是通过使用薄膜、厚膜制造工艺，或者使用单片基于 Si 或 GaAs 的 IC 技术来制造的。印刷电感的内部结构往往是空的，可以在此空间区域设计填充电容，或者通过金线或使用多层跨接金属线与其他电路连接。

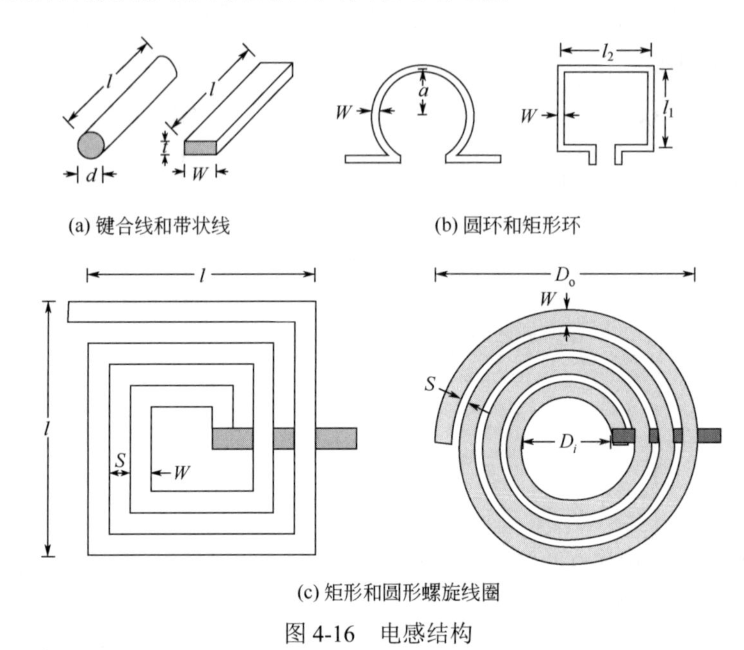


(c) 矩形和圆形螺旋线圈

图 4-16　电感结构

## 4.3.4　印刷电感

平面型电感可以分为二维和三维结构。二维电感根据其形状进一步分为四类，即曲折形、矩形、八边形或者圆形，如图 4-17 所示。表 4-4 总结了每种形状的主要优点和缺点。圆形几何形状具有最佳的电气性能，而很少使用曲折形电感。三维电感器的主要优缺点总结于表 4-5 中。在本节中，我们将讨论半导体衬底（例如 Si 和 GaAs）、印刷电路板上以及混合集成电路衬底上的平面电感器。硅衬底是 RFIC 的潜在候选者，而 GaAs 衬底被广泛用于 MMIC。通用的硅衬底具有低电阻率，并且基于 Si 衬底的技术使用薄金属化层，这会导致较高的基板和导体损耗。相比之下，GaAs 衬底是半绝缘的，具有很高的电阻率，并且基于 GaAs 衬底的技术使用了厚的电镀金互连线。GaAs 无源元件的电容和导体损耗低。在这两种衬底的微纳米加工工艺中都采用了几种不同的技术来减少损耗，以提高电感器的品质因数。

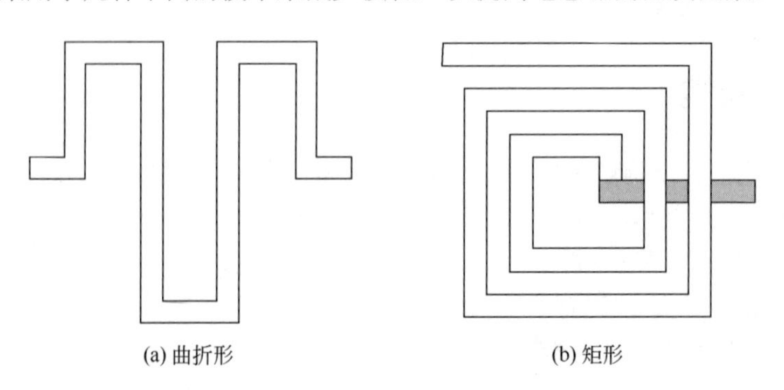

(a) 曲折形　　　(b) 矩形

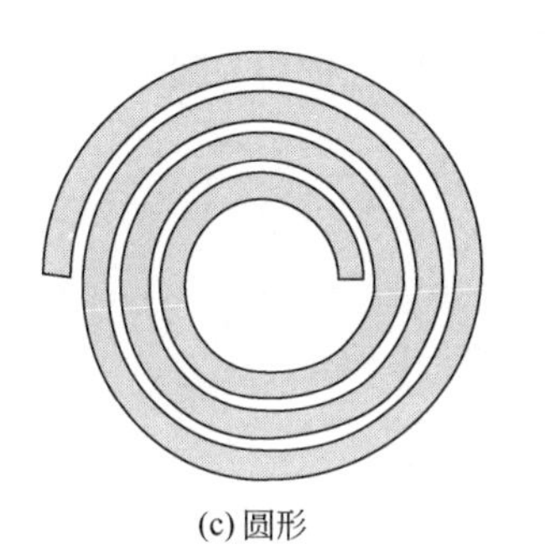

(c) 圆形

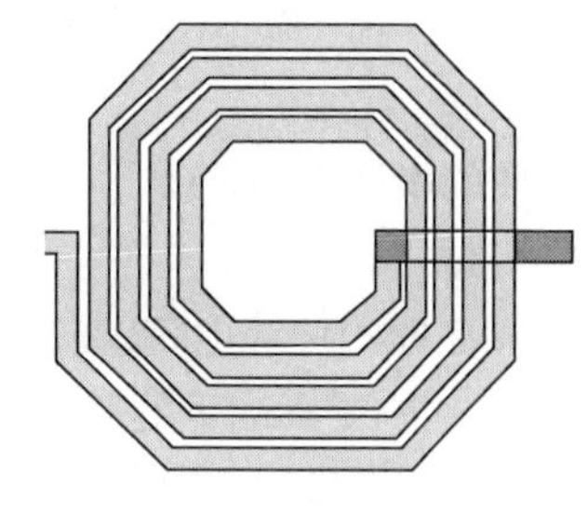

(d) 八边形

图 4-17 二维电感结构

**表 4-4 二维电感结构及其特征**

| 形状 | 优点 | 缺点 |
|---|---|---|
| 曲折形 | 低涡流电阻 | 最低的感值和自谐振频率 |
| 矩形 | 简易的版图 | 更低的自谐振频率 |
| 八边形 | 更高的自谐振频率 | 复杂的版图 |
| 圆形 | 最高的自谐振频率 | 复杂的版图 |

**表 4-5 三维电感结构及其特征**

| 形状 | 优点 | 缺点 |
|---|---|---|
| 矩形和圆形 | 更高的感值 | 更低的自谐振频率 |
| 螺线管形或横线形 | 更低的涡流电阻 | 更低的电感 |
| 螺旋形 | 更高的自谐振频率 | 更低的电感 |

## 4.3.5 基于硅衬底的电感

为了利用成熟且低成本的硅（Si）微纳米加工工艺，目前已采用 CMOS、BiCMOS 和 SiGe-HBT 技术来开发基于 Si 衬底的 RF 单片 IC。标准 Si 技术的主要缺点之一是与 GaAs 衬底（$10^7\Omega\cdot cm$）相比，Si 衬底电阻率低得多（小于 $10^3\Omega\cdot cm$），因此 Si 衬底损耗高。高密度 CMOS 技术使用电阻率约为 0.01Ω· cm 的高掺杂衬底，而在 BiCMOS 的情况下，标称电阻率约为 10Ω · cm。因此，与在 GaAs 衬底上制造的螺旋电感和传输线相比，基于 Si 衬底的电感其 $Q$ 值要低得多。由于硅技术使用各种各样的电阻率值（即 0.01～100Ω · cm），因此螺旋电感的设计变得相当复杂。物理尺寸的选择，例如匝数（$n$）、线宽度（$W$）、线厚度（$t$）、线间距（$S$）和内径（$D_i$），如图 4-18 所示。

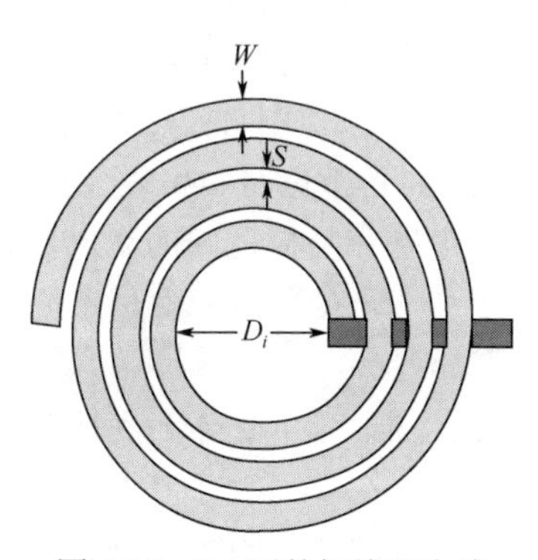


图 4-18 3.5 匝的螺旋形电感

（1）电感模型

基于 Si 衬底的等效电路 EC 模型是有损耗的。相关文献中已经报道了几种不同的用于 Si 衬底上的电感模型，以精确地说明电感线圈和 Si 衬底之间的介电层的影响，以及衬底中的寄生电容和寄生电感损耗。这些模型的主要区别在于低电阻率 Si 衬底中的寄生电容和寄生电感损耗。

图 4-19 显示了各种 EC 模型，可用于描述 Si 衬底上的电感特性。各种模型的参数描述如下：

$R_s$——电感金属的串联电阻，Ω;

$L$——总电感，H;

$C_p$——电感线圈之间的边缘电容，F;

$C_{ox1}$，$C_{ox2}$——氧化物层影响下的并联电容，F;

$C_{sh1}$，$C_{sh2}$——介电层和基板影响下的总并联电容，F。

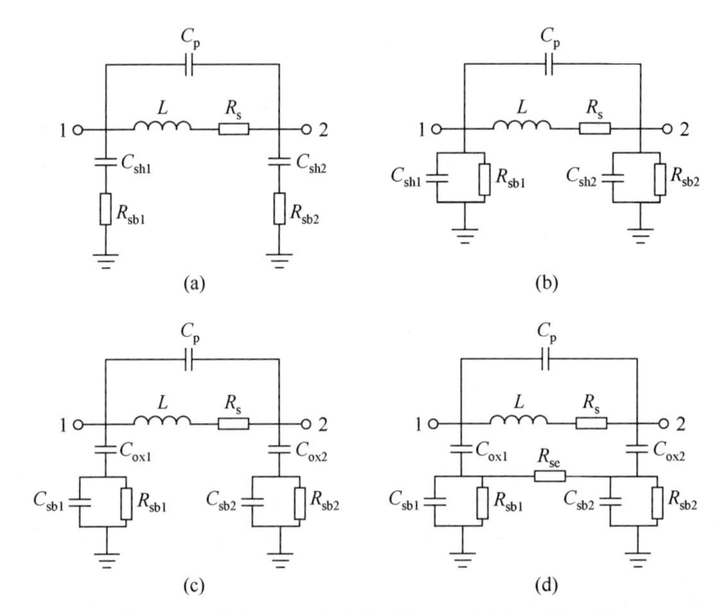


图 4-19　基于 Si 衬底上的螺旋电感等效电路模型

图 4-19（a）、（b）描述了常用的等效电路 EC 模型。当将串联模型等效转换为并联组合时，这两种模型在电学性能上是相同的。在此，氧化物层影响下的等效电容被统计到了基板电容中。图 4-19（c）对于上述模型进行了更为详细的表述，其中添加了另一个电容 $C_{ox}$，以解决损耗基板引入的耦合性电容问题。上述模型可以很好地预测 Si 衬底上电感性能。图 4-19（d）给出了一个更为准确的等效电路模型，其中衬底电阻也考虑在内且用 $R_{se}$ 来表示，并考虑了螺旋电感和低电阻率 CMOS Si 衬底之间的磁耦合。由螺旋电感线圈上的电流产生的磁场在 Si 衬底中感应出具有相反极性的电流，从而进一步增加了电阻 $R_{se}$。如果等效电路模型中未使用 $R_{se}$ 项，则它被计入了 $R_{sb}$ 中。

因此，等效电路中串联元件的值取决于电感线圈走线的特性和尺寸，而并联元件的值取决于电感和基板之间的介电参数。由于电感走线、电感与端口之间的连接方式不对称，端口 1 和 2 上的并联元件值不同，一般我们可以假定端口 1 和 2 是近似对称的且并联元件值相同。

$R_{sb1}$，$R_{sb2}$——由于衬底损耗引入的并联电阻，Ω;

$R_{se}$——由于基板中涡流损耗而引入的并联电阻，Ω。

（2）品质因数 $Q$ 的提升方法

评价 Si 衬底上电感的重要参数之一是品质因数 $Q$。用于提高 Si 衬底上电感 $Q$ 的技术可分为四类，如图 4-20 所示，分别为基于电感走线结构，电感线圈金属参数，高电阻率基板的使用，以及基板屏蔽的使用。

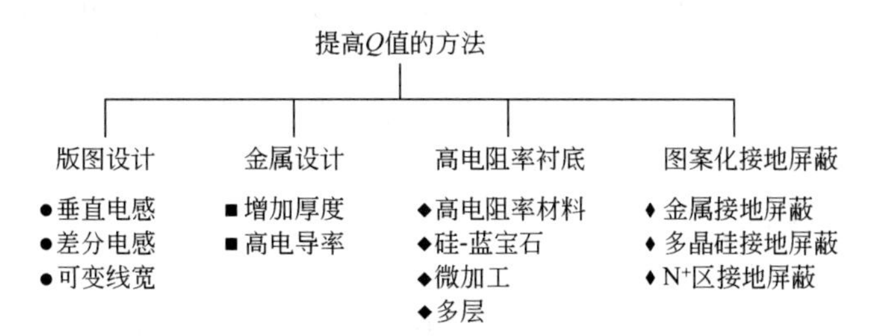


图 4-20　基于 Si 衬底的电感品质因数的提升方法

## 4.3.6　基于砷化镓 GaAs 衬底的电感

基于 GaAs 基板的螺旋电感器与基于 Si 基板的螺旋电感器相比，砷化镓（GaAs）相当于是绝缘体，因此其基板的损耗可以忽略不计，电感的等效电路也因此变得更加简单。使用 GaAs MMIC 技术制成的电感的品质因数 $Q$ 值比基于 Si 基板的微纳米技术高出 4～5 倍，这是由于 GaAs 基板能够实现较厚的高导电性金属和 GaAs 基板自身的绝缘特性所致。高品质因数 $Q$ 的电感在集成电路中能够对于增益、插入损耗、噪声系数、相位噪声、功率输出以及功率等性能加以提升，因此已经有几种类似于基于 Si 基板的电感方案可以进一步用基于 GaAs 电感的方案来替代，目的是提升电感的品质因数 $Q$。

（1）电感模型

电感的特性参数在于其电感值、空载品质因数 $Q$ 以及谐振频率 $f_{res}$。图 4-21 展示了用于描述 GaAs 电感特性的各种 EC 模型，其中：图 4-21（a）为最简单的等效电路模型；图 4-21（b）展示了常用的等效电路模型；图 4-21（c）所示的模型中可以准确地表示出基板损耗；图 4-21（d）展示了具有较大电感值的电感等效电路模型。

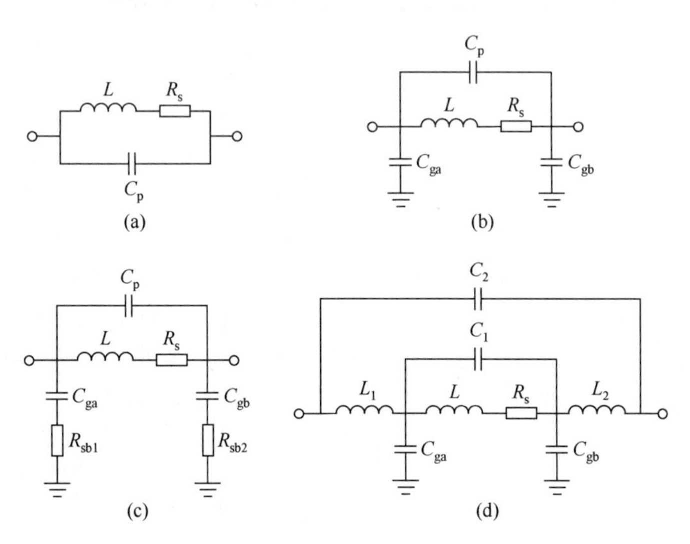


图 4-21　基于 GaAs 衬底的电感等效电路模型

在这些模型中，串联电感用 $L$ 表示，$R_s$ 为电感线圈的总电阻损耗，$C_p$ 是电感线圈匝与匝之间的耦合电容，而 $C_{ga}$，$C_{gb}$ 表示电感线圈走线和基板之间的并联电容。图 4-21（d）显示了用于表征 GaAs 电感的两端口集总元件等效电路模型。其中，用于模拟电感线圈耗散损耗的串联电阻 $R_s$ 可由下式给出：

$$R_s = R_{dc} + R_{ac}\sqrt{f} + R_d f$$

式中 $R_{dc}$——电感线圈的直流电阻，Ω；

$f$——频率，Hz。

$R_{ac}$ 归因于趋肤效应和涡流激励，$R_d$ 归因于基板中的介电损耗。在该等效电路模型中，总的电感值可以用 $L_t(L+L_1+L_2)$ 表示，$R_s$ 和 $C$ 分别代表串联电阻和寄生电容。

（2）评价参数

对于给定的电感值，人们希望在尽可能小的面积内具有最高的 $Q_{eff}$ 和 $f_{res}$。在电感中，线宽、线间距以及内径的变化会影响其面积，因此很难进行性能和尺寸之间的比较。因此，我们定义了电感的特定评价参数 Figure of Merit（FMI），如下所述：

$$FMI = Q_{res} f_{res} / S$$

式中，$S$ 为电感面积。

综上所述，对于电感的性能评价，FMI 值越高，性能越优异。

### 4.3.7 习题

1. 写出电感的通用计算公式。
2. 画出基于 Si 基板的电感等效电路模型并解释相应元件。
3. 画出基于 GaAs 基板的电感等效电路模型并解释相应元件。
4. 列举能够提升电感品质因数 $Q$ 的方法。

## 4.4 金属-绝缘体-金属电容（MIMCAP）的性能指标及设计

### 4.4.1 简介

当在电容的两个极板上施加电压时，存储的能量取决于电容的充电工作。电容定义为当两个极板之间存在电压差时，在两个极板之间的电场中存储能量的能力或存储电荷的效率。电容值取决于极板的面积、电极之间的间隔距离以及极板之间的介电材料。具有高介电常数和较高击穿电压的电介质材料是最理想的。电容结构可能具有两个或更多的基板金属导体。由两个基板金属导体组成的电容计算公式由下式给出，单位为法拉：

$$C = \frac{Q}{U}$$

式中，$Q$ 为每个极板或导体上的总电荷，C；$U$ 为两个导体之间的电压，V。

如图 4-22 所示，电容器的基本结构由两个平行的板（也称为电极）组成，每个板的面积均为 $A$，并由厚度为 $d$ 且介电常数为 $\varepsilon_0\varepsilon_r$ 的绝缘体或介电材料隔开，其中 $\varepsilon_0$ 和 $\varepsilon_r$ 为自由空间介电常数和相对介电常数。电容值可通过下式推导得出：

$$C=\varepsilon_0\varepsilon_r\frac{A}{d}=\varepsilon_0\varepsilon_r\frac{Wl}{d}$$

式中，$W$ 和 $l$ 为电容极板的宽度和长度。上式基于以下常用单位也可表示为：

$$C=0.2249\varepsilon_r\frac{Wl}{d}(\text{pF})$$

式中，$W$、$l$、$d$ 的单位为英寸。

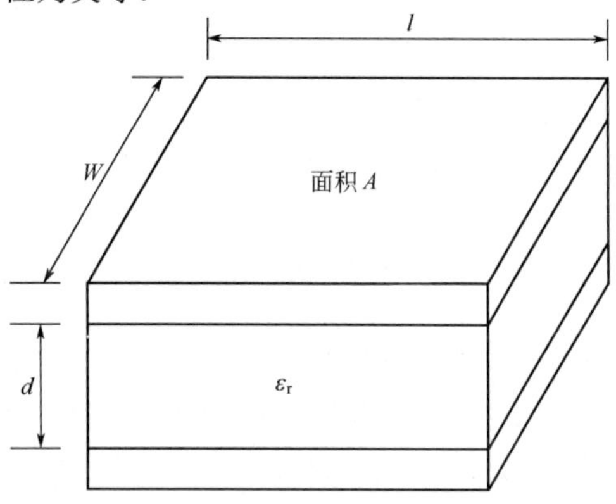


图 4-22　基本的平行极板电容结构

## 4.4.2 电容参数

特定电容的选择取决于实际的应用。选择电容时，应考虑以下几个参数，包括电容值、容差、热稳定性或温度系数、品质因数 $Q$、等效串联电阻、串联谐振频率、并联谐振频率、耗散因数/损耗正切值、额定电压、额定电流、绝缘电阻、时间常数、物理要求和成本等。

（1）电容值

片式或分立电容可在较大的电容值范围内进行选取使用。RF 和微波应用的典型范围是 0.1pF～1mF。在单片集成电路应用中，它们的范围为 0.05～100pF。

（2）容差

片状电容的容差一般为±5%、±10%和±20%。对于匹配电路和其他电路，需要容差较小的电容；而对于旁路或直流模块的电容应用，通常可接受±20%左右的容差；单片电容的一般容差小于±10%。

（3）温度系数

电容容值随温度的变化率称为温度系数（Temperature Coefficient），单位为$\times10^{-6}$℃$^{-1}$表示。温度的电路稳定性至关重要，在大多数的电子电路应用中，需要较小的 TC 值。TC 值可以为负或正。通过选择合适的 TC 值，电路的温度依赖性能够最小化。小容值电容的 TC 值一般小于$\pm50\times10^{-6}$℃$^{-1}$；基于氮化硅的单片电容的 TC 值约为$+30\times10^{-6}$℃$^{-1}$。

（4）品质因数

品质因数衡量电容的储能能力。当电容由电容 $C$ 和电阻 $R_s$ 的串联等效电路表示时，如图 4-23 所示，品质因数 $Q$ 由以下关系式定义，其中$\omega=2\pi f$，$f$ 是工作频率。

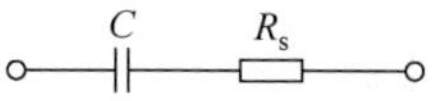

C　$R_s$

图 4-23　电容的串联等效电路

$$Q=\frac{1}{\omega CR_s}=\frac{1}{2\pi fCR_s}$$

（5）耗散因数/损耗正切值

电容的耗散因数（Dissipation Factor）定义为电容的串联电阻与其容抗的比值，即：

$$DF = \omega C R_s = \frac{1}{Q} = \tan\delta$$

式中，$Q$ 为电容的品质因数。耗散因数/损耗正切值为电容中损失功率的大约百分比，这些损耗的能量将转化为热量。例如，$DF=\tan\delta=0.01$，意味着电容将吸收总功率的1%并转换为热量。为了减小耗散的功率，需要一个 $Q$ 值很高的电容，该电容的 $Q$ 值数量级通常为1000～10000。

（6）时间常数

在电路中，当理想电容器 $C$ 与电阻 $R$ 串联连接并施加直流电压时，需要有限的时间 $\tau$ 才能将电容充电至施加的电压。所需的时间 $\tau$ 被称为时间常数，由下式给出：

$$\tau = RC$$

式中，$\tau$、$R$ 和 $C$ 分别以秒、欧姆和法拉为单位。

（7）额定电压

可以安全地在电容极板之间施加且不影响其可靠性或破坏其性能的最大电压称为额定电压或工作电压。芯片型电容的额定电压值通常在50～500V之间，而单片集成电容的额定电压则小于100V。基于 $Si_3N_4$ 介质材料的电容的额定电压值约为50V。芯片型或分立型电容可在较大的电容值范围内进行额定电压值的选取使用。

（8）额定电流

允许通过电容而不破坏或引起过热情况的最大电流称为额定电流或最大额定电流。额定电流受到电容的击穿电压或功率消耗的限制。

## 4.4.3 芯片型电容种类

芯片型电容属于平行板类型，是射频和微波IC的组成部分。它们的尺寸大小通常比其工作波长要小得多。芯片型电容是通过将高介电常数材料夹在平行板导体之间制成的。其使用的介电材料是陶瓷或瓷器或类似的材料。通常，这些电容可以使用表面安装技术进行连接或焊接，也可以采用金线或带状线的方法加以连接。

（1）多层介电材料型电容

多层介电材料型电容结构示意图见图4-24。

（2）多层极板型电容

多层极板型电容结构示意图如图4-25所示。

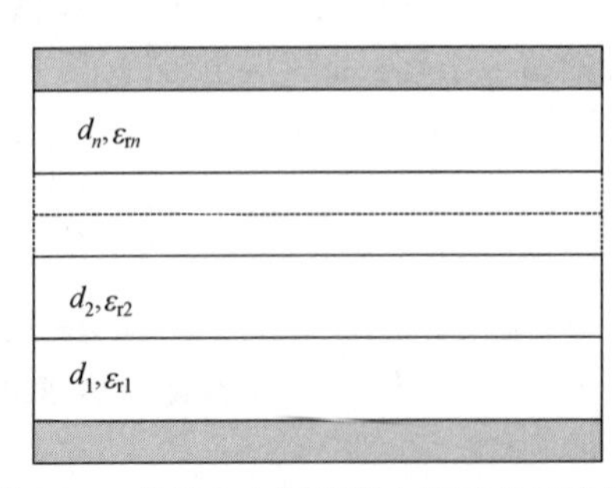


图4-24　多层介电材料型电容结构示意图

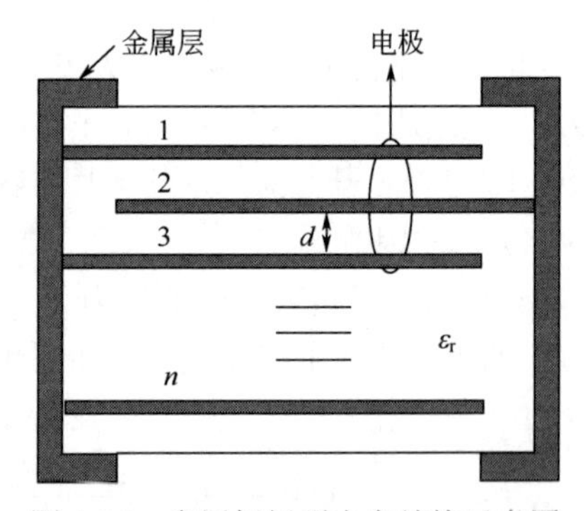


图4-25　多层极板型电容结构示意图

### 4.4.4 分离型平行极板电容器模型

（1）立式串联型电容

平行极板电容通常应用于单片集成电路中的直流 DC 模块，其中在基板上的微带线存留有间隙，在间隙之间安装立式串联型电容，如图 4-26（a）所示。在这种情况下，可以将电容视为串联在两条微带线之间，其等效电路如图 4-26（b）所示。

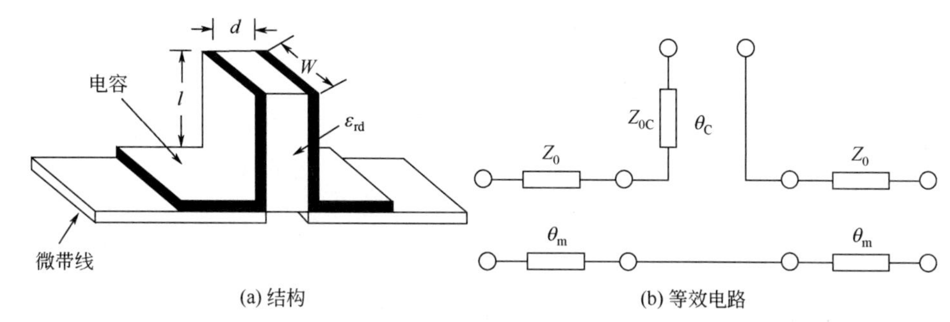


图 4-26　立式串联型电容

（2）水平式串联型电容

图 4-27（a）所示为另外一种串联型电容连接方式，在忽略损耗的情况下，其等效电路如图 4-27（b）所示。

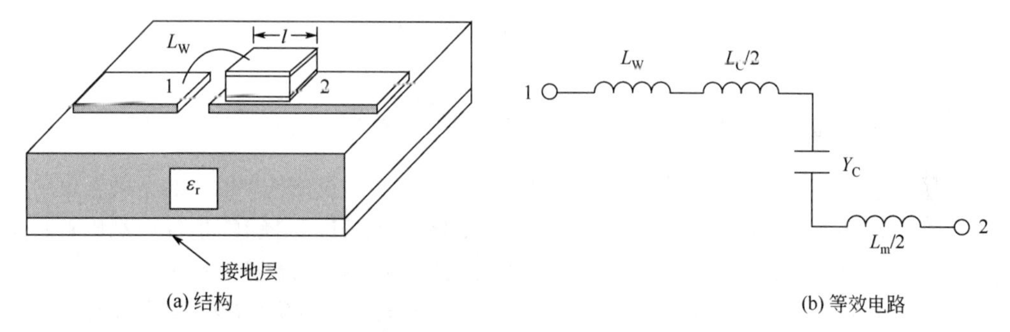


图 4-27　水平式串联型电容

（3）水平式并联型电容

考虑一个连接在微带线末端的旁路电容器，在该电容上，上极板与微带线通过跳线键合连接，而下极板焊接在地板上。图 4-28 展示了水平式并联型电容的结构示意图及其分布式等效电路模型。其中，$L_w$ 和 $C_o$ 分别表示跳线键合引入的电感和微带线端部的边缘电容。

（4）基于测量的电容模型

通过在串联结构中进行 $S$ 参数测量，可以建立片式串联型电容的精确测量模型，如图 4-29（a）所示。当在 50Ω系统中进行 $S$ 参数测量时，电容可以跨 50Ω微带线安装在高纯度氧化铝基板上。氧化铝基板的厚度通常为 0.38mm，当工作频率在 C 波段以下可以使用 0.65mm 的氧化铝基板，在 X 波段以上则建议使用 0.25mm 的氧化铝基板。测量式，首先利用标准校准模块摒除线缆和连接头上的损耗，进而通过矢量网络分析仪进行 $S$ 参数测量。在低于 2GHz

的 RF 频率下，氧化铝基板也可以用 FR-4 PCB 代替。图 4-29（b）给出了基于测量的电容模型所对应的等效电路模型。

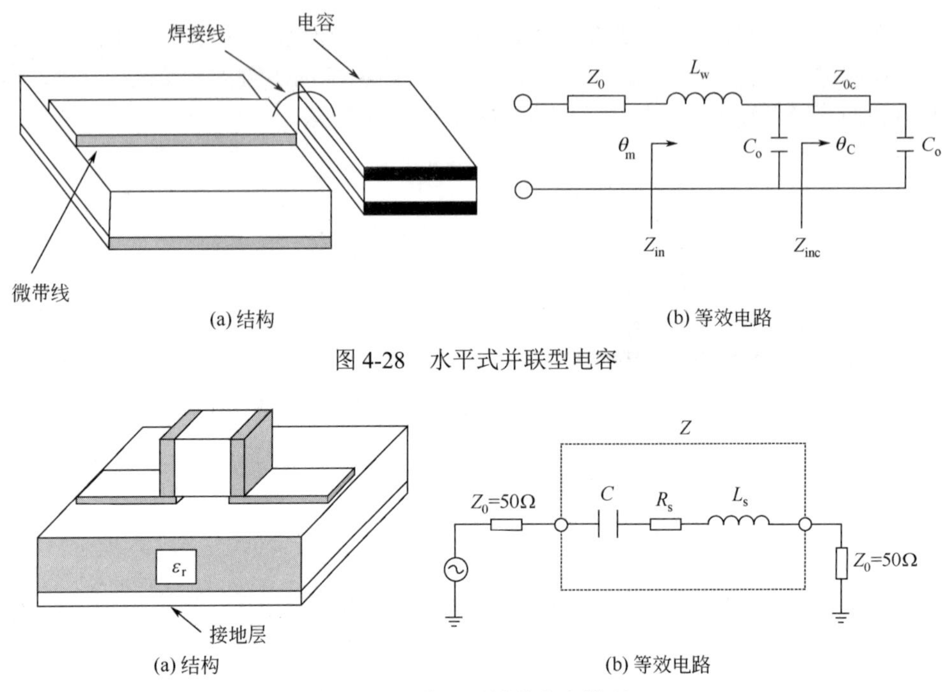


图 4-28　水平式并联型电容

图 4-29　基于测量的电容模型

## 4.4.5　金属-绝缘体-金属（MIM）电容模型

MIM 电容是利用两层金属和其之间的薄层低损耗电介质构成的。电容的下极板使用的是一种薄的且未经电镀的金属，介质材料是用 $Si_3N_4$（GaAs 基板上的 IC 器件用氮化硅）或者 $SiO_2$（Si 基板上的 IC 器件用二氧化硅）。电容的上极板通常使用较厚的电镀金属，从而减少电容的整体损耗。下极板和上极板的方阻值分别约为 0.06Ω/sq 和 0.007Ω/sq，介质材料的厚度一般为 0.2mm 左右。$Si_3N_4$ 的介电常数约为 6.8，能够产生的电容约为 $300pF/mm^2$。上极板通常利用具有更高击穿电压的空气桥结构或跳线与其他电路元件相连。表 4-6 比较了微带线型的电容和 MIM 电容的加工工艺和电容容差。

**表 4-6　GaAs 衬底上微带电容器和 MIM 电容器的电容变化**

| 电容 | 区间 | 设计误差 | 加工变化 |
|---|---|---|---|
| 微带线（并联） | 0.0～0.1pF | ±2% | ±2% |
| 金属-绝缘体-金属 | 1.0～30.0pF | ±5% | ±10% |
| 金属-绝缘体-金属 | 0.1～1.0pF | ±5% | ±20% |
| 金属-绝缘体-金属 | 0.05～0.1pF | ±5% | ±30% |

三种基于 GaAs 基板的单片集成型电容结构模型如图 4-30 所示，分别为微带线型、交指型以及 MIM 型。

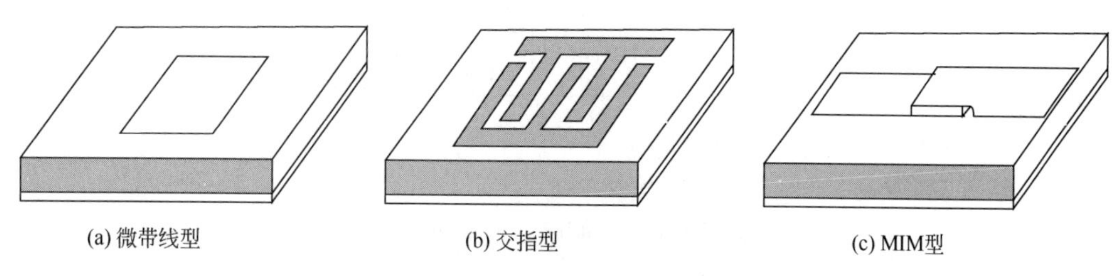

图 4-30　单片集成型电容结构模型

（1）基于简单集总元件的等效电路

当 MMIC 电容的最大尺寸小于工作波长的 1/10 时，在工作频率下，其等效电路可用如图 4-31 所示的基于简单集元器件的等效电路结构表示，其中 B 和 T 分别表示电容下极板（底部）和上极板（顶部）。

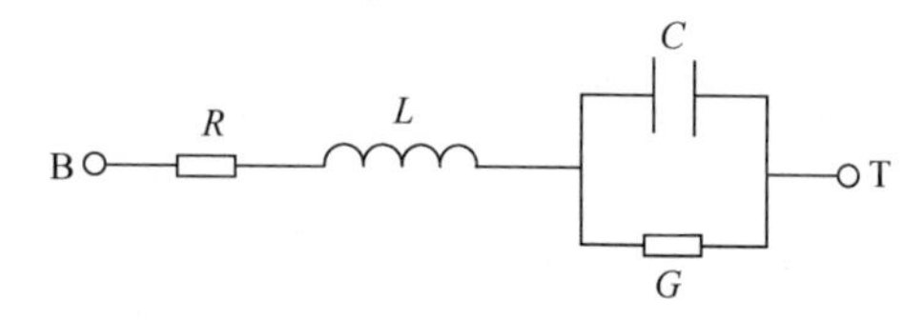

图 4-31　基于简单集元器件的等效电路

（2）基于耦合微带线型的分布式电容模型

基于耦合微带线型的分布式电容模型由 Mondal 提出，通过测得的两端口 $S$ 参数数据来提取相应的模型参数值。其横截面图和等效电路模型如图 4-32 所示。

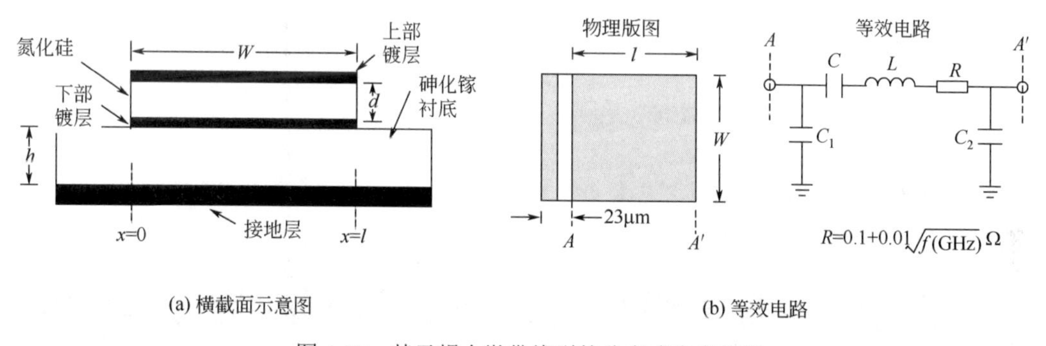

图 4-32　基于耦合微带线型的分布式电容模型

（3）基于单个微带线的分布式电容模型

基于单个微带线的分布式电容模型由 Sadhir 和 Bahl 提出。模型中的元件值与基板的厚度有关，从而确保了该模型具有适应不同基板厚度的能力，并且只要电容的宽度或长度小于工作波长的一半，上述电容模型也是适用的。如图 4-33 所示，在分布式电容的等效电路模型中，下极板可以视为一条微带传输线，其宽度（$W$）和长度（$l$）与电容的物理尺寸相同。并联电导 $G$ 由电容的介电材料损耗引入。串联电阻 $R_0$ 代表构成下极板的金属引入的导体损耗，其厚度远小于趋肤深度。$C_1$ 是由上极板与基板之间的边缘电容引入的，可以通过边缘电容的计算公式得出。

（4）基于 Si 基板的 MIM 电容模型

使用 CMOS 技术在 Si 基板上的 MIM 电容等效电路模型由 Xiong 和 Fusco 提出。电容的物理结构示意图和其等效电路模型如图 4-34 所示。

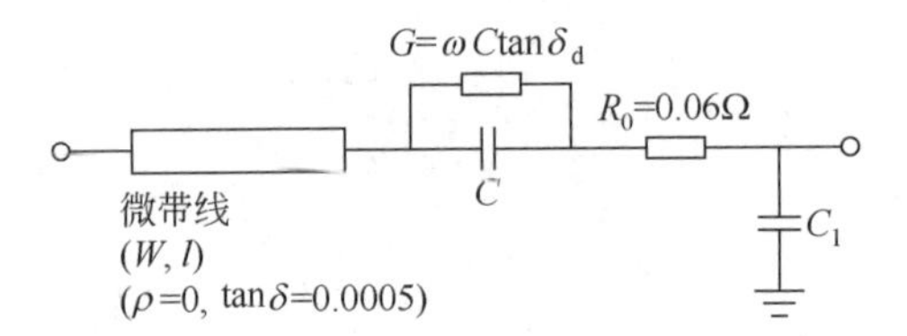

图 4-33　基于耦合微带线型的分布式电容模型的等效电路（1）

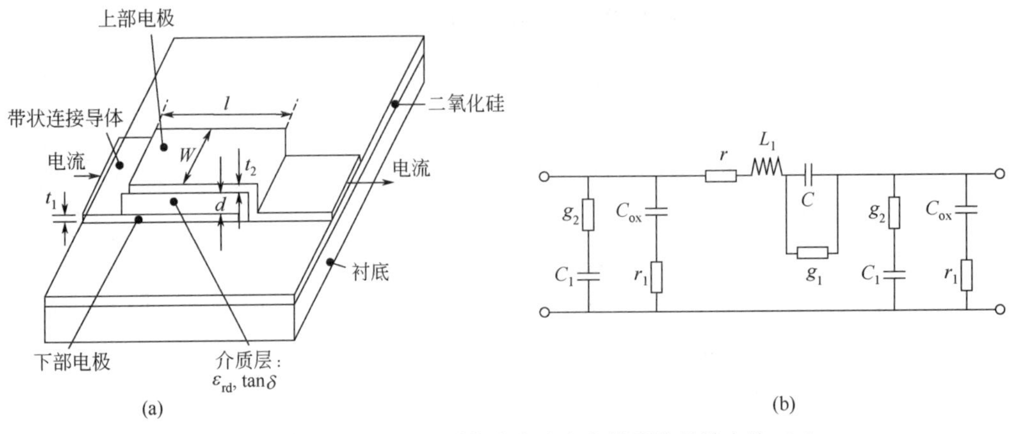

图 4-34　基于耦合微带线型的分布式电容模型的等效电路（2）

### 4.4.6　习题

1. 写出以毫米和微米为单位的电容通用计算公式。
2. 电容有哪些等效电路模型？
3. 画出基于 Si 基板的 MIM 电容等效电路模型。

## 4.5　基于 ADS 软件仿真薄膜电阻、螺旋电感和金属-绝缘体-金属电容

### 4.5.1　ADS2015 仿真软件简介

ADS（Advanced Design System）软件，是 Agilent 公司专门为 RF 工程师及 DSP 工程师开发的 EDA 工具，是国内外各大学和研究所使用最多的射频微波电路和通信系统仿真软件。其功能非常强大，仿真手段也丰富，主要应用于、射频和微波电路的设计、MMIC 和 RFIC 的设计、通信系统的设计、数字逻辑及 DSP 设计。微波电路系统版图内含电磁场仿真工具 Momentum，并且能使版图与原理图自动同步，大大提高了版图设计效率。

ADS 能帮助用户解决从概念到产品、从器件到系统，整个过程中各个环节的设计问题。ADS 的设计覆盖了从集总参数到分布参数、从低频到高频、从数字到模拟、从时域到频域、从线性到非线性、从电路到电磁场、从单个器件到整机等全方位的设计。

计算机辅助设计过程都包含三个基本步骤：①建立电路的数学模型；②搭建仿真模型，并对模型进行分析计算；③对设计进行参扫和最优化。

ADS 系统包括几个设计窗口、几万个元件组成的元件库、附带的一个二维半的场分析工具 Momentum 以及与第三方软件的互联工具。这些工具全部集成在一个图形用户环境中，方便好用。

系统中的几万个元器件参数来自众多厂家，已使用多年，真实可靠，并持续更新中；许多元器件还包含物理结构信息； 同时系统还提供了开放式的元件库，用户可根据自己的需要进行扩充和构建。

ADS 将一个设计任务称为一个工程或项目（Project），并建立一个单独的工程目录来装载与之有关的所有文件。这些文件根据不同的类型存入 5 个子目录中：networks（存放原理图和版图文件）、data（存放原理图仿真的数据）、mom_dsn（存放 Momentum 仿真的数据）、verification（存放设计规则校验数据）、synthesis（存放 DSP 应用中相关的数据）。ADS 包含四类设计窗口：Schematic 窗口，用于编辑和搭建电路原理图；Hpessofsim 窗口，用于对电路进行各种仿真和计算；Data display 窗口，以各种形式显示仿真结果；Layout 窗口，用于编辑电路版图和利用 Momentum 工具进行二维半的场计算。

总之，ADS 是一个很庞大的系统，它自身就附带很多可利用资源，这为 RF 和 DSP 工程师提供了很大的帮助。

ADS 仿真建模步骤：

① 建立工程文件，如图 4-35 所示。

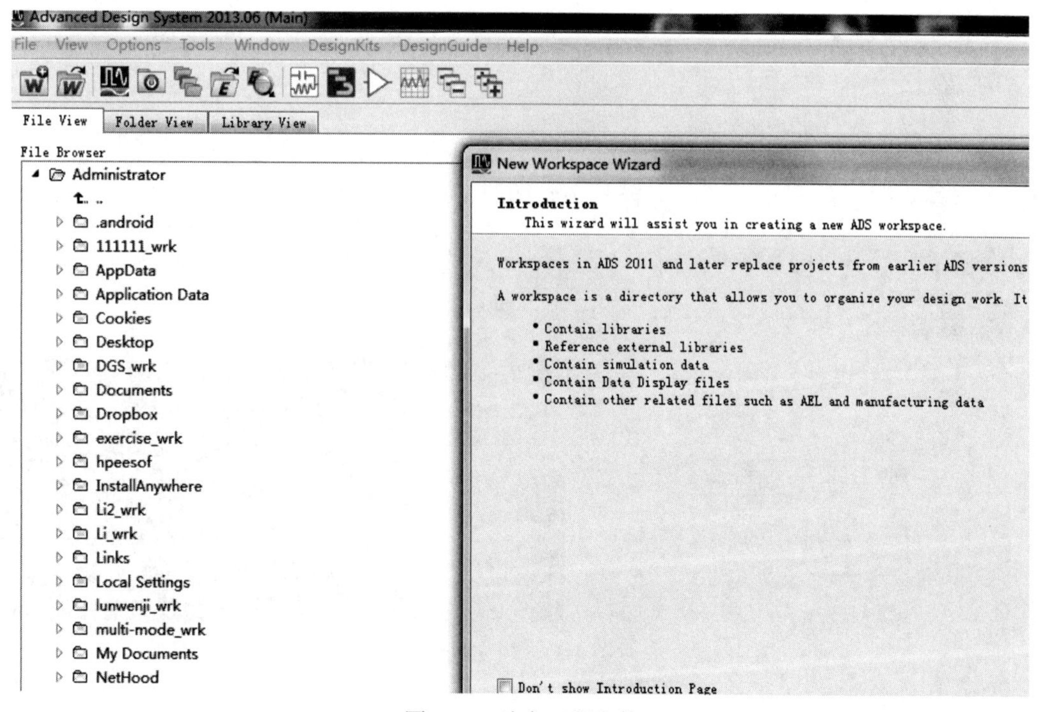

图 4-35　建立工程文件

② 设置选项，如图 4-36 所示。

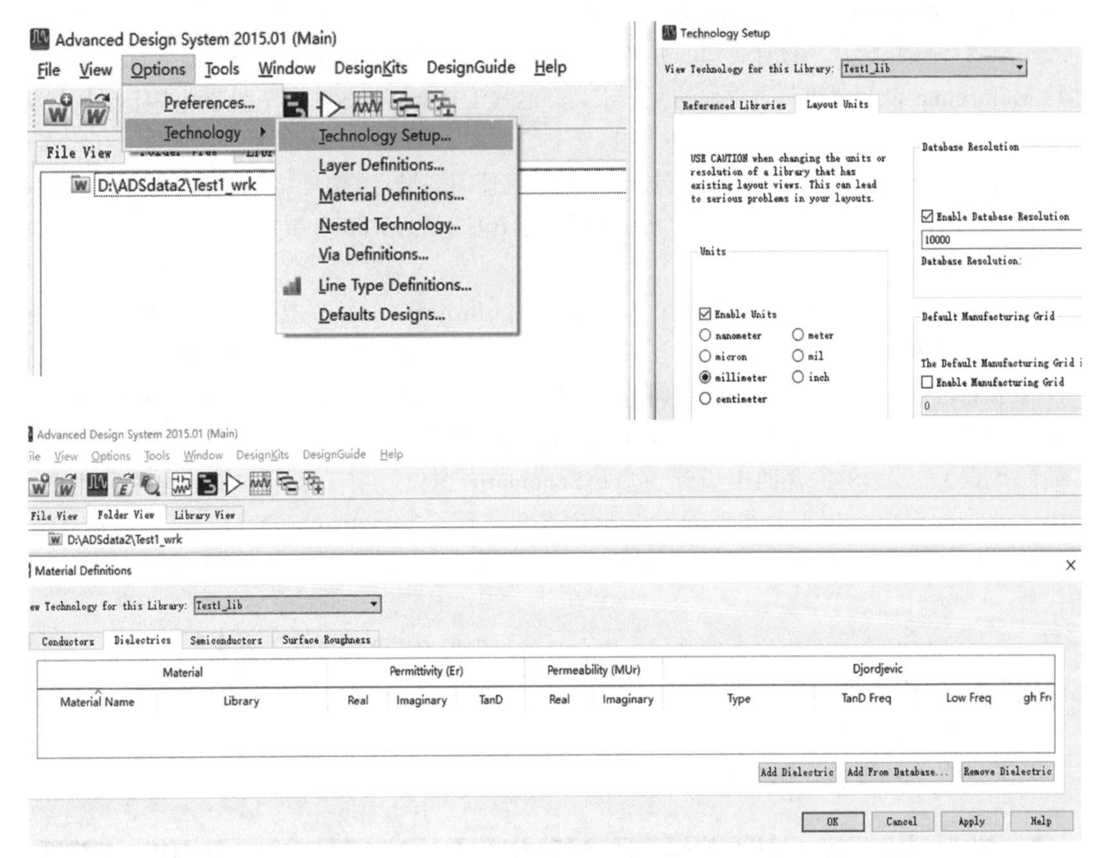


图 4-36　设置选项

③ 建立版图，如图 4-37 所示。

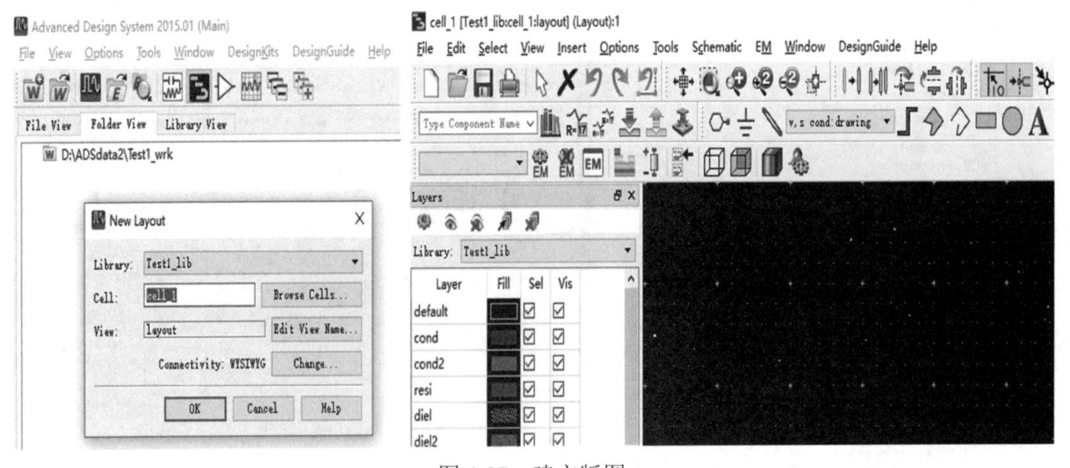


图 4-37　建立版图

④ 设置基板，如图 4-38 所示。

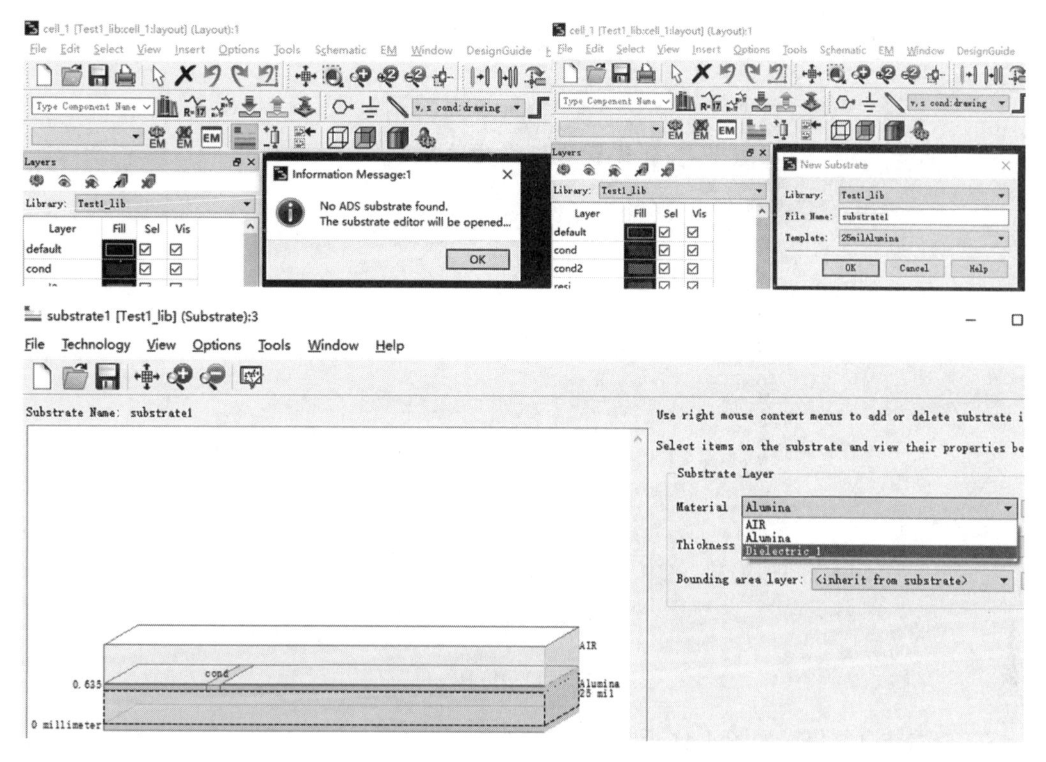

图 4-38　设置基板

⑤ 版图建模，如图 4-39 所示。

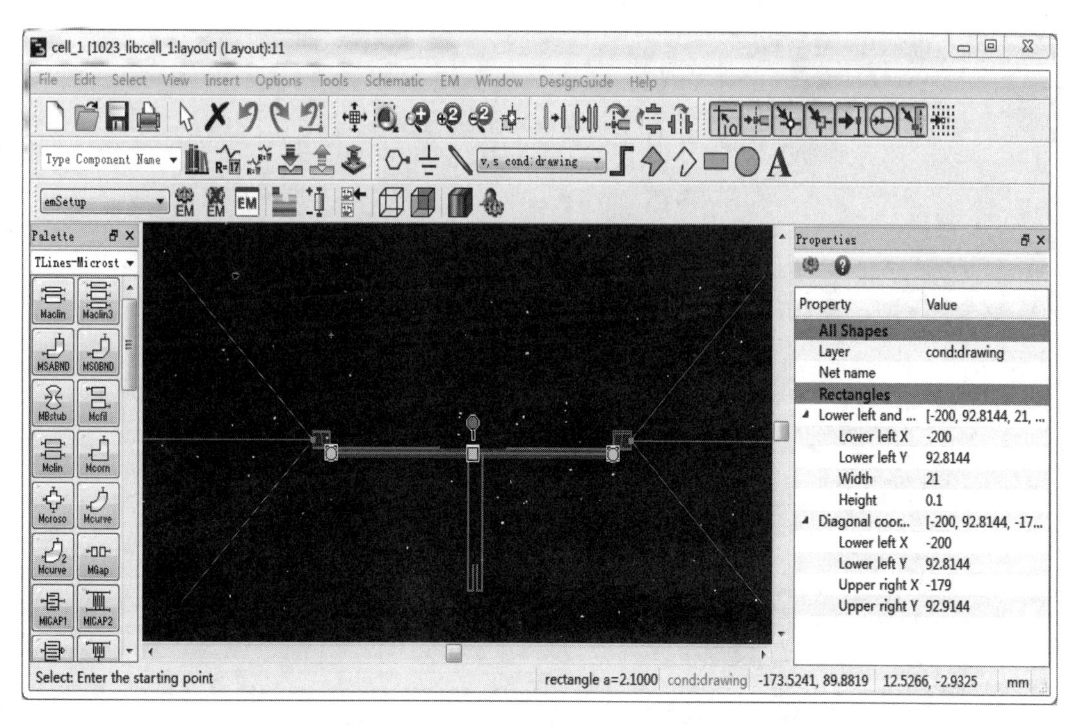

图 4-39　版图建模

⑥ 仿真，如图 4-40 所示。

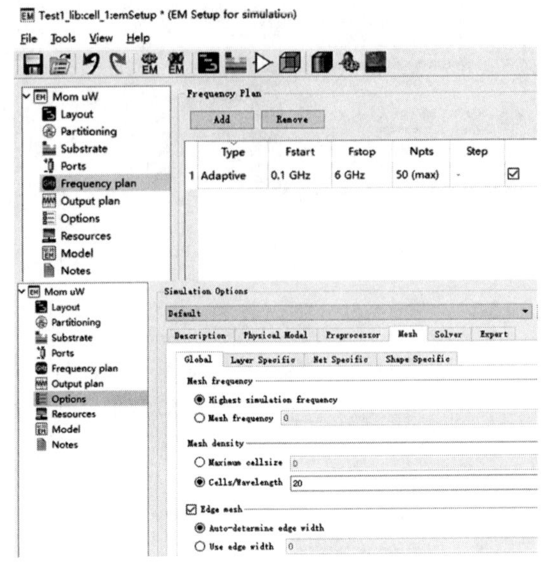


图 4-40　仿真

⑦ 查看仿真结果，如图 4-41 所示。

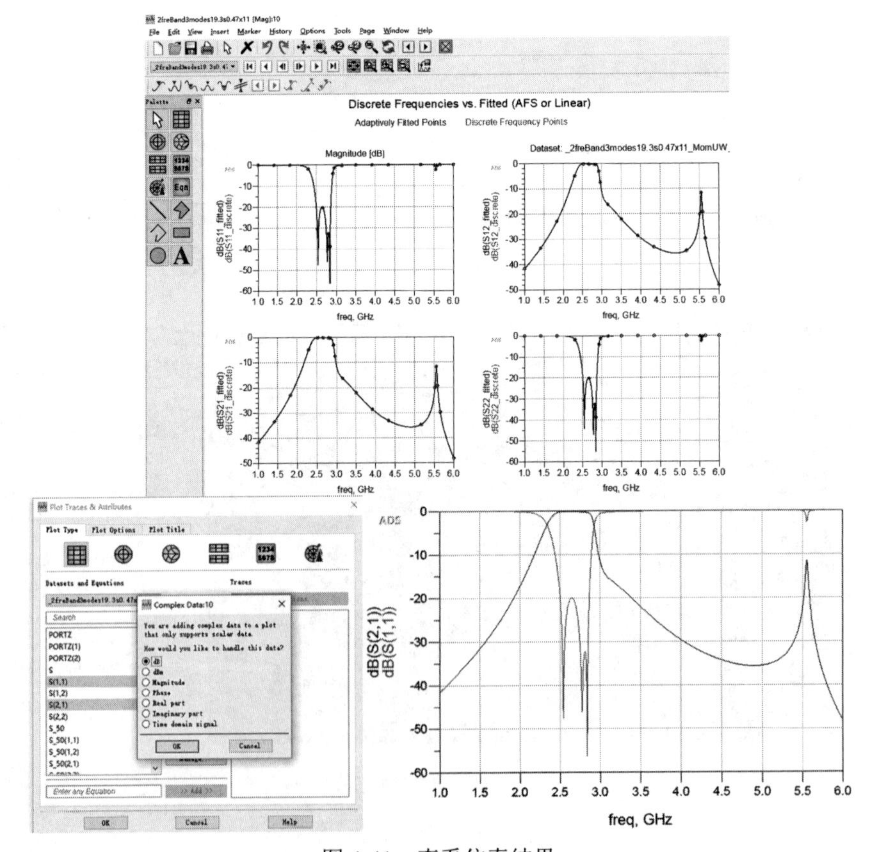


图 4-41　查看仿真结果

## 4.5.2 ADS 仿真薄膜电阻

ADS 对于薄膜电阻的仿真是通过方阻值的设置实现的。对于给定长度和宽度的薄膜电阻，其电阻值的大小为绿色条带的面积与方阻值的乘积。ADS 中薄膜电阻的建模如图 4-42 所示，其中红色条带为金属测量 pad，绿色条带为薄膜电阻，其中金属测量 pad 之间的绿色条带部分为有效的薄膜电阻区域，电阻值的计算需要利用中间绿色条带部分的面积。

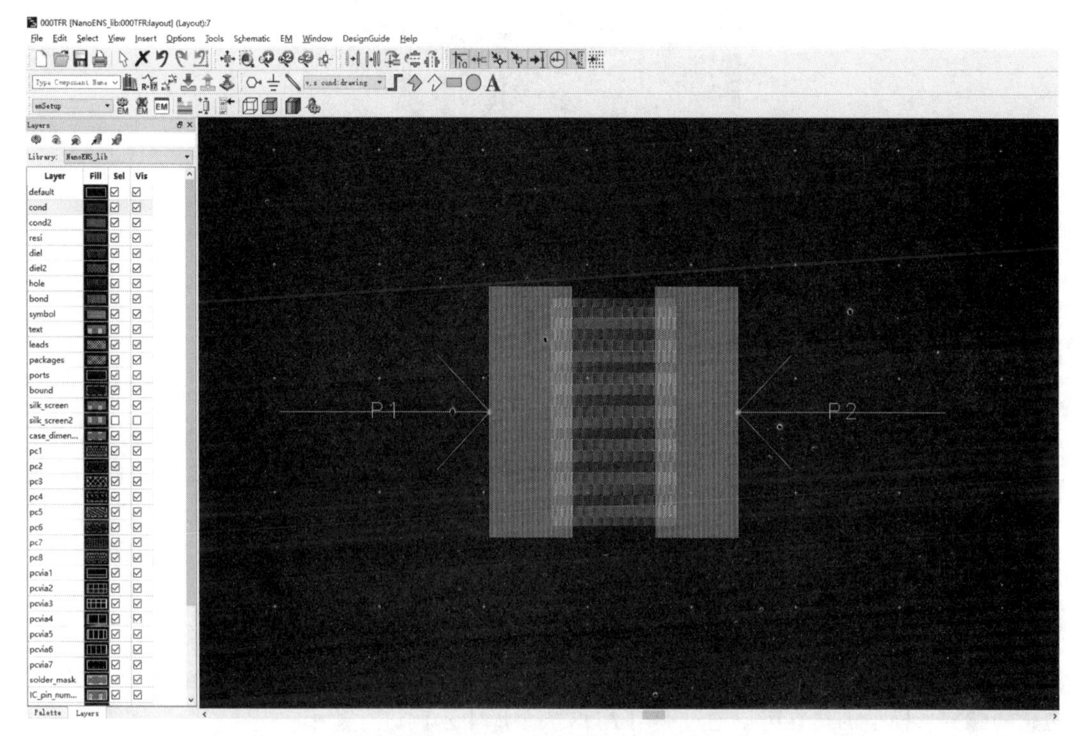


图 4-42　ADS 中薄膜电阻的建模

ADS 软件对于薄膜电阻的仿真依赖于基板的设置，如图 4-43 所示，其中包括厚度为 200μm 的 GaAs 基板、以 bond 命名的金属 pad 层以及以 diel 命名的 NiCr 薄膜电阻层。在微纳米加工工艺中，薄膜电阻材料的选取往往取决于该材料的成膜特性和加工后的电阻值精确性，NiCr 材料由于其出色的膜质特性和加工精确度，常常被用于薄膜电阻的加工中。

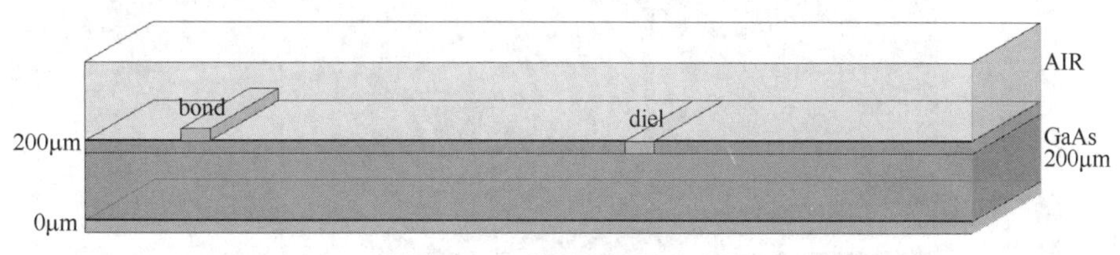


图 4-43　薄膜电阻的仿真

ADS 软件建模后的薄膜电阻 3D 结构如图 4-44 所示，其中蓝色模块为 200μm 的 GaAs 基板；黄色模块为金属 pad，厚度为 5μm；绿色模块为薄膜电阻层，厚度为 75nm；040100 代表该薄膜电阻的尺寸为 40μm×100μm。在实际的电子电路系统的版图建模中，对于电阻的建模只需要在相应位置画出具有一定面积的图案，并为该图案所构成的材料赋予一定的方阻值和厚度即可。

图 4-44　薄膜电阻 3D 结构

### 4.5.3　ADS 仿真螺旋电感

如图 4-45 所示，对于螺旋电感的仿真模型建立，需要涉及空气桥结构。因为螺旋电感具有螺旋形结构，输入端口在外，输出端口需要从中间区域连接到螺旋电感外面，以便于后续的测量，这必然会导致与输出端口相连的带状线与电感线圈相互交叉。为了避免短路现象的出现，则需要将与输出端口相连的带状线从电感线圈下方穿过，即形成“桥式”的结构。此时与输出端口相连的带状线构成“桥墩”，其上方的电感线圈部分构成“桥拱”，“桥墩”与“桥拱”之间间隔 1.8μm 的空气，因此将上述组合结构也称为“空气桥”结构。图示的螺旋电感匝数为9.5匝，内径为100μm，线宽为15μm，线间距为15μm，与之对应的命名方式为1001515。电感的螺旋形模型的建立可以通过调用 ADS 模型库中示例进行建模。

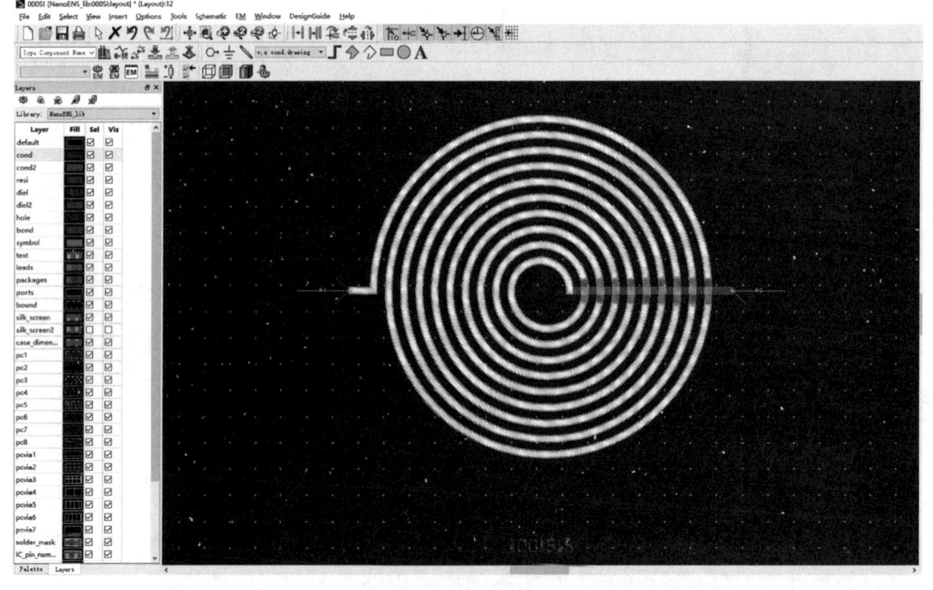

图 4-45　螺旋电感的建模

ADS 软件对于螺旋电感的仿真依赖于基板的设置，如图4-46所示，其中包括厚度为200μm的 GaAs 基板、以 bond 命名的螺旋电感下层金属层、以 leads 命名的螺旋电感上层金属层，以及以 text 命名的上下层连接金属。其中 bond 和 lead 的设置均为“intrude”+“above the surface”。在微纳米加工工艺中，金属厚度更厚的电感其品质因数 $Q$ 高且整体损耗低，因此电感金属的厚度尤为重要。一般而言，蒸镀和溅射工艺能够实现的金属厚度有限且工艺成本较为昂贵，我们往往通过电镀的方式来实现高厚度的金属。

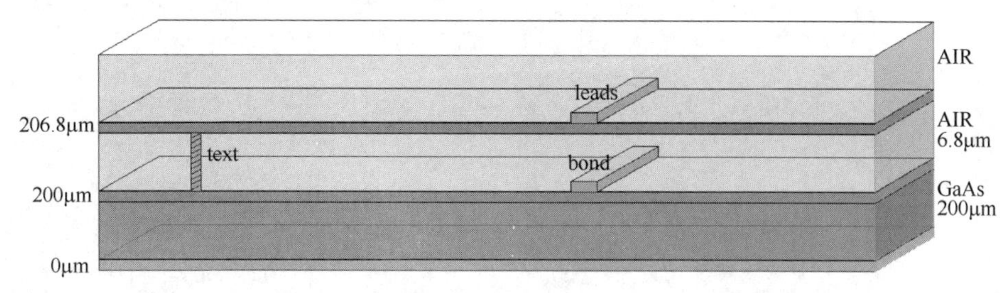


图 4-46　螺旋电感的仿真

ADS 软件建模后的螺旋电感 3D 结构如图 4-47 所示，其中蓝色模块为 200μm 的 GaAs 基板；黄色模块为螺旋电感金属线圈，包括下层 bond 金属和上层 lead 金属，厚度为 5μm+5μm；1001515 是其命名方式，通过特定的材料进行标记，以便最终加工完成的微纳米器件能够通过名字加以区分。在实际的电子电路系统的版图建模中，对于电感的建模需要提前通过经验公式估算出电感值、线圈匝数、内径、外径、线间距以及线宽，在此基础上调用 ADS 实例库中的电感模型，输入上述参数即可完成电感的版图建模。相应的螺旋电感可以为圆形、方形、八边形等，上述图形中圆形结构由于没有倒角，微纳米加工工艺更容易实现且最终测量的损耗更低。

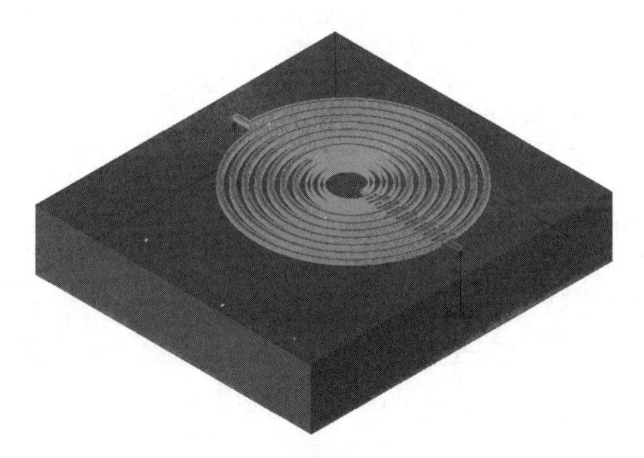

图 4-47　螺旋电感 3D 结构

## 4.5.4　ADS 仿真 MIM 电容

如图 4-48 所示，对于 MIM 电容的仿真模型建立，需要用到两层金属和一层介质材料，从而形成具有“三明治”结构的 MIM 电容。其输入端口和输出端口分别连接在上下两层金属上，中间为具有一定介电常数的陶瓷材料或者绝缘体材料。图中绿色字体标识“085100”表示该电容的极板尺寸大小为 85μm×100μm。基于上述电容通用计算公式，在已知极板尺寸和材料介电常数的情况下，即可计算得到所需电容值的大小。

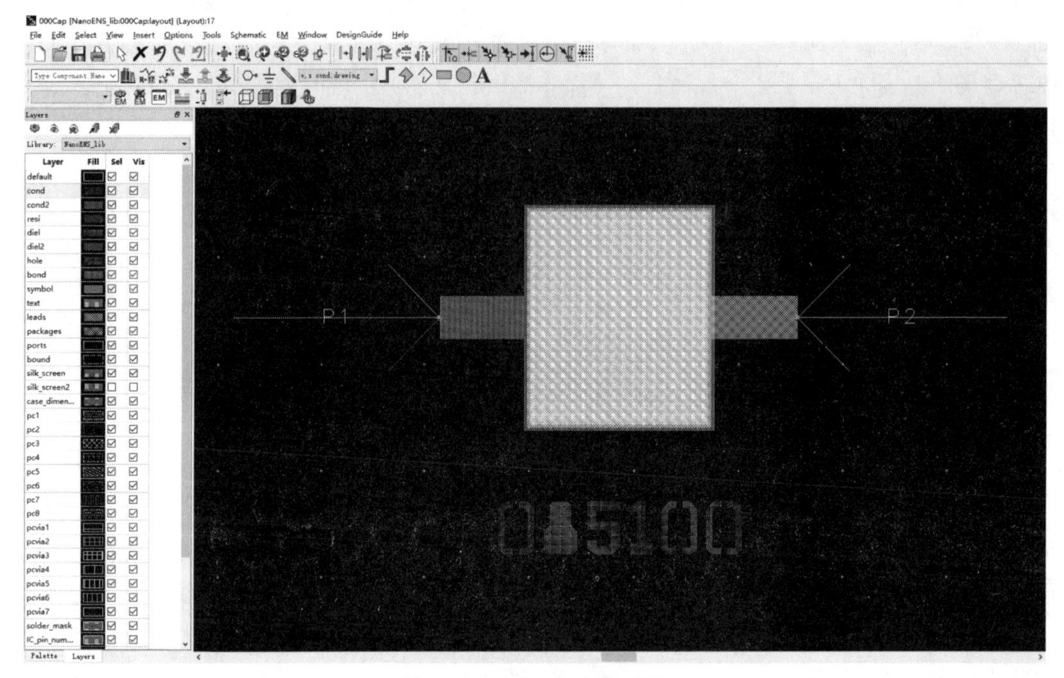


图 4-48　MIM 电容的建模

ADS 软件对于 MIM 电容的仿真依赖于基板的设置，如图 4-49 所示，其中包括厚度为 200μm 的 GaAs 基板、以 bond 命名的 MIM 电容下层金属层、以 leads 命名的 MIM 电容上层金属层，以及以 $SiN_3$ 作为介质材料的介电层。其中 bond 和 lead 的设置均为“intrude”+“above the surface”。

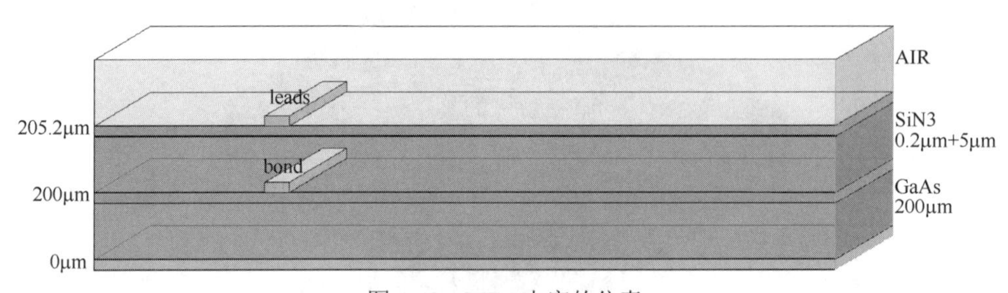


图 4-49　MIM 电容的仿真

ADS 软件建模后的 MIM 电容 3D 结构如图 4-50 所示，其中蓝色模块为 200μm 的 GaAs 基板；黄色模块为 MIM 电容的金属极板，包括下层 bond 金属和上层 lead 金属，厚度为 5μm+5μm；紫色部分为 $SiN_3$ 介质材料层，厚度为 200nm；085100 是其命名方式，通过特定的材料进行标记，以便最终加工完成的微纳米器件能够通过名字加以区分。在实际的电子电路系统的版图建模中，对于电容的建模需要提前通过经验公式估算出电容值、电容的长度、电容的宽度以及介质材料的厚度，在此基础上在 ADS 版图中画出相应的图形结构。MIM 电容也可以为圆形、六边形或者八边形等形状。

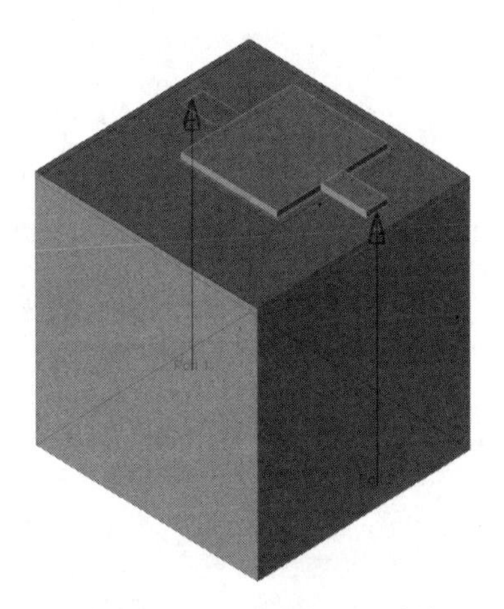

图 4-50　MIM 电容 3D 结构

## 4.5.5　习题

1. 写出以毫米和微米为单位的电容通用计算公式。

2. 电容有哪些等效电路模型？

3. 画出基于 Si 基板的 MIM 电容等效电路模型。

4. 分别计算 100Ω的薄膜电阻、12.5nH 的螺旋电感以及 2.5pF 的 MIM 电容所对应的物理尺寸。

# 新型有机半导体器件

随着当今世界科学技术的快速发展和人们生活水平的日益提高，智能电子产品在我们的生活中无处不在，电子技术极大地促进了各个领域的发展，包括通信系统、能源、健康、国家安全等。然而，这些电子产品大多是基于无机硅材料生产的，在制造、使用和丢弃处理过程中造成的资源浪费和环境污染问题亟待解决。1977 年 Alan J. Heeger 等人发现了导电聚合物材料聚乙炔，1990 年 Richard H. Friend 和 Donal Bradley 报道了第一个聚合物电致发光器件，1998 年我国有机光电子学科的奠基人与开拓者黄维院士在国际上首次提出了通过调控聚合物 P-N 能带实现聚合物半导体发光材料的设计、制备与应用的有效策略。这些开创性成果对光电子材料与器件领域的发展产生了重要的影响，在全世界范围内掀起了有机电子学的研究热潮，环境友好的有机材料和有机电子器件的开发进一步推动了电子技术产业的健康发展。有机电子器件是有机电子学的一个重要研究部分。与传统的无机材料和硅基电子器件相比，有机材料及有机电子器件具有以下优点：①有机小分子、聚合物等有机材料可通过分子结构设计与调控实现特殊的电学性质，实现具有创新性功能的电子器件；②有机材料具有较低的成本，制造基于有机材料的电子器件可有效降低生产成本；③有机材料具有柔韧性好、质量轻等优点，且不同于传统的硅工艺通常需要在 1000℃以上进行加工，有机电子器件可以在室温下进行制备，具有较简单的制备工艺，因此有机电子器件能够实现在大面积可弯曲、可拉伸的柔性电子产品中的应用；④与从矿产中提取的部分无机材料相比，有机材料可通过合成方法制备，不必进行资源开采，并且有机材料和有机电子器件可实现生物降解或循环使用，因此有机电子器件的制造过程及其器件本身均具有环境友好的性质，所以有机电子学为可持续发展的电子技术。

1986 年，研究者发明了第一个功能性的有机薄膜晶体管（Organic Field-Effect Transistors，OFET），不久诞生了第一个有机发光二极管（Organic Light Emitting Diodes，OLEDs）和有机

太阳能电池（Organic Solar Cells）。自 1990 年以来，有机电子器件在全球获得了非常迅速的发展。大量的科学研究致力于各种功能性有机材料的合成，包括导体、半导体、衬底和电介体材料等，同时通过了解材料的特性及材料间的相互作用，对有机电子器件的制备过程进行开发和优化，并专注于有机电子器件的应用和集成，如逻辑电路与存储、显示与照明、有机太阳能电池、光伏器件、光电探测器、传感系统、射频标签及智能集成系统。随着有机材料的不断开发与器件制备技术的日趋成熟，部分有机电子器件的性能已达到甚至超过了现有的硅基器件的性能。目前，OLEDs 已实现在照明与显示领域的应用，如柔性全透明手机、电视显示屏等，OFETs 也已经成功应用于印刷射频识别（Radio Frequency Identification，RFID）标签中，为有机电子市场带来了巨大的经济效益。

本章包含四部分内容：有机场效应晶体管、有机太阳能电池、有机电存储器和有机光电探测器。下面将从各部分器件的基本结构、工作原理、性能参数、涉及的有机半导体材料、影响性能因素和器件制备过程等方面进行讲解。

## 5.1 有机场效应晶体管

自从场效应晶体管被发明以来，一直被认为是未来微电子领域中最重要的组成部分。作为微电子电路中最重要的电子元器件，晶体管在电路中起着整流、放大器、电控开关、信号调制等重要的作用，一方面大规模应用于微处理器、微控制器等数字信号处理领域中，另一方面也大量应用于模拟信号处理的大规模集成电路或是超大规模集成电路领域中。随着半导体领域的迅速发展，越来越多的研究者投身于这一领域之中，1977 年，Shirakawa 等人第一次发现了卤化的聚乙炔具有高导电性，获得了 2000 年的诺贝尔奖。随后，有机半导体迎来了快速发展的阶段，越来越多的共轭聚合物和有机小分子材料被发现具有半导体的性质。1986 年，Tsumura 第一次报道了 OFET，与传统的无机场效应晶体管相比，有机场效应晶体管则是基于有机半导体材料的电子元器件，在许多方面有着非常独到的优势。一方面，传统的硅基晶体管大多需要高温来进行制备，制备速度非常缓慢、耗能高，造成了制备成本的居高不下；另一方面，传统的晶体管由于本身的材料性质，决定了其难以实现柔性化，很难和目前的柔性基板相兼容。而 OFET 则解决了这些难题，OFET 的制备工艺简单可靠，根据材料性质的不同，可以选择真空沉积或者溶液法来进行制备，制备工艺简单，制备速度快，能够大大降低 OFET 器件的制备成本，实现 OFET 器件的大面积制备。同时，由于有机半导体材料本身的性质，可以将器件制备于柔性基板之上，轻松实现 OFET 器件的柔性化。此外，有机半导体材料来源广泛，使得 OFET 器件在性能提升、器件结构的多样化、应用的功能化等方面有着非常巨大的潜力，易于实现系统的高度集成化。OFET 器件在许多领域都取得了越来越多的应用，例如平板显示、物理化学传感器、射频识别等。虽然 OFET 器件的电学性能和传统的无机 FET 器件相比仍有一定的差距，但是随着研究的不断深入，研究者们已经在 OFET 领域获得了极高迁移率的 OFET 器件，可以满足微电子领域对器件电学性能的要求。此外，OFET 器件的空气稳定性、偏压稳定性以及器件制备过程中的重复性都是限制 OFET 在微电子领域大规模应用的一些问题。为了解决上述问题，科研工作者们正在从材料设计、器件结构、制备工艺等方面进行不断的研究，相信在未来的微电子领域，特别是大规模集成电路领域中，OFET 器件一定能够取得越来越广泛的应用。

## 5.1.1 有机场效应晶体管的基本概述

① 有机场效应晶体管简称为有机场效应管，是以有机半导体为活性层，依靠栅电压控制源极和漏极之间电流的电学开关器件。

② 栅电极、源电极和漏电极有机场效应管中活性层材料为有机半导体材料，在该有机薄膜上方再蒸镀上两个金属电极（见图 5-1），则分别称为源电极（S）与漏电极（D）。有机半导体另一面为绝缘介电层与半导体基底材料，在半导体基底下端蒸镀一个金属电极，即为栅电极（G）。

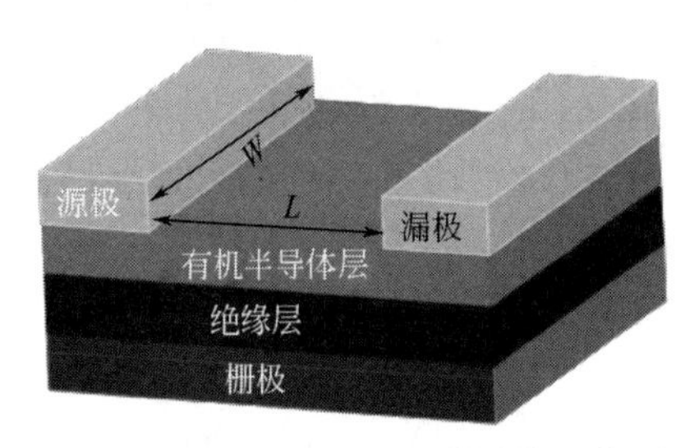


图 5-1　典型的 OFET 器件结构示意图

③ 沟道、P 型沟道、N 型沟道源、漏电极之间作为横向电流（与表面平行）的通道称为导电沟道，沟道长度为 $L$，宽度为 $W$。有机场效应管根据有机半导体种类可分为 N 型有机场效应管和 P 型有机场效应管两类。前者中的载流子主要是电子，其导电沟道为 N 型沟道；后者中的载流子主要是空穴，其导电沟道为 P 型沟道。

④ OFET 和 FET 性能比较。有机场效应管是在无机场效应管的基础上发展起来的，前者的潜在优势在于：a. 有机物种类多，有机半导体的电性能很容易通过化学修饰得到改善；b. 有机薄膜制作工艺简单、重量轻、可大面积制得、成本低；c. 可用于柔性有机电子器件（OLED 和 LCD）的显示开关，如全部由有机材料制备的“全有机”的场效应管具有很好柔韧性且导电性能不受影响，作为记忆元件用于身份识别器、智能卡等各种微电子产品，携带方便。

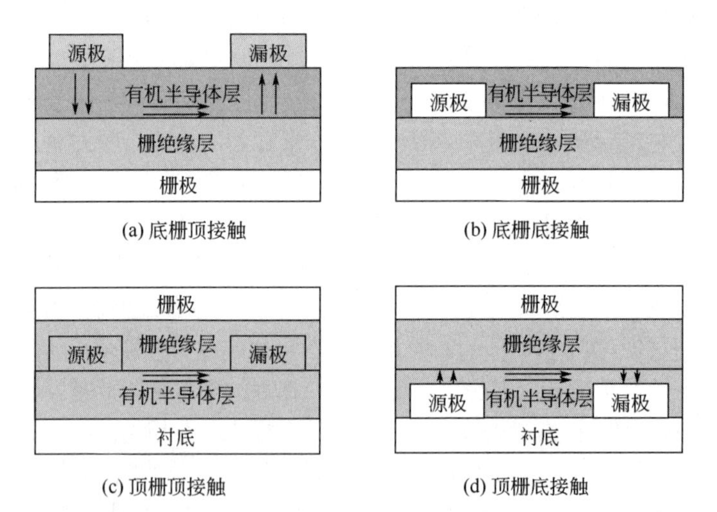


图 5-2　常见的四种 OFET 器件结构图以及器件中的载流子注入与传输过程

## 5.1.2 有机场效应晶体管的结构

有机场效应晶体管根据栅电极位置的不同，可以分为底栅和顶栅两种器件结构；根据有机半导体与源漏电极之间的相对位置的不同，可以大致将 OFET 分为四种构型，即底栅顶接触、底栅底接触、顶栅顶接触、顶栅底接触，如图 5-2 所示。而目前文献中报道最多的器件构型为底栅顶接触，不同器件构型往往制备出来的器件性能也差别较大。

① 底栅结构的 OFET 又称为底接触 OFET，其基底与栅电极直接接触，而有机半导体薄膜位于绝缘层和源、漏金属电极之间。由于在栅电极基底镀上一层绝缘层后生长的有机薄膜的性能不同，会导致沟道内部和沟道与源、漏电极的性质变化，从而影响到整个晶体管性能，因此，底栅结构的 OFET 性能不够稳定。

② 顶栅结构 OFET 又称为顶接触 OFET，基底与栅电极不接触，有机半导体直接生长在栅（门）电极绝缘层下方，然后再进行源、漏电极的淀积。顶栅结构 OFET 的优点是有机薄膜的内部晶体结构以及有机薄膜与栅绝缘层的界面性能非常均匀，不会对晶体管的性能产生不良影响，一般认为顶栅 OFET 性能要优于底栅 OFET。对于聚合物和小分子薄膜器件来说，采用两种结构均可；而小分子薄膜器件只能采用底栅结构。

③ OFET 和 FET 结构比较。有机场效应晶体管（OFET） 与无机场效应晶体管（FET）在结构上的不同之处在于：FET 的栅极位于半导体沟道的上面；OFET 的栅极既可在晶体管的底部，也可在其顶部。由于有机半导体总是位于器件的顶部，栅极既可在半导体沟道的上方，也可在半导体沟道的下方。

由于有机半导体活性层热稳定性不及无机半导体活性层，若预先制作有机半导体层再制作栅电极、源电极和漏电极，则有机层的结构与性能可能被破坏；所以，有机活性层的制作工序应放在最后一步。

## 5.1.3 有机场效应晶体管的工作原理

OFET 是一个通过调节栅极电压来控制源、漏之间电流大小的有源器件。OFET 可以看作一个由栅极和有机半导体构成的电容器，通过栅极上电压的调节，改变有机半导体靠近绝缘层界面的电荷载流子数目，在半导体与绝缘层的界面上形成一层电荷积累层（即导电沟道）。此处的绝缘层材料应为电介质而非绝缘体（非导电物质），电介质虽为不导电物质，但在外电场作用下可产生极化。以 N 型半导体活性层为例，其工作原理简述如下。

① 首先将栅极和源极间的电压记为 $U_{GS}$（或 $U_G$），源、漏电极之间的电流即为沟道中的电流，记为 $I_{DS}$。当栅极与源极间的电压为零时，即 $U_G=0$，则 $I_{DS}=0$，场效应管处于“关”状态。

② 在栅极上施加电压（即 $U_G \neq 0$），此时电介质层发生极化，N 型半导体活性层感应出负载流子，电子进入半导体和绝缘体界面导电沟道；随着电荷载流子浓度的增加，漏、源之间的电流增加，此时 $I_{DS}>0$，场效应晶体管处于“开”状态（见图 5-3）。对于 N 型 OFET 来说，在通道形成时，若在漏极上施加正电压，就会使电子流向漏极。

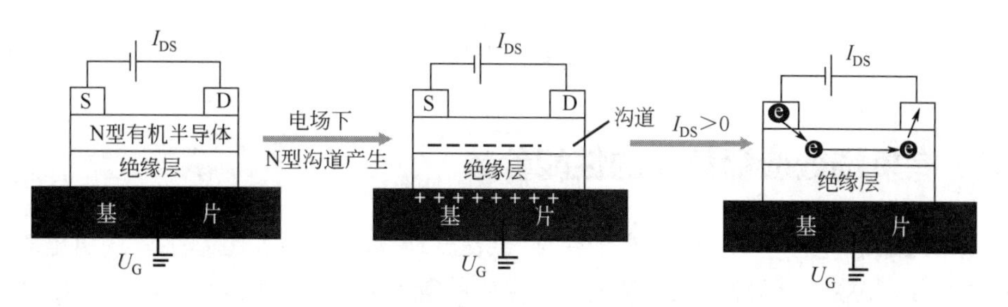


图 5-3　N 型沟道 OFET 器件工作原理

OFET 器件的输出特性曲线（$I_{DS}$-$U_{DS}$）见图 5-4（a），表示不同栅压下，源漏电流 $I_{DS}$ 随着源漏电压 $U_{DS}$ 的变化关系。转移特性曲线（$I_{DS}$-$U_{GS}$）见图 5-4（b），其表示的是当源漏电压 $U_{DS}$ 为定值时，源漏电流 $I_{DS}$ 随着栅极电压 $U_{GS}$ 的变化关系。

在用栅电压 $U_G$ 控制漏、源电极之间流经沟道的电流 $I_{DS}$ 的过程中，当 $U_G$=0 时，增加漏、源极间的电压 $U_{DS}$，漏电流（即由漏极流向源极的电流）$I_{DS}$ 也随之增大，并与 $U_{DS}$ 呈比例地增加，这一变化区域称为不饱和区，又称为线性区。当 $U_{DS}$ 增加到某一特定值后，漏电流 $I_{DS}$ 也达到定值后，变化渐趋平稳，这一区域称为饱和区［见图 5-4（a）］。在 OFET 的电流-电压曲线中，饱和区中对应的漏电流称为饱和电流（$I_{DSS}$），与 $I_{DSS}$ 对应的最小电压称为饱和电压 $U_p$，又称为夹断电压。在饱和区内，因通道的电子被漏极的正（或负）电压大量吸引，所以在靠近漏极处的导电通道消失，称为通道截止。饱和电压 $U_p$ 越大，表示线性区所对应的电压越大，即器件的工作电压范围越大；反之，表示器件的工作电压范围小。饱和电流 $I_{DSS}$ 越大，有可能提高器件的开关比。但电流过大，有可能导致器件开关功能失效。

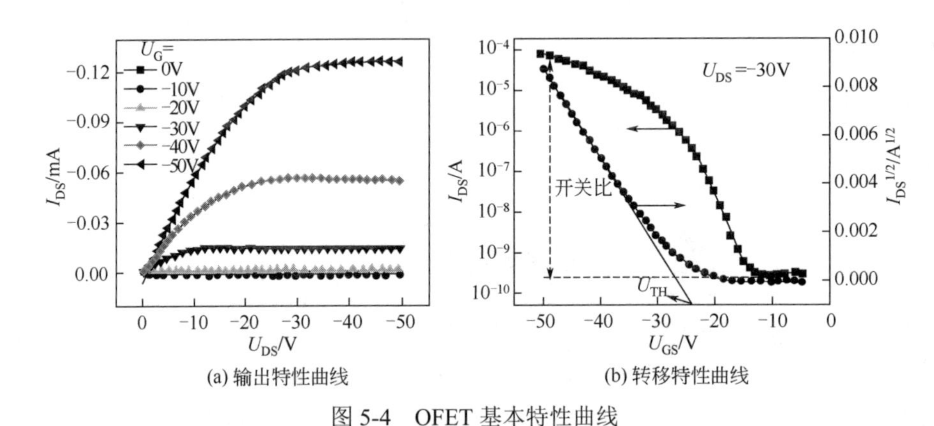

(a) 输出特性曲线　　(b) 转移特性曲线

图 5-4　OFET 基本特性曲线

在图 5-4（a）中，当栅极电压 $U_{GS}$ 是一个定值且大于阈值电压 $U_{TH}$ 时，给器件施加一个较小的源漏电压，即 $U_{DS}<|U_{GS}-U_{TH}|$，器件工作在线性区。此时，$I_{DS}$ 随着 $U_{DS}$ 线性改变，$I_{DS}$ 可以通过式（5-1）计算：

$$I_{DS}=\frac{W}{L}C_i\mu\left(U_{GS}-U_{TH}\right)U_{DS} \tag{5-1}$$

式中，$W$ 为沟道宽度；$L$ 为沟道长度；$C_i$ 为介电层单位面积的电容；$\mu$ 为载流子迁移率。当 $U_{DS}=|U_{GS}-U_{TH}|$ 时，器件处在预夹断状态；当 $U_{DS}>|U_{GS}-U_{TH}|$ 时，器件处在饱和区。$I_{DS}$ 独立于 $U_{DS}$，不再随其线性变化，而是逐步趋于饱和，这时，$I_{DSS}$ 可以通过式（5-2）计算：

$$I_{DS}=\frac{W}{2L}C_i\mu\left(U_{GS}-U_{TH}\right)^2 \tag{5-2}$$

## 5.1.4　有机场效应晶体管的性能参数

衡量 OFET 器件的主要电学性能参数为：载流子迁移率 $\mu$、开关比 $I_{on}/I_{off}$、阈值电压 $U_{TH}$、亚阈值斜率 $SS$ 和接触电阻。这些参数通过从测试中得到的转移特性曲线和输出特性曲线计算而得。

（1）载流子迁移率

载流子迁移率（Mobility，“μ”）是反映有机半导体传输电荷能力的重要参数，表征有机场效应晶体管的工作速度。迁移率越高，器件的开关速度越快。有机半导体材料的迁移率不仅与有机材料的分子结构有关，还与该材料形成的薄膜结构、制作的 OFET 管形状有关，可通过式（5-3）和式（5-4）分别计算出线性区和饱和区的迁移率：

$$\mu = \frac{L}{WU_{\mathrm{DS}}C_{\mathrm{i}}} \times \frac{\mathrm{d}I_{\mathrm{D}}}{\mathrm{d}U_{\mathrm{G}}} \quad \text{（线性区）} \tag{5-3}$$

$$\mu = \frac{2L}{WC_{\mathrm{i}}} \times \frac{\mathrm{d}\sqrt{I_{\mathrm{D}}}}{\mathrm{d}U_{\mathrm{G}}} \quad \text{（饱和区）} \tag{5-4}$$

式中 $L$ ——晶体管沟道的长度；

$W$——晶体管沟道的宽度；

$C_{\mathrm{i}}$——绝缘介电层单位面积的电容量。

有机材料的迁移率大多在 $1 \sim 10^{-6}\mathrm{cm}^2/(\mathrm{V \cdot s})$ 范围（见表 5-1）。影响有机场效应管性能的主要因素为活性层的迁移率，迁移率越大，有机场效应管的运行速度快。因此，开发大的迁移率的有机半导体材料具有极其重要的价值。

**表 5-1 室温下几种有机半导体材料迁移率**

| 名称 | 迁移率/[cm²/(V • s)] | 名称 | 迁移率/[cm²/(V • s)] |
|---|---|---|---|
| 并五苯 | 2.7 | 二烷氨基苯衍生物 | $5\times10^{-6}$ |
| 六聚噻吩 | 0.1 | 三苯胺衍生物 | $3\times10^{-6}$ |
| 二唑衍生物 | $7\times10^{-7}$ | 苯乙烯基三苯胺衍生物 | $2\times10^{-5}$ |

（2）开关比

OFET 器件的开关比定义为，在“开”和“关”状态下漏、源电极之间的电流比值（$I_{\mathrm{on}}/I_{\mathrm{off}}$）。通常设定栅电压为 0V，为器件“关”态，栅电压为 100V，为器件“开”态，数学表达式如下：

$$I_{\mathrm{on}} / I_{\mathrm{off}} = \frac{I_{\mathrm{DS}}(U_{\mathrm{G}} = 0)}{I_{\mathrm{DS}}(U_{\mathrm{G}} = 100\mathrm{V})} \tag{5-5}$$

器件的开关比通过测试器件的电流-电压曲线来确定，在“关”态下漏、源电极之间的电流（$I_{\mathrm{off}}$）越小，表示器件的暗电流小；开关比（$I_{\mathrm{on}}/I_{\mathrm{off}}$）越大，表示器件的分辨率越好，效率也越高。器件的开关比对栅极电压表现出了很强的依赖性，随着栅压的增大，器件的开关比也在不断增大，所以比较器件的开关比需要在栅压相同、沟道宽长比相同的条件下进行。实用性的有机场效应晶体管的 $I_{\mathrm{on}}/I_{\mathrm{off}}$ 比值应为 $10^6 \sim 10^8$，如液晶显示驱动电路需要的场迁移率应高于 $0.1\mathrm{cm}^2/(\mathrm{V \cdot s})$，开关比＞$10^6$；以并五苯为活性层的场效应迁移率为 $0.1 \sim 1\mathrm{cm}^2/(\mathrm{V \cdot s})$，器件 $I_{\mathrm{on}}/I_{\mathrm{off}}$ 值为 $10^7$。

（3）阈值电压

在单晶硅金属-氧化物-半导体晶体管中，阈值电压被定义为晶体管沟道中开始反型时的栅极电压。OFET 在反型时无法工作，所以单晶硅晶体管中阈值电压的定义并不适合。相反，OFET 中的阈值电压经常被定义为半导体和绝缘层界面处陷阱完全被填满时的栅极电压。对于具有本征半导体的晶体管的阈值电压由式（5-6）计算得到：

$$U_{\mathrm{TH}} = \phi_{\mathrm{ms}} - \frac{Q_{\mathrm{f}}}{C_{\mathrm{i}}} \tag{5-6}$$

式中，$\phi_{ms}$为金属电极与半导体之间的功函差；$Q_f$为介电层与半导体层之间界面处的陷阱密度或者介电层自身的缺陷密度。

在理想情况下，$\phi_{ms}$的值为零，介电层中不存在固定的电荷，所以阈值电压为零。在显示情况中，由于金属电极和半导体之间的功函大多不匹配以及陷阱的存在，导致阈值电压的值通常不为零。OFET 的阈值电压经常通过转移曲线中拟合直线外推与 $X$ 轴栅压的交点处得到（在转移曲线的线性区）。减小器件的阈值电压能够有效地减小器件的操作电压，而减小器件的操作电压是实现低功耗的核心问题之一。选择具有较高介电常数的介电层、优化半导体与介电层之间以及半导体和金属之间的界面都是实现低功耗的有效途径。

（4）亚阈值斜率

亚阈值斜率（$SS$）的定义是当器件的源漏电流改变一个数量级时，所需改变的栅压值，表征场效应管由“关”态切换到“开”态过程中电流变化的迅速程度，单位是 V/dec。表达式如式（5-7）：

$$SS=\frac{\mathrm{d}\left|U_{\mathrm{GS}}\right|}{\mathrm{d}\lg\left|I_{\mathrm{DS}}\right|} \tag{5-7}$$

式（5-7）表明，$SS$越小，器件从“关”态到“开”态的切换响应越迅速。亚阈值斜率主要由介电层/有源层界面的质量所决定，它的大小反映了该界面匹配与否的程度。功耗低的器件要求有低的阈值电压和小的亚阈值斜率。

（5）接触电阻

在 OFET 器件中，发生在电极/有源层界面的载流子的注入和流出都需要克服较大的势垒。接触电阻是指源-漏电极与有源层界面接触产生的电阻以及载流子从源-漏极向有源层传输的电阻。接触电阻的大小取决于电极/有源层的界面状态和接触势垒。源-漏极和有源层接触的界面存在一个因为接触电阻而导致的压降，在底接触结构中，这个压降尤为明显，比有源层本身带来的压降大得多。电极/有源层的表面接触和器件结构有很大的关系。对于底栅底接触结构来说，先沉积电极再沉积有源层，而金属电极通常对有源层薄膜的沉积有不良的影响，并且会在电极/有源层界面带来大的晶界陷阱密度。因此，不良的电极/有源层接触会产生很大的接触电阻。接触电阻的大小对器件的性能有很大的影响。底栅顶接触结构器件内部的等效电阻如图 5-5 所示。一个高性能的 OFET 一般需要具有以下特点：高开关比，高载流子迁移率，比较小的阈值电压，非常陡的亚阈值斜率，比较小的接触电阻，以及非常好的偏压稳定型和空气稳定性。晶体管工作过程中有两大重要的物理过程，即载流子从金属电极注入半导体和载流子在导电沟道中的传输。有机半导体材料的纯度和薄膜中分子的堆积、金属电极与有机半导体的功函匹配性、介电层和有机半导体层之间的界面的粗糙度、介电层的表面能、有机半导体与金属电极之间接触的界面、器件制备的工艺和器件的构型、所使用的溶剂、温度等都会对器件的性能产生很大影响。针对器件的不同应用，对器件性能参数的要求也差别较大。

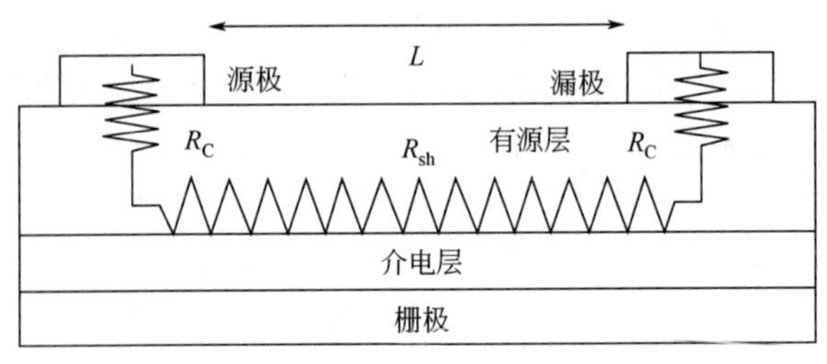


图 5-5　OFET 器件内部的等效电阻

### 5.1.5 影响有机场效应晶体管性能的因素

（1）有机半导体材料的能级

在 OFET 器件中，有机半导体材料无疑是整个器件的核心，有机半导体层作为 OFET 器件的载流子传输层，对 OFET 器件的电学性能起着至关重要的作用。通常来说，OFET 器件根据有机半导体材料的化学结构和相对分子质量，可以分为小分子和聚合物半导体两类。小分子有机半导体材料可以通过真空蒸镀或者溶液法等方式进行制备。聚合物有机半导体材料通常在设计过程中就被刻意设计成为溶液可溶，可以和很多大面积制备工艺无缝（喷涂、印刷）结合，制备成为大面积的半导体薄膜。

有机半导体材料中载流子的运动过程主要包括载流子注入和载流子传输两个阶段。有机半导体材料的最高占据分子轨道（Highest Occupied Molecular Orbital，HOMO）和最低未占分子轨道（Lowest Unoccupied Molecular Orbital，LUMO）对于载流子的注入有着非常大的影响。理论上，所有的有机半导体材料都能够同时传输空穴和电子，但是由于内重组能的差异以及电极功函数相对于半导体材料的 HOMO 和 LUMO 能级差，晶体管器件仅可以支持一种类型的电荷传输。目前，OFET 器件的源-漏电极最常用的金属是金（Au），其功函数约为 4.8eV。其他功函数相对比较低的金属，如钙、镁、铝等，也能够促进 OFET 器件中载流子的注入。然而由于环境稳定性等原因，这些金属没有在 OFET 器件的制备过程中得到大规模应用。为了能够提升 OFET 器件中载流子的注入效率，OFET 器件的制备过程中，应当选择功函数能够和 P 型、N 型与双极性有机半导体材料 HOMO、LUMO 以及 HOMO/LUMO 能级相匹配的金属。如果金属电极的功函数和半导体材料的 HOMO、LUMO 能级相差过大，会造成载流子注入势垒过大，造成 OFET 器件中载流子注入效率大幅降低，虽然不会影响到有机半导体材料的本征载流子迁移率，但是会影响 OFET 器件的载流子迁移率。在 OFET 器件中，其电学性能的高低主要依赖于电荷传输过程的效率。从微观层面上来说，影响有机半导体分子间电荷传输效率的主要因素有两种：一种是半导体分子之间的电荷转移积分；另一种是由于电子态改变引起的分子结构转变以及环境极化时所产生的重组能。在有机半导体层中，分子的堆叠方式对分子间的电荷转移积分有着非常大的影响，增加转移积分能够有效地提升 OFET 器件的载流子迁移率，即具有较大的 HOMO/LUMO 能极差的半导体材料通常有着更高的空穴/电子迁移率。此外有机半导体材料的 HOMO 和 LUMO 能级和 OFET 器件的稳定性也有很大的关系。相对来说，由于空气中水氧的存在，P 型有机半导体材料相对 N 型有机半导体材料有着更好的稳定性。通常来说，基于 N 型半导体的 OFET 器件在真空状态下测试时，其载流子迁移率相对于在空气中测试高出近一个数量级。

（2）有机半导体材料的堆叠方式

重组能是影响有机半导体材料固有迁移率的重要因素。重组能是载流子在分子间传输时的能量损耗，因此，重组能越低，电荷传输的效率越高。同时，有机半导体薄膜中分子的排列方式以及分子的共轭长度也会对重组能产生较大的影响，当有机半导体材料的分子堆叠较为紧密时，其重组能较小。

小分子有机半导体材料和聚合物有机半导体材料的分子排列方式是不同的。小分子有机半导体材料的排列方式（图 5-6）主要分为下面四种：①无π–π键堆叠人字形排列；②分子相邻脱节形π堆集；③一维层状排列；④二维层状排列。在上述四种排列方式中，二维层状填充由于其传输路径短、转移积分大，被认为是载流子传输效率最高的一种方式。对于聚合物有机半导体材料来说，聚合物有机半导体分子的排列方式主要分为面向和边向，如图 5-7 所示。聚合物薄膜中载流子的传输根据其传输路径的不同可以分为分子链内传输、沿π共轭方向分子链内传输、沿π共轭方向分子链间传输和沿烷基堆积方向的电荷传输。尽管高性能的 OFET 器件通常是一种边向排列，但也有基于面向排列的高性能 OFET 器件。

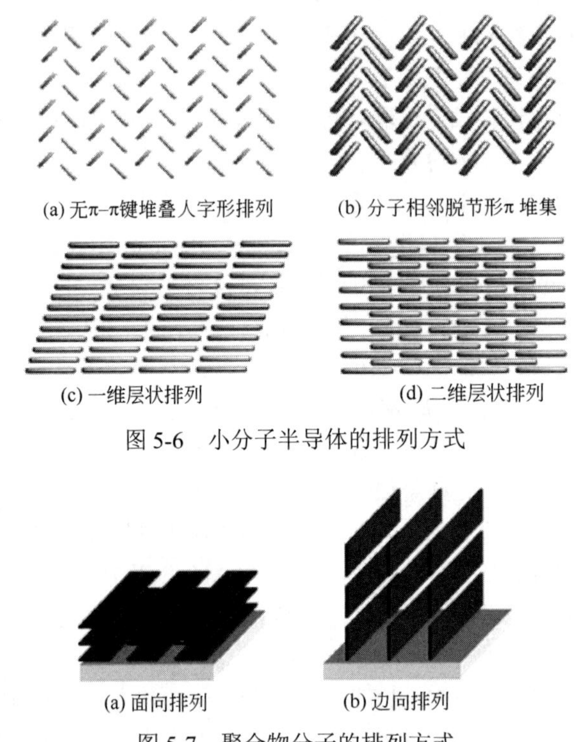

(a) 无π-π键堆叠人字形排列　(b) 分子相邻脱节形π 堆集

(c) 一维层状排列　(d) 二维层状排列

图 5-6　小分子半导体的排列方式

(a) 面向排列　(b) 边向排列

图 5-7　聚合物分子的排列方式

（3）有机半导体材料的尺寸和分子量

有机半导体材料的尺寸和分子量的大小通常只针对聚合物半导体，随着有机聚合物半导体分子量的增加，OFET 器件的迁移率显著提升。首先，载流子在分子链内部的传输效率较高；其次，分子量的增加也常常伴随着有机聚合物薄膜形态的变化，具体表现为结晶度的降低以及各向同性的薄膜形态，其都会影响半导体薄膜的载流子迁移率。

（4）有机半导体材料的纯净度

对于小分子半导体材料来说，其分子量是固定不变的，而聚合物半导体材料则不同。现阶段，无论是小分子半导体还是聚合物半导体都是学术界的研究热点。小分子半导体化学结构单一，分子量固定，不会存在不同批次差异化的问题，因此在纯度方面更高，容易满足微电子领域对相关器件性能的要求。此外，小分子半导体结构易于调整，也是其优势之一。但是，小分子半导体很难形成均一大面积的半导体薄膜，并且由于其结晶特性，制备出来的薄膜也很难实现柔性化。对于聚合物半导体来说，易于通过溶液法制备出大面积均一的半导体薄膜，易于实现柔性化，并且由于分子结构的关系，聚合物半导体分子易于进行功能性修饰。其存在的问题主要是材料的提纯问题，由于聚合物半导体材料的分子是在分子链方向上不断重复的单元构成，聚合物半导体材料的相对分子质量通常不那么固定，因此会在薄膜制备过程中出现各种缺陷，影响半导体薄膜中载流子的传输，造成 OFET 器件电学性能的下降。同时，残余的金属催化剂也会存在于半导体薄膜中，充当陷阱，限制薄膜中载流子的传输，对 OFET 器件的电学性能产生不利的影响。

（5）有机半导体层薄膜形貌

作为 OFET 器件最重要的组成部分，有机半导体薄膜的形貌对 OFET 器件的电学性能有着非常大的影响。有机半导体材料高度有序的连续层状排列是高性能有机场效应晶体管的必要因素，较好的薄膜形貌意味着有机半导体分子的排列有序，相邻分子之间有着更好的轨道重叠，载流子的传输更为高效；同时，良好的薄膜形貌能够有效抑制空气中水氧分子在有机半导体薄膜中产生的陷阱效应。影响有机半导体层薄膜形貌的因素有很多，例如薄膜制备过程中基板的温度、腔体的真空度、溶剂挥发速度的快慢、退火温度等。制备过程中较高的基板温度和腔体真空度有利于有机半导体在基板表面的沉积，使半导体分子在基板表面排列更为有序，从而形成更大的半导体晶粒，提升了半导体薄膜中载流子的迁移率，最终反映在 OFET 器件的电学性能上，表现为较大的载流子迁移率、开态电流、开关比等。对于可溶性的有机半导体材料而言，溶液法制备工艺是未来商业化应用的先决条件。相对于真空蒸镀法制备薄膜而言，溶液法对制备环境的要求相对较低，且易实现 OFET 器件的柔性制备，可以和现有的工业生产相对接。在溶液法制备薄膜的过程中，选择合适的有机溶剂和合适的退火温度同样有利于 OFET 器件电学性能的提升，对小分子和聚合物半导体材而言分别表现为较好的结晶特性和较为有序的分子排列，从而减少半导体薄膜中的陷阱，提高载流子的传输效率，进而提高了 OFET 器件的电学性能。

### 5.1.6 有机场效应晶体管的材料

构筑 OFET 的材料包括有机半导体材料、电极材料和绝缘层材料等，这些材料的性质以及各层材料之间的界面性质对器件性能具有重要的影响。

（1）有机半导体材料

有机半导体材料是有机场效应晶体管的重要组成部分，其性质决定了有机场效应晶体管的性能。高性能的有机半导体材料具有共轭结构，在电场的作用下可以表现较强的载流子迁移能力，同时还具有较低的本征电导率，使得器件能够获得较高的迁移率和较大的电流开关比。有机半导体材料根据传输载流子的类型，可以分为 P 型和 N 型，其中 P 型有机半导体材料传输的多数载流子是空穴，而 N 型有机半导体材料传输的主要是电子。与 N 型有机半导体材料相比，P 型材料具有比较稳定的化学性质和较高的载流子迁移率，基于 P 型有机半导体材料的场效应晶体管器件表现出较好的环境稳定性和工作稳定性。因此，目前关于有机场效应晶体管的研究大多以 P 型材料为有机半导体层。

根据分子结构单元的重复性，有机半导体材料还可以分为小分子和聚合物两种类型。其中小分子有机半导体材料易于提纯并且可通过真空蒸镀、热蒸发、分子束沉积等物理气相沉积方法形成结晶化程度较高的薄膜，从而获得较高的器件性能。与小分子材料相比，聚合物材料具有较好的溶解性，可利用旋涂、刮涂、LB 膜、印刷等溶液法制备成膜，成本较低且制备工艺简单，适用于大面积器件的生产。

有机半导体包括 P 型（沟道）半导体和 N 型（沟道）半导体，常见的有机半导体材料列于图 5-8，其中萘酰亚胺衍生物与金属酞菁和 $C_{60}$ 为 N 型半导体材料，其余均为 P 沟道半导体材料。有机半导体材料中以 P 型（沟道）有机半导体材料居多，N 型（沟道）有机半导体相对较少，N 型半导体对空气（氧气）和水分很敏感，暴露于空气中的 N 型半导体易于被降解。其中，P 型小分子材料并五苯具有较高的空气稳定性和较好的空穴迁移率，是目前关于有机场效应晶体管器件研究中最常用的有机半导体材料。有机半导体材料作为有机场效应管中的活性层材料，其分子结构对器件性能有着至关重要的影响。有机半导体薄膜的形貌结构和表面结晶质量对器件的性能更有着决定性的影响。并五苯薄膜根据不同的工艺条件产生的薄膜质量差别非常大，如果并五苯分子分散在衬底上，分子之间的间隙大、不致密，迁移率将会很低；或者并五苯分子像米粒一样均匀地分布在村底表面，尚未形成连续薄膜，迁移率也不会高；经过工艺的提升并五苯薄膜致密性有了很大提高，分子间的间隙相对减小，致密的有机薄膜有利于提高载流子的迁移率。此外，分子的取向排列和分子的堆积形式对迁移率及其器件性能也有着决定性的影响。

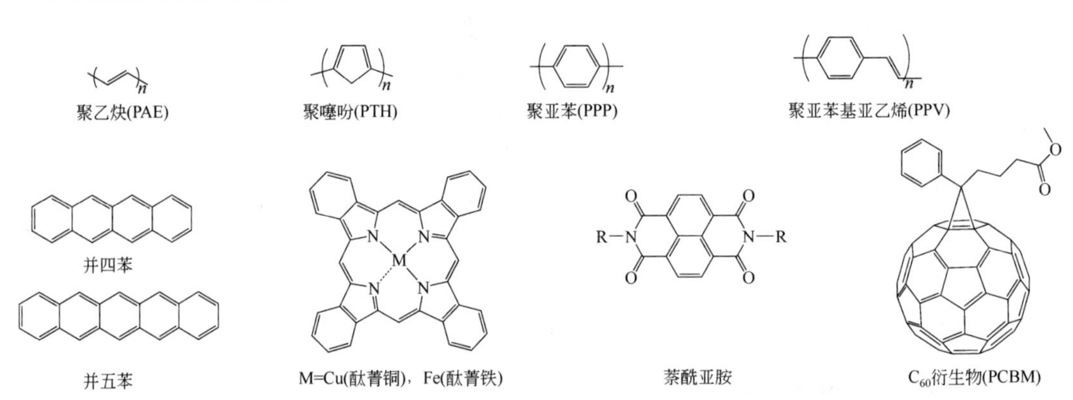


图 5-8　有机小分子与高分子半导体材料

（2）电极材料

有机场效应晶体管的电极包括栅极、源极和漏极，这些电极材料对 OFET 性能的影响不可忽视。源-漏电极和有源层的界面接触对载流子的注入有很大的影响，目前对电极的研究主要集中在如何减小接触势垒，获得有效的载流子注入。适合于用作 OFET 电极的材料主要有金属、导电聚合物和导电玻璃（ITO）。

① 金属电极材料　OFET 器件的电极大多选用金属材料，常用的金属电极材料有 Al、Ag、Cu 和 Ca 等（见表 5-2）。其中，由于金电极能够和大多数 P 型有机半导体形成良好的接触，被广泛用作 P 型有机场效应晶体管的源、漏电极。

**表 5-2　常用金属电极的真空功函数**

| 金属 | 功函数/eV | 金属 | 功函数/eV |
|---|---|---|---|
| Al | 4.3 | Ca | 2.87 |
| Cu | 4.25 | Mg | 3.7 |
| Au | 4.8 | ITO | 3.7 |
| In | 4.15 | Ag | 4.5 |
| Ni | 5.2 | Pt | 5.6 |

选择电极材料时，需考虑金属与半导体材料之间接触面的电阻率要尽可能地低，以减少电极上的欧姆压降；此外，需要选择低功函数的电极，以降低接触势垒，利于载流子的注入。需要注意的是，为了防止金属离子渗入有机半导体活性层改变后者性能，一些易于在半导体

中扩散的金属材料不适宜作电极材料。

通过在有机层上采用热沉积或等离子溅射沉积等工艺，可形成几百纳米厚度的金箔，即为 OFET 器件的源、漏电极。

② 聚合物电极材料　采用柔性导电聚合物作为电极材料以取代传统的金属电极材料，有望实现 OFET 全有机化，获得柔性微型器件，尤其是能通过大面积印刷获得电极材料，以降低成本，具有诱人的应用前景。常用的聚合物电极材料有聚乙炔（PAE）、聚对亚苯基乙炔（PPV）、聚噻吩（PTH）、聚对亚苯（PPP）、聚吡咯（PPR）和聚苯胺（PANI）等。

③ ITO 导电玻璃　通常用 ITO 导电玻璃和硅单晶作为 OFET 器件的栅电极。

（3）绝缘层材料

用于 OFET 绝缘层的材料不是绝缘体，而是介电材料。OFET 器件中载流子的传输发生在靠近介电层的界面处一个到几个分子层的有源层内，所以介电层对器件的特性有很大的影响。器件载流子迁移率、阈值电压、开启电压等都和介电层表面化学结构以及介电常数密切相关。为保证栅极与有源层之间的漏电流较小，要求介电层材料的电阻较高；为保证大的沟道电流，要求介电层材料的电容也较高，高电容的介电层同时可降低工作电压。常用的介电材料分为三类：无机介电材料、有机介电材料和有机-杂化的介电材料。介电材料具有较大的介电常数，在电场中具有一定的极化能力：材料介电常数大，在电场中极化感应大，用作 OFET 器件的绝缘层效果佳。

通常二氧化硅被广泛用作 OFET 绝缘层材料，因为刚性 OFET 器件通常选用单晶硅片作衬底材料，可直接通过氧化生成 $SiO_2$ 薄膜作为绝缘层，简化制作工艺。但 $SiO_2$ 薄膜较薄时隧穿电流较大，导致以 $SiO_2$ 作为介电层的 OFET 工作电压偏高。此外，$SiO_2$ 介电常数偏低［3.9L/(mol・cm)］。OFET 的介电材料还可选用介电常数较大的 $TiO_2$［41L/(mol・cm)］和 $Al_2O_3$[9.0L/(mol・cm)]介电材料。这类介电层材料通常绝缘性能较好，具有高电阻高电容，且耐高温、化学性质稳定、不易被击穿。然而，无机介电层材料多采用化学或物理气相沉积法制备，所以制备成本相对较高，且不能和柔性衬底兼容，因而限制了其在大规模集成电路、大面积柔性显示、晶体管微型化和低成本溶液加工生产中的应用。

目前常用的有机介电层材料有聚苯乙烯（PS）、聚甲基丙烯酸甲酯（PMMA）、聚乙烯吡咯烷酮（PVP）、聚乙烯醇（PVA）、聚对苯二甲酸乙二醇酯（PET）、聚酰亚胺（PI）、聚偏氟乙烯（PVDF）、聚（α-甲基苯乙烯）等。这类介电层材料通常具有较高的表面平整度、与有机半导体兼容性良好且易溶于有机溶剂。有机介电层材料多采用旋涂、喷涂和打印等方法制备，在低成本的溶液加工生产中有很大的优势。常见的有机介电层分子结构如图 5-9 所示，介电常数如表 5-3 所示。

（4）衬底材料

衬底材料分为刚性和柔性两类，其中刚性衬底通常为硅片或玻璃。柔性衬底的性质对柔性器件在使用过程中的性能和稳定性具有非常重要的影响。常用的柔性衬底有聚乙烯基对苯二酸酯（PET）、聚萘二甲酸乙二醇酯（PEN）、聚醚砜（PES）、聚碳酸酯（PC）和聚酰亚胺（PI）等机械柔韧性较好、可反复卷曲、拉伸和折叠的聚合物材料。在这几种柔性衬底中，PET 以其低成本、高透明度等优势成为目前被广泛使用的柔性衬底材料；与 PET 相比，PEN 在绝缘性、稳定性和耐水解性等方面均表现出明显的优势，但是其连续使用温度范围（即材料在某一特定温度范围内可长期有效使用）较窄；PI 具有非常好的热稳定性、耐水解性和机械柔韧性，但橙色的PI透明度较差而白色的PI成本较高；PES透明度很高，且较PET和PEN具有更高的连续使用温度，但是高成本限制了PES的大量应用。

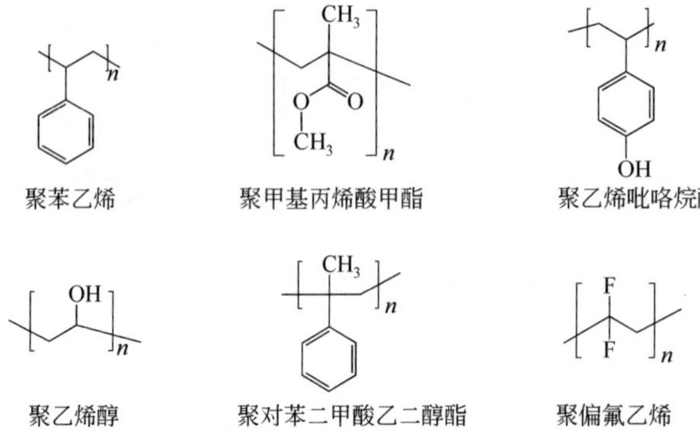

聚苯乙烯　聚甲基丙烯酸甲酯　聚乙烯吡咯烷酮

聚乙烯醇　聚对苯二甲酸乙二醇酯　聚偏氟乙烯

图5-9　常见的有机介电层材料分子结构

**表5-3　常见介电材料的介电常数**

| 聚合物 | PVA | PMMA | PS | PVDF | PVP |
|---|---|---|---|---|---|
| 相对介电常数 | 7～8 | 3.3～3.9 | 2.45～3.10 | 8.4～12 | 3.9～5 |

## 5.1.7　有机场效应晶体管的制作

（1）一般方法

OFET器件制作远比FET器件的制作工艺简单，这也是OFET近年来得到快速发展的原因之一。制作工艺中，通常选择单晶硅作为衬底（兼作栅电极），通过氧化制得绝缘层，然后在介电二氧化硅薄膜上旋涂一层有机活性材料，再分别镀上金箔作为源、漏电极。

有机半导体薄膜的制作方法通常有真空热蒸镀法（Vacuum Evaporation）、旋涂法（Spin-coating）和溶液涂布法（Solution Casting）。有机小分子的成膜方法主要以真空蒸镀为主，有机小分子材料容易纯化，也容易形成高度有序的薄膜，这都有利于提高有机晶体管器件的性能。

有机高分子的成膜方法主要以旋涂为主，其成本低、适合大面积制作工艺。在溶液成膜中，需要考虑的方面有：溶剂的选择（溶剂的挥发速度、溶解度）、溶液的浓度以及基底的表面性质等，这些因素都对有机半导体薄膜质量有着决定性的影响。为了增加聚合物的溶解性，以便于丝网印刷、喷墨打印等低成本制备工艺，常在高分子主链上加上取代基；但由于聚合物的分子量过大，易于引入杂质并难于纯化。

（2）丝网印刷

丝网印刷（Silk-screen Printing）基本过程如图5-10所示：利用感光材料通过照相制版的方法制作丝网印版。印刷时，通过一定的压力使油墨通过该印版的孔眼转移到承印材料上，形成与原稿一样的图文。丝网印刷根据承印材料的不同可以分为：织物印刷、塑料印刷、金属印刷和玻璃印刷等。丝网印刷设备简单、操作方便，印刷、制版简易且成本低廉，因而应用范围很广。

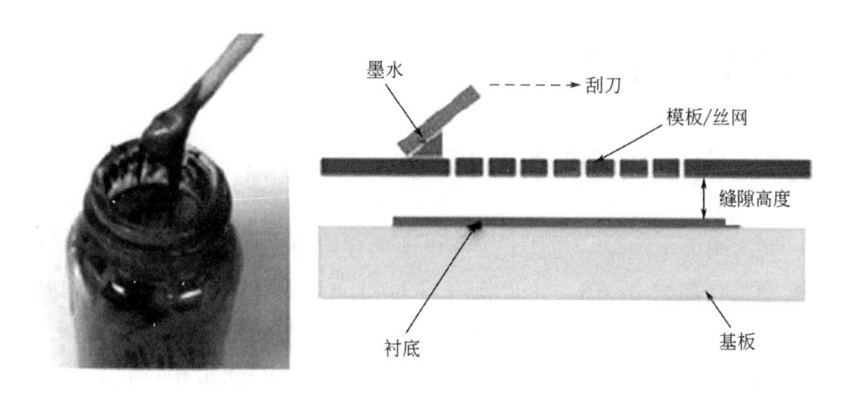


图 5-10　丝网印刷过程示意图

（3）喷墨打印

喷墨打印是固化油墨与数码喷印结合的一种新兴打印技术。喷墨打印工作效率和印刷质量高，可在多种材料表面进行彩色印刷，可印刷软衬底材料，也可在 ITO 玻璃和单晶硅、陶瓷等硬质材料上印刷，具有印刷速度快、精度高、成本低等优势。液体喷墨打印可分为气泡式与液体压电式两种，气泡技术是通过加热喷嘴，使墨水产生气泡，喷到打印介质上。液体压电式技术是将带静电荷导电墨水从一个热感应式喷嘴喷出，直接沉积到衬底上而成。

## 5.1.8 习题

1. 解释下列名词：PN 结、半导体二极管、半导体三极管、场效应晶体管（FET）、有机场效应晶体管（OFET）、栅电极、漏电极、源电极、沟道、P 型沟道、N 型沟道。

2. 简述 PN 型半导体二极管发光与光生伏特效应的工作原理。

3. 简述有机场效应晶体管（OFET）与无机场效应晶体管（FET）在结构上的不同之处，用图示的方法表达。

4. 根据图 5-11，简述 P 型沟道 OFET 器件工作原理。

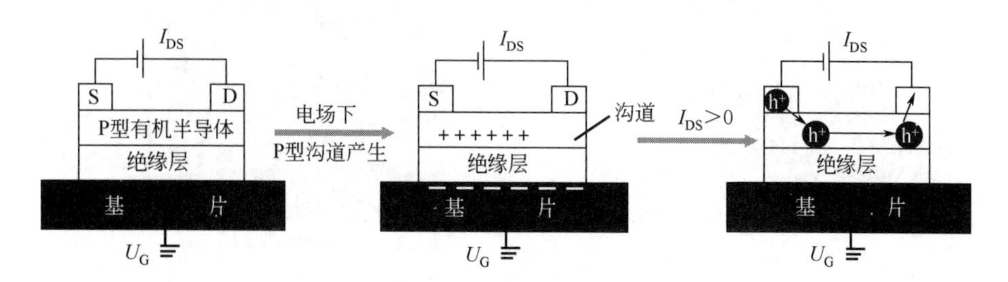


图 5-11　P 型沟道 OFET 器件工作原理

5. 试讨论影响场效应晶体管迁移率的诸多因素。

6. 试列举几种常见的 OFET 活性层材料和电极材料。

# 5.2 有机太阳能电池

## 5.2.1 有机太阳能电池的基本概述

目前第一代太阳能电池——硅基太阳能电池的使用最广泛，经过半个世纪的发展，实验室的光电转换效率已经高达 27.6%，十分接近 Schokley 理论计算的极限值。硅基太阳能电池效率很高且具备很好的稳定性，但是晶体硅的提纯和电池加工的过程中会产生大量的能耗，且会造成非常严重的环境污染，与人类长久发展的战略相悖，迫使人们去开发其他高效绿色的太阳能电池。以 CuInGaSe 和 CdTe 为代表的薄膜太阳能电池作为第二代太阳能电池，其所用的半导体材料储世量很少且具有一定的毒性，具有较高的稳定性和较高的器件效率，但很难大规模地生产与应用。随后，以染料敏化太阳能电池、有机太阳能电池和钙钛矿太阳能电池为典型代表的第三代新型太阳能电池，由于具有原材料来源丰富、适应于柔性电子器件、绿色廉价等优点引起了人们的普遍关注并成了研究热点。在此章节，我们主要介绍有机太阳能电池的结构、工作原理以及相关性能参数。

## 5.2.2 有机太阳能电池的器件结构

有机太阳能电池是以具有光敏性质的有机物为核心材料，在合适的载体上，通过光伏效应产生电压，形成电流而实现太阳能发电。对此，有机太阳能电池的基本器件结构是阴极和阳极以及夹在两电极之间的光活性层组成的三明治结构。为了提升电极对电荷载流子的收集，保证活性层材料与电极之间的欧姆接触，通常在阴极或阳极与活性层之间加入阴极界面层或阳极界面层。由于电池电极极性差异，有机太阳能电池器件结构可分为正置结构和倒置结构，如图 5-12 所示。

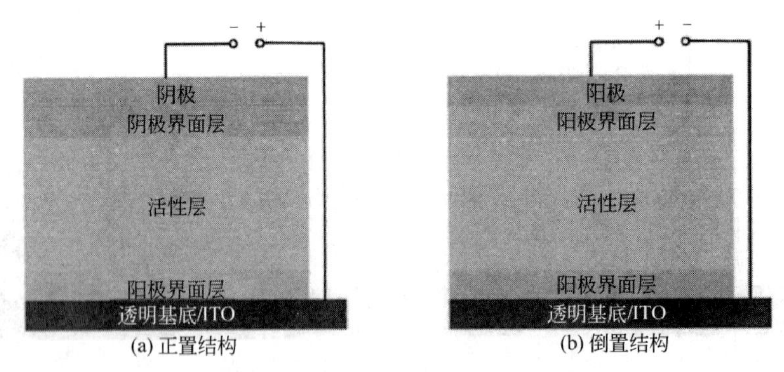


图 5-12 有机太阳能电池器件结构

根据活性层的差异，可将有机太阳能电池分为以下几类，以正置器件为例，如图 5-13 所示。

（1）单层异质结器件

单层异质结有机太阳能电池具有类似于夹心饼干的结构。其工作原理是在光照条件下，有机半导体内的电子发生跃迁，从 HOMO 能级激发到 LUMO 能级，形成了一对电子和空穴。理论上，有机半导体膜与两个不同功函数的电极相接触时，产生不同的肖特基势垒，在肖特基势垒作用下电子空穴对分离，形成自由的电子和空穴，从而产生开路电压。电子在低功函数的电极被收集，空穴则被来自高功函数电极的电子填充，产生光电流。单层异质结太阳能电池也被称为“肖特基型有机太阳能电池”，其自由载流子浓度由光伏效应决定，通常情况下共轭聚合物的自由载流子浓度很低，而且空穴和电子在同一种材料中传输，复合概率比较大，所以，单层异质结器件的填充因子通常较小，能量转换效率也较低。

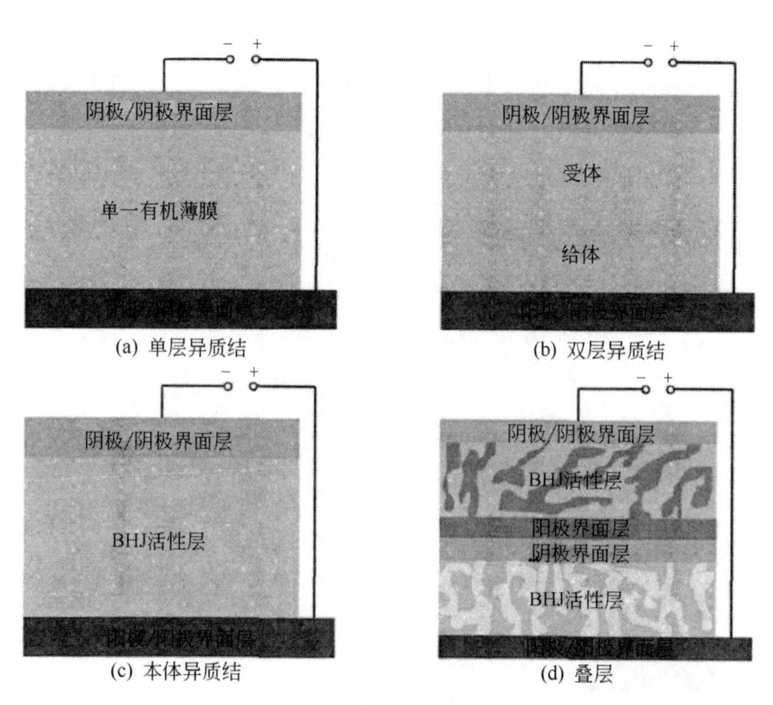


图 5-13　有机太阳能电池的典型器件结构示意图

（2）双层异质结器件

为了改善单层异质结器件的载流子浓度和电子-空穴对分离的效率，在器件结构中引入电子给体材料（Donor）和电子受体材料（Accepter），形成双层异质结太阳能电池。其工作原理是在光照条件下，共轭聚合物给体材料中的电子吸收光子的能量，跃迁到电子受体材料层，给体材料层中聚集空穴。器件中两接触电极间产生一个内建电场，驱动电子和空穴分别迁移到阳极和阴极，产生电流。在双层异质结器件中，由电子给体材料和电子受体材料分别提供电子和空穴，大大地减少了在传输的过程中复合的概率，所以能量转移效率高于单层异质结器件。

（3）本体异质结器件

本体异质结器件的活性层由给受体材料在溶液中充分共混后制备，形成纳米尺度的给受体互穿网络结构，大大增加了给体和受体接触面积，缩短了光生激子到达给受体界面处发生电荷分离的扩散距离，有效提高了激子解离效率，使器件性能显著提升。目前，该结构是构筑有机太阳能电池最常用、最有效的结构。

（4）叠层器件

为了解决单层电池器件光谱响应窄的问题，通常将两个具有互补吸收的本体异质结电池堆叠串联，形成叠层电池结构，以便更充分地利用太阳光，减少光子能量的量子损失，提升器件性能。但该类器件材料要求严苛，制备工艺复杂，限制了其发展。

## 5.2.3 有机太阳能电池的工作原理

在有机太阳能电池的发展过程中，有许多理论都借鉴了无机太阳能电池的理论，虽然两者的工作原理都是基于光生伏特理论，但由于有机材料和无机材料有着极大的不同，所以两种光伏电池在工作过程中也有着极大的不同。有机太阳能电池的工作过程有着更复杂的激子行为，激子从激发、传输，再到解离及收集，都是无机太阳能电池所没有的过程，有机材料有着更复杂的能量转移和电荷转移过程，加上有机太阳能电池本身很容易实现三元乃至多元材料的添加，因此此过程更加繁复。

有机太阳能电池的工作原理大致分为四个阶段，如图 5-14 所示：①光生激子的产生；②激子的扩散；③激子解离为自由的电子和空穴；④电荷传输到电极形成电流。以下对有机太阳能电池工作的四个阶段分别进行介绍：

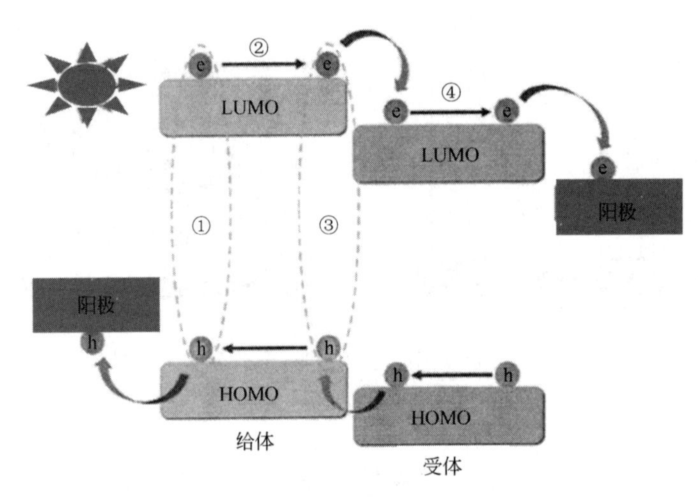


图 5-14　有机太阳能电池的工作原理

① 光生激子的产生：活性层给、受体材料受到太阳光照射时，吸收光子，将激发材料 HOMO 中的电子，使其跃迁到 LUMO，留下空穴，形成具有库仑相互作用的电子-空穴对，即激子。

② 激子的扩散：在传统的无机太阳能电池中，由于无机材料高的介电常数（$\varepsilon_r$=12）和强离域性质的光生激子，电子-空穴对容易克服库仑相互作用解离成自由电荷。而在有机半导体中，由于有机材料低的介电常数（$\varepsilon_r$=2～4）和定域的光生激子，导致电子-空穴对的库仑吸引力很大，因此需要额外的能量驱动激子的解离。给、受体材料由于不同的电子亲和势（或离子势），在界面处产生能量差驱动激子的解离。激子需要扩散到 D/A 界面以保证激子的有效解离。然而由于有机薄膜通常具有短的单线态激子寿命（在激子湮灭回到基态之前），导致激子的扩散距离很短，仅为 5～10nm。这就要求给、受体需要形成纳米尺寸的相分离（20nm 内，对应激子的扩散距离），以保证激子顺利扩散到给、受体的界面上。

③ 激子解离为自由的电子和空穴：激子一旦扩散到给、受体的界面上，形成电荷转移态（Charge-transfer State，CTS），由给、受体的能级差驱动，克服库仑结合力，解离成自由的电子和空穴。电荷转移态也可能发生弛豫，复合到基态，导致能量损失。激子解离时给、受体材料的 HOMO/LUMO 能级差至少大于 0.3eV，当 HOMO 或 LUMO 能级差小于 0.3eV 时，电荷产生效率非常低。

④ 电荷传输到电极形成电流：当激子或在给、受体界面上的 CTS 解离成自由的空穴和电子后，空穴和电子分别在给体和受体形成传输通道，在电场的驱动下分别向阳极和阴极移动，形成光电流。电荷在活性层中的传输效率依赖于它们的迁移率，对于无机半导体材料，由于高的有序性，其电荷迁移率通常为 $10^2cm^2/$（V • s）；而有机半导体材料由于无序性、弱电子耦合以及强的电子振动耦合（导致极化子形成），通常展示出相对低的电荷迁移率。电荷也会通过跳跃（Hopping）的形式进行传输，因此电荷迁移率强烈地依赖于形貌。对于高度无序的无定型膜，电荷迁移率可能为 $10^{-6}$～$10^{-3}cm^2/(V \cdot s)$；对于高度有序的材料，电荷迁移率可能达到 $1cm^2/(V \cdot s)$。另外，若电子和空穴在各自的传输通道中传输不平衡，无法有效地被电极提取，则电子或空穴将会相遇发生复合。此外，电极上有效的电荷提取也是抑制复合发生的要求。

从有机太阳能电池的工作原理可以看出，若要使器件实现高效的光电转化效率，要求：①活性层给、受体材料具有强且互补的吸收光谱，更好地覆盖太阳光谱，保证足够的光吸收；②给、受体的能级需要匹配，以保证有效的激子解离；③给体和受体之间形成纳米尺度的互穿网络结构，以保证激子的扩散、解离和电荷传输；④共混薄膜具有高且平衡的电子、空穴迁移率，确保电荷高效传输，抑制复合发生；⑤界面层的选择以及活性层、界面层与电极之间良好的接触，以提升电极对电荷载流子的选择性提取，减少复合，改善电荷收集。

### 5.2.4 有机太阳能电池的性能参数

（1）短路电流密度（Short-circuit Current，$J_{SC}$）

短路电流密度是光照下，太阳能电池的外电路短路时的电流密度，是最大输出电流密度，对应于光照条件下器件外加偏压为 0 时的电流值。即 $J$–$U$ 特性曲线上电流轴的截距，常用单位为 $mA/cm^2$。光伏层对太阳光谱的吸收程度是决定器件短路电流密度大小最根本的因素，材料的吸收范围越宽、吸收系数越强，产生的激子越多，这可以从源头上增大短路电流。此外，激子解离、载流子复合、载流子的传输及收集效率等也会对短路电流造成影响。

（2）开路电压（Open-circuit Voltage，$U_{OC}$）

开路电压是在外电路断开时器件两电极之间的电势差，对应于光照条件下，短路电流密度为 0 时的电压值，即 $J$–$U$ 曲线上电压轴的截距。在本体异质结太阳能电池中，$U_{OC}$ 与受体 LUMO 能级和给体的 HOMO 能级之差成正比。若要提高 $U_{OC}$，可以适当地降低给体的 HOMO 能级和适当地提高受体的 LUMO 能级，但是同样还要确保聚合物的窄带隙才能得到较宽的吸收谱带。给、受体的能级要实现合理的排列，保证给、受体 LUMO 与 HOMO 能级之差大于 0.3eV，才能有足够的驱动力实现激子中的电荷分离。目前基于 N 型非富勒烯小分子材料的有机太阳能电池在实现 10%以上的高效率，给、受体间的 LUMO 或者 HOMO 能级差不足 0.3eV，但实现高效的激子分离机理有待进一步的研究。在有机太阳能电池中，器件开路电压主要受给体的 HOMO 与受体的 LUMO 能级控制，器件的形貌对开路电压的影响不大。目前最常用的调控器件开路电压的方法是通过分子设计改变给体或者受体的分子能级，从而实现对器件开路电压的控制。例如在有机太阳能电池的经典体系 P3HT：PC61BM 体系中，由于 P3HT 较高的 HOMO 能级与 PC61BM 低的 LUMO 能级，该体系的电压只有 0.55V 左右，这严重地限制了基于 P3HT 有机太阳能电池性能的进一步提高。值得一提的是，有机太阳能电池性能不高的原因之一是这类太阳能电池有较大的电压损失，目前高性能的 Si 和钙钛矿太阳能电池可以实现 0.40～0.55V 的电压损失，然而大多数的有机太阳能电池的电压损失大于 0.6V。

$$eU_{OC} = E_{CT} - \Delta E_{rec} \tag{5-8}$$

式中　$e$——电子电荷值；

$E_{CT}$——电荷转移态能量；

$\Delta E_{rec}$——复合损失。

$E_{CT}$ 接近给体的 HOMO 与受体材料的 LUMO 能级差。$\Delta E_{rec}$ 主要包括辐射复合损失和非辐射复合损失：辐射复合电压损失是不可避免的，在有机太阳能电池中大约为 250meV；导致有机太阳能电池的电压损失较大的主要原因是大的非辐射复合电压损失，在有机太阳能电池中往往有 350meV 左右。因此若想要获得大的开路电压，必须要尽力减少非辐射复合损失。非辐射复合包括俄歇复合和深能级复合，其中深能级复合是最主要的复合过程。

（3）填充因子（Fill Factor，FF）

填充因子的大小是评价太阳能电池质量的一个重要指标，是太阳能电池最大输出功率 $P_{max}$ 与开路电压与短路电流乘积的比值，即式（5-9）。

$$FF = \frac{U_{max} J_{max}}{U_{OC} J_{SC}} = \frac{P_{max}}{U_{OC} J_{SC}} \tag{5-9}$$

*FF* 主要与电池中电荷载流子的传输与收集过程有关。活性层空穴/电子迁移率的大小与平衡程度、载流子传输过程中复合的程度以及到达缓冲层的载流子的收集效率都会对太阳能电池的 *FF* 值产生影响。

（4）能量转化效率（Power Conversion Efficiency，PCE）

入射光能量转化为有效电能的百分比，即 $P_{max}$ 与入射功率（$P_{in}$）的比值，电流密度与外加偏压分别用 $J_{max}$ 和 $U_{max}$ 表示。*PCE* 的计算公式如下：

$$PCE = \frac{P_{max}}{P_{in}} = \frac{U_{max} J_{max}}{P_{in}} = \frac{U_{OC} J_{SC} FF}{P_{in}} \tag{5-10}$$

由此可知，*PCE* 也是一个无量纲的物理量，其大小由 $U_{oc}$、$J_{SC}$、*FF* 共同决定，代表了电池将太阳能转化为电能的能力。所有影响 $U_{OC}$、$J_{SC}$、*FF* 的因素均会对 *PCE* 产生影响。

（5）外量子效率（External Quantum Efficiency，EQE）

外量子效率是有机太阳能电池在某一特定波长照射下所产生的能够被外电路收集的电子数占此波长入射光子数的比值，由以下公式表示：

$$EQE = \frac{\text{电子数}}{\text{入射电子数}} = \frac{1240 J_{SC}}{\lambda P_{in}} \tag{5-11}$$

式中　$\lambda$——入射光的波长；

$P_{in}$——入射光的功率。

*EQE* 是光电转化过程中吸光效率、激子扩散和解离效率、电荷传输效率以及电荷收集效率的乘积。*EQE* 的大小与 $J_{SC}$ 一致，两者可以相互验证，且高的 *EQE* 是实现高效率有机太阳能电池的前提。

## 5.2.5 有机活性层材料

有机太阳能活性层材料为有机小分子、配合物或聚合物等，由于有机材料制作成本低，分子结构可裁剪、柔性好，材料来源广泛，可大面积地应用于如屋顶以及建筑物的外墙等处，对大规模利用太阳能具有重要意义。虽然有机太阳能电池使用寿命短，电池效率远不如硅太阳能电池，但有机材料上述诸多优势足可对其低的效率予以补偿。

有机活性层材料在分子设计上需考虑以下几点：

① 具有给电子、吸电子基团的刚性共轭体系，通过引入合适的给体电子和吸电子基团，调控分子的 HOMO 和 LUMO 能级。一般情况下，给电子取代基可提升 HOMO 能级，吸电子基团可降低 LUMO 能级，因此引入给、受体可有效降低分子的带隙。

② 具有宽波段强吸收光谱，有利于多吸收太阳光能。

③ 对环境和光化学的稳定性。

④ 具有强的分子间相互作用，倾向于形成致密的堆积结构；紧密排列的薄膜有利于提高载流子的迁移率，同时有利于提高器件在空气中的抗氧化能力。因为氧气很难渗透进致密结构，即使是在氧存在及重复还原循环的条件下，致密薄膜也会表现出很好的稳定性。引入柔性长链取代基可抑制分子之间紧密的π堆积相互作用，但溶解性增加将导致分子还原态的稳定性大幅度降低。

常见的活性层材料见图 5-15，其中第一行是 P 型半导体性质，第二行是 N 型半导体，第三行分子同时含有给体和受体基团。

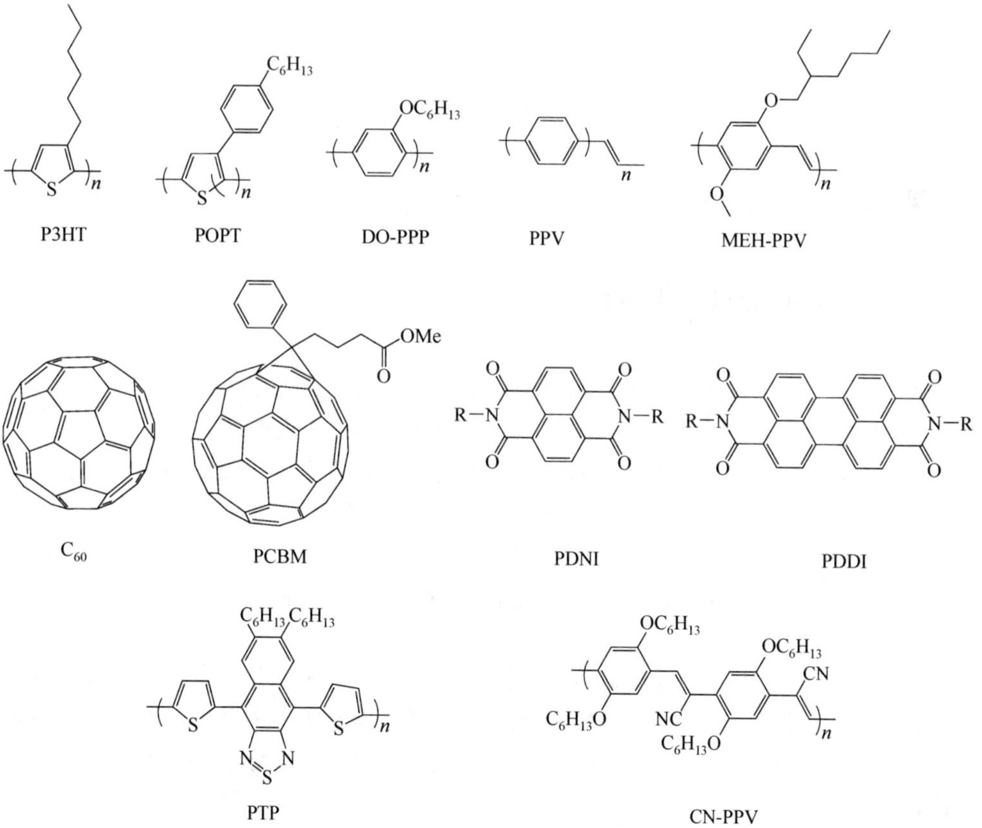

P3HT　POPT　DO-PPP　PPV　MEH-PPV

$C_{60}$　PCBM　PDNI　PDDI

PTP　CN-PPV

图 5-15　常见的活性层材料

有机太阳能活性层材料最常用的是由聚噻吩和富勒烯构成的分子间电荷转移复合体，其中富电子的聚噻吩（P3HT）作为电子给体，缺电子富勒烯衍生物（PCBM）作为电子受体，两者相遇具有很好的光诱导电荷转移特性。如图 5-16 所示，聚噻吩材料吸收光子产生激子，激子扩散至 P3HT-PCBM 异质结附近，并在给、受体上发生分离；分离的自由电子导入受体（PCBM）的 LUMO 能级，空穴导入给体（P3HT）的 HOMO 能级，游离出来的载流子经过传输到达相应的电极，不断地被电极富集形成光电流。

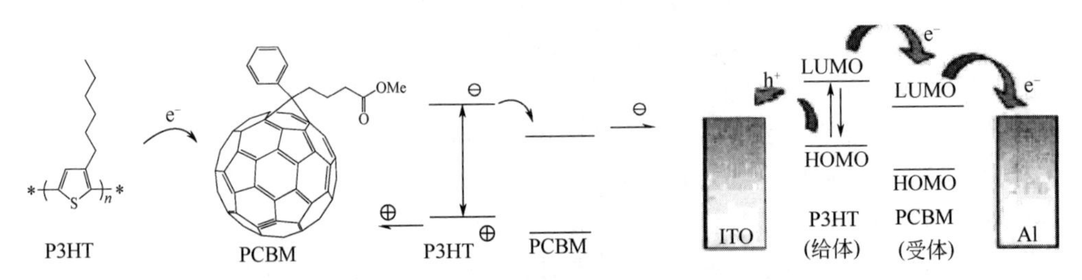


图 5-16　P3HT 与 PCBM 之间光诱导电荷转移示意图

提高聚噻吩的聚合度，可提高吸收太阳光的效率；在噻吩环 3-位引入烷基可提高聚噻吩的溶解性，同时提高 HOMO 能级，但也会降低器件的开路电压，导致器件的效率降低。因此，在分子设计中应综合考虑各种因素对器件性质的影响。

### 5.2.6　习题

1. 解释下列名词：短路电流、开路电压、填充因子、光电转换效率、体相异质结。
2. 太阳能电池的单层与双层异质结器件工作的驱动力分别是什么？
3. 双层异质结和本体异质结太阳能电池的异同点有哪些？
4. 简述提高太阳能光电转换效率的因素。

## 5.3　有机电存储器件

随着信息技术的飞速发展，对于数据存储器件的需求也是与日俱增。目前一些商业化的存储器件，如晶体管电容器等，已经可以完美集成在半导体集成电路中。为了得到更高的存储密度以及更快的存储速度，往往在单个芯片上封装更多的元件。例如，晶体管的尺寸已经从 2000 年的 130nm 缩小到了现在的 32nm。硅基半导体器件尺寸则小于 10nm，但随着尺寸的减小，由于“Cross-talk”的影响，器件存储的稳定性以及存储信息读取率却在持续地降低，同时，器件的高功耗、易过热等现象也变得越加严重。因此，现有的硅基存储技术很难完美满足未来信息存储的需求。

在此背景下，一些新的信息存储技术涌现，比如，铁电式随机记忆存储器件（FeRAM）、磁阻抗式随机记忆存储器件（MRAM）、相变式记忆存储器件（PCM）、有机记忆存储器件（ORM）以及聚合物存储器件（POM）等。现有的硅基记忆存储体系主要通过“0”“1”编码进行记忆存储，而新的存储技术允许通过物质在电场下的内在性质（如磁力、极化率、相变、电导率等）的变化进行数据存储。

电存储是指在一定外加电场作用下，存储介质呈现两种不同的电双稳态（Electrical Bistability），所谓电双稳态是指存储介质具有两种不同导电状态（如高导态与低导态），利用这种电双稳态稳定特性可实现信息的存储和读出。在电存储器电极两端施加一定的电压，当电场强度增大到一定值时，器件可由低（或高）导电态转变为高（或低）导电态。一般地，低导电态和高导电态可分别表示为“关”态和“开”态，对应着二进制数字系统中的“0”和“1”态，外加的电信号相当于信息的“写”“读”或“擦除”。电存储按工作单元又可分为电容式、场效应晶体管式、电阻式及它们之间的随机组合。有机电存储作为电存储的分支，是指通过有机材料来实现信息的存储。与传统的无机存储介质相比，有机材料具有诸多潜在优势，如易加工、低成本和易于纯化等。迄今为止，大多数的有机电存储都是基于电阻工作机制。

有机材料电存储性能的实现依赖于其电双稳态现象，即在一定外界条件（光、磁和电）的刺激下达到一定阈值时，材料的导电性发生变化，从较低的导电态（Off 态）转变至高导电态（On 态），这种不同的导电态对应于计算机通用的二进制存储系统中的“0”和“1”。导电态从低到高的转变对应于数据的写入。最初有机电存储技术也是基于“0”和“1”的二进制存储，而与传统的磁和光存储相比，有机电存储器件结构简单易于组装、操作电压和能耗低、易于大面积生产及潜在的具有三维堆积的能力，但其理论存储容量仍未能突破传统存储技术的局限。突破二进制存储的限制，实现“0”，“1”和“2”……多进制存储方可以更小的存储单元得到高密度的信息存储。多进制存储与二进制相比，其存储密度将由原来 $2^n$ 增加到 $3^n$ 和 $4^n$……。存储进制每增加一位存储容量都将呈指数级增长（信息的存储量将得到亿倍的提升），因此实现多进制存储才能真正意义上提高信息存储密度，实现超高密度的信息存储。

有机多进制电存储虽然已进行了广泛的研究，但仍停留在理论研究层面，处于初级阶段，远远没有达到应用的水平。因此，对有机多进制存储的相关性能进行优化依然任重道远。纵观有机多进制研究现状，仍存在一些问题，如：①器件的稳定性，有机电存储器件的活性功能层为有机分子，而有机分子通常情况下具有较低的热稳定性，势必会影响器件使用的温度范围；②有机分子数目种类繁多，许多的结构因素对器件性能的影响尚不明确，因此不断通过分子结构的调节来实现性能的优化很有必要。

## 5.3.1 有机电存储器的结构

有机电存储器件多采用“三明治”结构即金属-绝缘层-金属（MIM）结构，将活性层置于上下两个电极之间，具有结构简单、高效、三维堆叠等优势。通常顶电极为金属电极，如铝、铜、银、金等，在器件制备时通过真空蒸镀的方式沉积。底电极则采用铟锡氧化物（Indium-tin Oxide，ITO）、导电聚合物和其他金属。中间活性层则为聚合物、有机小分子、掺杂材料等半导体活性材料：聚合物和掺杂材料主要通过旋涂和喷涂的方式制备薄膜，该方法操作简单，使用成本低，易大规模生产；而有机小分子多采用真空蒸镀的方式制膜，该方法所制备的膜通常具有较好的薄膜形态，而且膜厚和成膜速度可以精确控制，从而利于性能的精确调节。器件结构按电极的沉积方式又可分为掩膜型和交叉型两种：阳电极形状为“面”电极，阴电极形状为分立的矩形方块，构成掩膜式结构［图 5-17（a）］；阴、阳电极形状为“行”电极，且互为正交排列的为交叉式结构［图 5-17（b）］。其中交叉型器件结构可通过多层叠加形成三维存储器件，进而提高单位面积的存储密度。

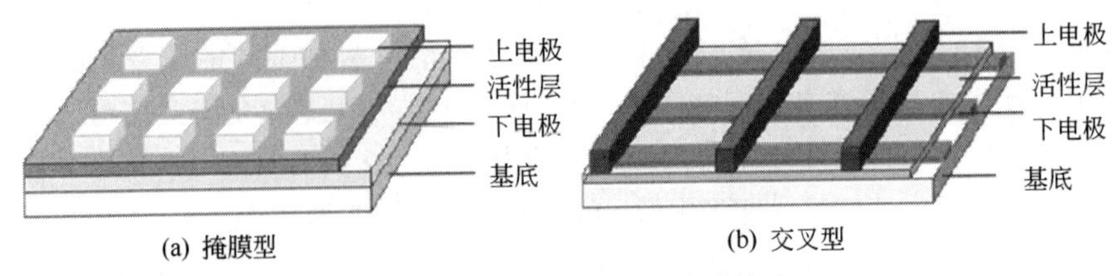

图 5-17 有机电存储器的结构

## 5.3.2 有机电存储器的工作原理

在有机薄膜两边施加一个电压，当场强达到一定值时，器件由低导态（Off）转变为高导态（On），通过某种刺激（如反向电场、电流脉冲、光或热等）又可使器件由 On 态恢复到 Off 态，这种通过电场实现电流的 Off 与 On 状态转变的器件，称为电开关器件。当外电场消失后，Off 或 On 态仍然能够稳定存在，这种具有记忆特性的器件称为存储器件。

有机存储器是一种全新的电子器件，它具有和硅存储器完全不同的结构和工作方式；器件采用的是两端式夹层结构，即把有机薄膜夹在两个交叉的金属电极之间，每个交叉点是一个存储器。当在两个电极之间施加电压时，器件就会从一个状态开关到另一个状态，从而达到对信息的读、写和擦的存储功能。

有机电存储器件根据功能性可分为非易失性存储器和易失性器件。非易失性存储器是指在外电场撤除后，器件的存储态 Off 或 On 可以稳定存在，具有记忆特性。非易失性存储器在硬盘和 U 盘中具有潜在应用价值。易失性器件是指在外界刺激下存储状态保持不变，具有一次写入多次读取存储功能，存储数据不会因各种意外而丢失或被修改：若外电场撤除后存储状态在短时间内恢复到初始态，即具有易失性。易失性存储类型根据电流的保持时间不同又可以划分为动态随机存储（DRAM）和静态随机存储（SRAM）两类；而非易失性存储类型根据电流稳定性不同主要有可擦除型闪存(Flash 型)以及不可擦除的一次写入多次读取(WORM)型。易失性器件可用于计算机主存和手机等产品。

有机电存储材料与器件作为新兴的研究方向，虽在实验方面取得了显著发展，但实际生产技术方面和理论研究方面仍收效甚微，特别是在电存储机理方面更是百家争鸣，百花齐放。目前提出的电存储机理主要有：①电荷陷阱机制；②场致电荷转移机制；③细丝渗入机制；④氧化还原机制；⑤构象转变机制。

（1）电荷陷阱（Space Charge And Trap）机制

该理论认为有机物表面静电势（ESP）中除了吸电子基团外的均是连续分布的，即载流子可以通过这些开放的通道进行迁移。但实际上，有机物尤其是有机小分子中吸电子基团上的静电势与其余区域是非连续分布的，因此，在电场下，这些基团会作为电荷陷阱（Trap）阻碍并束缚载流子的传输，导致此区域内的电荷滞留最终实现存储。基于该理论可以制备具有多个导电态的多进制存储器。此外，电荷陷阱理论还认为具有强吸电子能力基团形成的电荷陷阱通常较大（Deep Trap），被其束缚的电荷很难脱缚而表现出非易失性的 WORM 型存储性能。弱吸电子基团形成的电荷陷阱较小（Shallow Trap），被其束缚的电荷在撤掉电压或者施加反向电压时容易脱缚，从而表现出易失性存储性能或者非易失性的 Flash 型存储性能。

（2）场致电荷转移（Charge Transfer）机制

场致电荷转移是指有机物在电场下会发生内部电荷迁移的现象，通常表现为电荷从给体向受体的转移，使得有机物发生电导率的变化。一般来说，低电流电压下，有机物之间不会发生电荷迁移，此时器件处于高阻态；当施加高偏压时，电子给、受体间可以发生电荷转移导致有机物的电导率增大，转变为低阻态。根据这一机理，当有机物中电荷传输高度稳定时，器件容易出现 WORM 型特征，而当此传输不太稳定时，则易导致 Flash 行为，当这一传输的稳定性进一步降低则容易出现 DRAM 以及 SRAM 现象。

（3）细丝渗入（Conductive Filaments）机制

一般来说，以绝缘聚合物以及金属氧化物为活性层的存储器件，其存储行为通常采用导电细丝机制来解释。这主要是由于导电细丝相对于器件的区域更加微小，如果在材料中形成了细丝，注入的电流将对器件单元区域不再敏感。目前主要有两种导电细丝机制：一种为聚合物膜的自身衰减引起的富碳类细丝形成机制（Carbon-rich Filament Formation）；另一种是由于聚合物膜自身的扩散，迁移甚至是金属电极的沉积所导致的金属导电细丝形成机制（Metallic Filament Formation）（图 5-18）。二者均伴随有细丝的形成、断裂以及再形成的过程，目前该机制已经被广泛用于器件的制备。

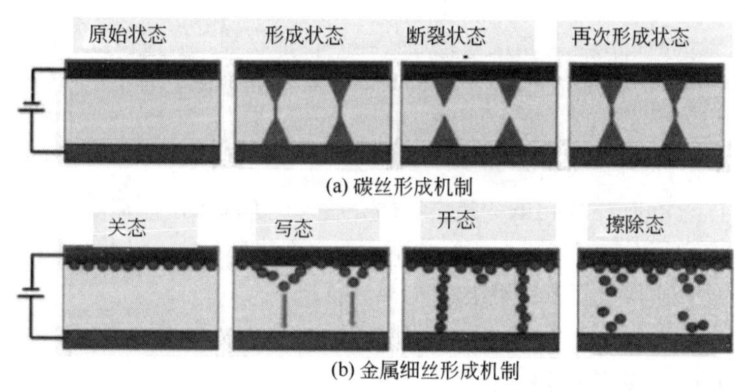


图 5-18　导电细丝机制

（4）氧化还原机制

部分有机物在电场下会发生氧化还原反应，得失电子从而发生价态变化，导致器件阻态的转变。Hiroyuki Nishide 等人制备了具有氧化还原性的离子液体，并与嵌段共聚物以主客体法（Host-guest）结合制备为器件活性层。活性层中非连续的氧化还原区域是导致器件存储性能出现的重要因素，通过调整分子上的功能基团可实现反复写入的存储性能，且器件的 ON/OFF 电流比大于 $10^3$，性能优越。

（5）构象转变机制

当有机物中不含有供体以及给体基团，且具有可扭转的基团时，则认为此时器件的存储行为是由构象转变所导致的。具体来说，就是有机物在电场作用下，自身构象会发生变化，从而导致电学行为不同，进而出现不同的阻态。基于偶氮基团的有机物，在光照条件下甚至会发生反式异构和顺式异构间的构象转变，从而引发电学行为的改变，这类顺反异构变化是可逆的，因此在开发光控相变型存储器件方面有很大的潜在价值。

诸多存储机制的提出表明工作者对电存储领域的密切关注和对其研究的不成熟，因此需要不断深入地研究相关理论来解决电存储不断走向应用所遇到的各种问题。

## 5.3.3 有机电存储器的性能参数

（1）开关比

开关比（On/Off Ratio）是指器件在 On 态和 Off 态下的电流之比。开关比是考量电存储器件灵敏度和准确度的重要参数。高的开关比意味着高分辨的读出，可降低误读率，并提高读写准确度。

（2）循环次数

循环次数（Repeated Times）为器件的读写循环次数。循环次数越多，耐疲劳性越好。这是考量器件寿命和稳定性的重要指标，通常循环次数达到 $10^6$ 次以上才具有实用价值。

（3）响应时间

响应时间（Response Time）是指器件对输入信号反应的速度。响应时间直接影响着存储器件的读写速度；响应时间越快，读写速度越快。目前，可应用器件的响应时间一般可达到纳秒量级。

（4）维持时间

维持时间（Retain Time）是指信号经过传输到达接收端之后需保持一段时间，以便能稳定地读取，这就是器件的维持时间。维持时间长表示存储状态在电场撤除时的保留时间就长，器件的稳定性能好。

（5）存储密度

存储密度（Data Storage Density）是指存储介质单位面积上所能存储的二进制信息量。目前存储密度在 $10^6$～$10^8$bit/cm$^2$ 量级，若要实现超高密度信息存储（即大于 $10^{12}$bit/cm$^2$），需要在存储技术和存储介质两方面有所突破。

## 5.3.4 有机电存储的材料

有机电存储材料包括有机小分子、金属配合物、聚合物以及有机无机杂化材料等。在功能上具有分子内或分子间电荷转移特性，易于构筑电双稳态，在电场驱动下实现电导态的转变，从而达到“0”“1”二进制的信息存储目的。在众多存储材料中，相关材料的设计以及选择主要基于两点：其一，材料需要有空穴传输或者电子传输能力；其二，材料需要对外在环境刺激有半导体响应。基于以上要素的实验，目前使用的存储材料主要分为三类：具有推拉电子基团（D-A 结构）的有机小分子，共轭聚合物以及有机无机杂化材料。

（1）共轭有机小分子材料

共轭小分子材料具有分子结构可设计性、易于纯化、多刺激响应及价格低廉等优点，其明确的分子结构更有助于系统的探索分子结构与材料性能之间的关系，更有利于电子传导机理解释，被认为是新一代热门的存储材料。近年来，关于 D-A 型有机小分子存储材料的报道很多，结果表明分子的平面性、主链共轭度的长短、烷基链的长短、供吸电子单元的变化（数量、类型、强度、排列顺序）等均会不同程度地影响存储器件的性能（开启电压、On/Off 电流比、存储类型和器件产率等）。

（2）共轭聚合物

聚合物材料因其具有结构可调、成本低、易轻量化、利于制备柔性器件等特点，近年来成为电存储材料的研究热点。其可以分为主链共轭聚合物和侧链共轭聚合物。主链共轭聚合物的结构设计性强，性能调节空间大，在有机电存储和其他有机光电领域应用广泛；但由于其合成较为困难、分子量难以控制及溶解性差增加了器件的制备难度，不利于薄膜的制备。侧链共轭聚合物作为共轭聚合物的重要分支，因其主链非共轭而侧链共轭，会降低电荷载流子的迁移速率，不利于优异性能的获得，因此研究相对较少；但是，其因聚合方法多样、结构可设计性强及利于成膜，在有机电子学中仍占有一席之地。

（3）有机/无机掺杂型材料

无机材料相较于有机材料，具有刚性强、结构明确、载流子迁移率高、电荷传导机理明确等特点。目前常用的无机材料主要有过渡金属氧化物（如 ZnO、无定型硅、$TiO_2$ 等）以及二元金属化合物（如 GeSe、$Ag_2S$、$SrZrO_3$、$SrTiO_3$ 等）。但由于无机材料自身刚性强且器件介质层不稳定等原因，需要以有机材料掺杂实现优势互补，制备种类多样、简单易行、性能卓越的存储器件。

目前，虽然越来越多的电存储材料被开发出来，该领域的发展也取得了长足的进步，但与其他光电材料及器件研究领域比较仍处于起步阶段，要想进一步达到实际应用的水平，仍有许多问题未能得到解决。虽然很多材料已被报道，但材料的可靠性和稳定性仍有待提高，因此，寻找具备高稳定性及可靠性、低生产成本、易批量生产、能进行多进制存储的各项性能参数的新型电存储材料，既是机遇也是极大的挑战。

## 5.3.5 有机电存储器件的设计

（1）器件制作工艺

选择氧化铟锡导电玻璃（Indium-tin-oxide Glass，ITO）作为阳极，也可选择单晶硅片作为器件的阳极。使用前，先切割成合适尺寸的片子，再经过严格的清洗（如分别经洗涤剂、去离子水、丙酮、乙醇等超声清洗）后，烘干待用。

存储的介质要求具有大面积规整表面的薄膜。现有薄膜的制备方法有真空蒸镀法（适合小分子薄膜）、旋转涂膜法（适合聚合物薄膜）、逐层自组装法和 LB（Langmuir Blodgett）膜法等。其中旋转涂膜法由于简单易行应用最为广泛；逐层自组装法和 LB 膜法能在分子水平上控制膜的组成和结构，制备薄膜的厚度均匀，在纳米尺度上精确可控。

单组分的有机薄膜可通过精确地控制组分、蒸发温度制备得到，制备方法相对简单；在多组分的有机复合体系中，不同组分在薄膜中很难均匀分布，得到的薄膜往往含有较多缺陷，对材料的性能造成很大的影响。当有机薄膜制得后，将其转移到高真空镀膜机中，蒸镀金属（如铝）电极作为器件的阴极，一般地，真空度控制在 $4\times10^{-4}$Pa。铝电极的掩膜的面积为 $(2.0\times2.0)\text{mm}^2$，蒸镀铝的速度控制在 0.2～0.4nm/s，铝电极厚度约 300nm。图 5-19 所示为有机电存储器件制作工艺及其器件示意。

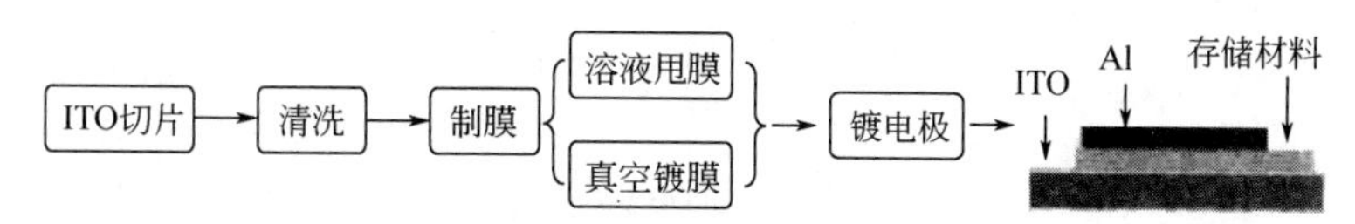


图 5-19 有机电储存器件制作工艺及其器件示意

（2）吸收光谱研究法

首先需要测试化合物在溶液态和薄膜状态的紫外-可见吸收光谱，通过比较两者的吸收光谱，研究膜状态下分子间相互作用增强的情况。

以有机分子 DBA-1 和 DBA-2 为例（分子结构见图 5-20），其中 DBA-2 在溶液态和薄膜状态的紫外-可见吸收光谱如图 5-21 所示。

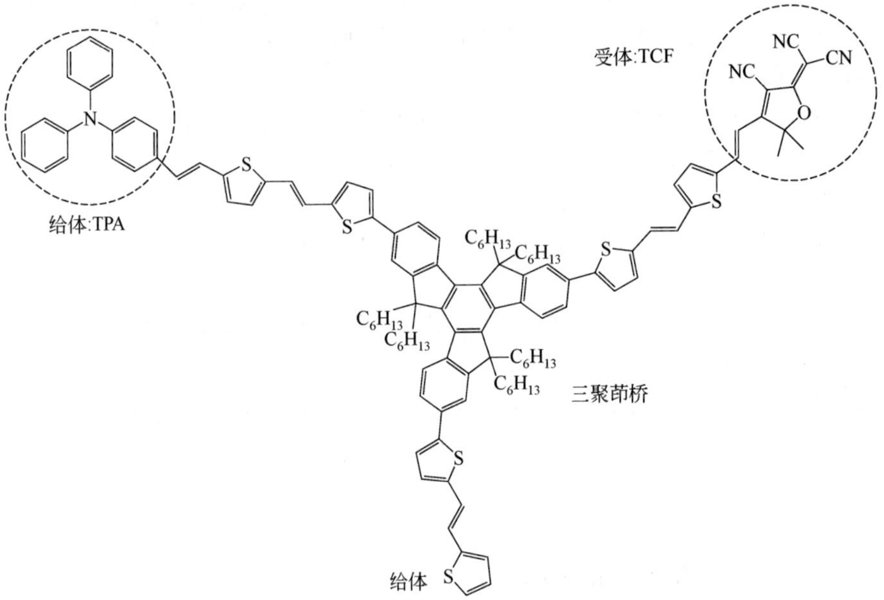

(a) DBA-1

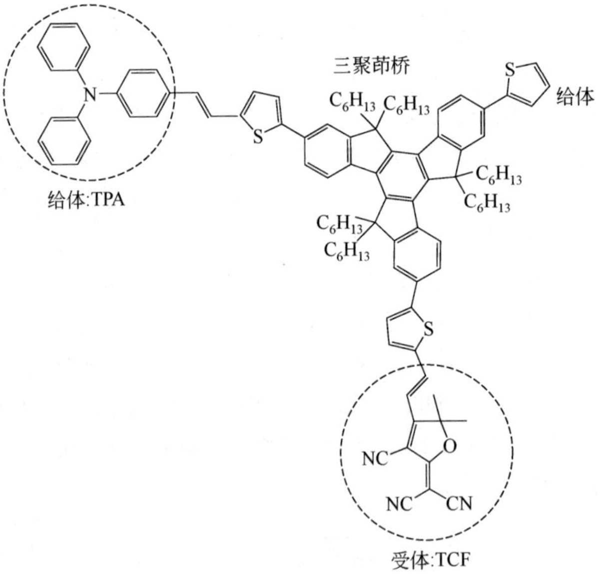

(b) DBA-2

图 5-20 有机分子结构

DBA-2 在四氢呋喃溶液中（浓度 $10^{-6}$mol/L）的紫外-可见吸收光谱显示具有三个吸收带，峰值分别为 342nm、421nm、542nm，其中以 421nm 处的吸收强度最大。这三个吸收带可归属于：噻吩修饰的三聚茚、三芳胺噻吩（TPA）修饰的三聚茚和三氰基-二氢呋喃（TCF）噻吩修饰的三聚茚。比较溶液态和其薄膜态的吸收光谱，两者光谱的峰形相似，但后者吸收峰形变宽、峰位明显红移，特别是 TCF 所在臂的吸收峰从 524nm 移动到 554nm，有大约 30nm 的红移，同时吸收光谱的吸收波长从 680nm 红移到 720nm。这是由于薄膜中分子间相互作用增强且形成聚集体所致。

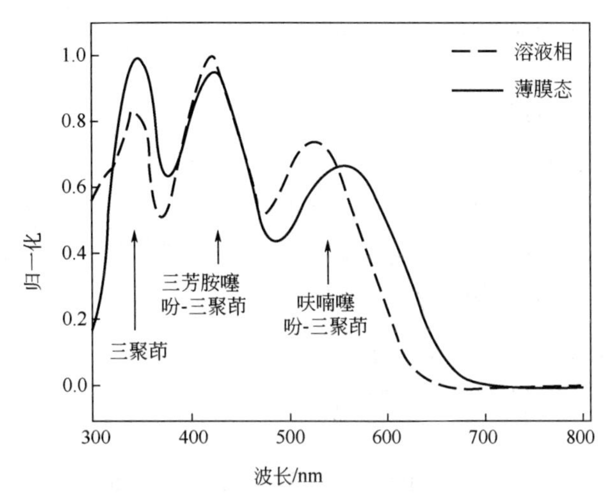


图 5-21　DBA-2 分子溶液与薄膜相（石英基地）吸收光谱

将 DBA-1 薄膜旋涂在 ITO 基片上，镀上电极后放置在电场中，测试施加电压前后的紫外-可见吸收光谱的变化。一般地，施加电压后薄膜的电荷转移吸收带的峰位发生红移并伴随着吸光度增大，这是由于分子内或分子间存在强烈的相互作用，尤其是分子间电荷转移，分子离域程度增加导致了载流子数目增多，可有效增强薄膜的导电性；若施加反向电压，吸收光谱又可恢复初始状态（见图 5-22）。

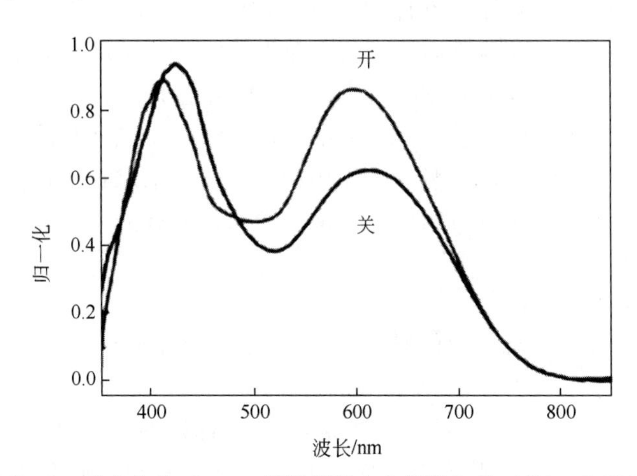


图 5-22　旋涂在 ITO 基底上的 DBA-1 薄膜器件在电场施加前（关）后（开）的吸收光谱

（3）电化学研究方法

电化学循环伏安法可测试样品在溶液态和薄膜状态下的氧化还原行为，并通过该循环伏安曲线获得样品分子轨道的 HOMO 能级和 LUMO 能级及其两种之间的能级差（$E_g$=HOMO-

LUMO）。通过 HOMO 能级和 LUMO 能级可预测电子的传输能力。

具体测量方法是将样品（如 DBA-1）溶于四氢呋喃溶液中，以 Ag/AgCl 作参比电极，旋涂有有机薄膜的 ITO 为工作电极，n-$Bu_4NP_6$为电解质（浓度为 0.1mol/L），扫描速度为 50mV/s，测得的化合物 DBA-1 的循环伏安曲线列于图 5-23，通过循环伏安的氧化峰和还原峰的开关值，可以计算这些分子的 HOMO、LUMO 和带隙能级差：

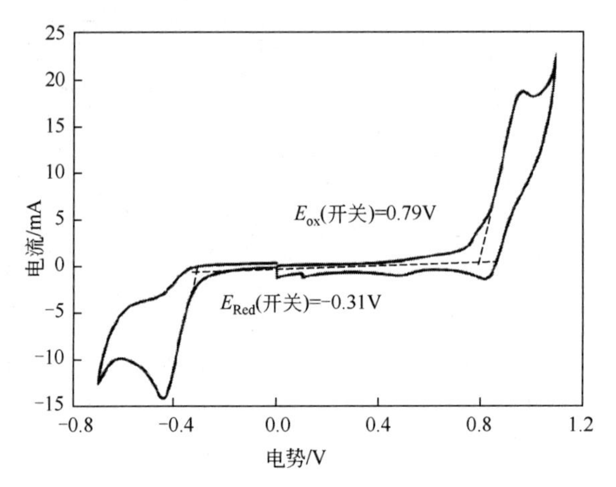


图 5-23　DBA-1 分子循环伏安曲线（THF）

$$\text{HOMO} = -\left[4.65\text{V} - E_{\text{ox}}\left(\text{开关}\right)\right] = -5.45\text{eV} \tag{5-12}$$

$$\text{LUMO} = -\left[4.65\text{V} - E_{\text{ox}}\left(\text{开关}\right)\right] = -4.35\text{eV} \tag{5-13}$$

$$E_{\text{g}} = \text{LUMO} - \text{HOMO} = 1.10\text{eV} \tag{5-14}$$

用循环伏安法测量 DBA-2 膜的电化学性质，以研究该分子在光诱导作用下双稳态的性质。具体测量方法是将样品溶于三氯甲烷中，滴膜在新研磨的玻碳电极表面。以 Ag/AgCl 作参比电极，n-$Bu_4NPF_6$的浓度为 0.1mol/L 作为电解质，扫描速度为 100mV/s，测试在暗场和光场下 DBA-2 膜的电化学性质。可见，在暗环境下，DBA-2 薄膜在+1.7V 附近出现了一个氧化峰，当同时用 405nm 的光照射薄膜时则出现了两个氧化峰，分别在+1.29V 和+1.77V；由此证明 DBA-2 薄膜在 405nm 光照下出现了一个光诱导的电导态，从而可实现光电协同下的多稳态信息存储。这种光电作用产生的多位信息存储特性同样具有波长相关性，当用另一束 530nm 的光照在 DBA-2 薄膜表面，薄膜的氧化仍只有一个，但移动到+1.5V。

（4）电压-电流曲线研究方法

用 Keithley 4200 的半导体测试仪测试电流电压曲线，以研究介质的电双稳态性质和可逆的开关性质。

如以有机分子 DBA-1 为例，对 ITO/DBA-1/Al 存储器件的宏观电学性质进行测试（见图 5-24），发现随着电压由 0V 升至 5V（曲线Ⅰ）时，薄膜材料的电流也随之上升（从 $10^{-11}$A 增加到 $10^{-8}$A），但当正向偏压施加到+5.55V 时，电流值突然上升（从 $10^{-8}$A 增加到 $10^{-4}$A），出现一个突跃。以此确认该存储介质在电压小于+5.55V 时处在高阻态（即“关”态），而在电压+5.55V 时则从高阻态转变到低阻态（即“开”态）；所以，器件的写入阈值电压可定在+5.55V。

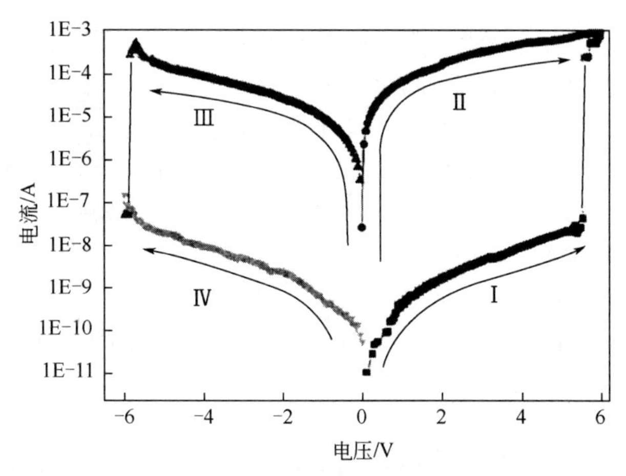


图 5-24 DBA-1 薄膜Ⅰ～Ⅴ曲线（基底为 ITO 玻璃，正偏压施加在 Al 电极）

当进行第二次扫描时（0～+6V，曲线Ⅱ），当电压大于+5.55V 时器件处于高导态，对薄膜施加反向电压，由+6V 降至 0V，此时器件继续表现出高导电性（0～-6V）。如图中曲线Ⅲ所示。薄膜首先表现为低阻态（“开”态），电流值随着电压增大而升高；但当负向偏压加至-5.85V 时，薄膜从低阻态转变到高阻态。当进行第二次反向扫描时，薄膜继续表现高阻态（曲线Ⅳ，“关”态）。这表明 DBA-1 有机薄膜具有可逆的电学双稳特性和良好的可逆开关性质。具有电荷转移特性的 DBA-1 分子在电场作用下发生电荷转移之后形成电学双稳态，两个稳定导电态的存在使其可作为重要的存储材料，可用于可逆电信息的存储。

（5）光场中电流-电压曲线

在光场与电场的双重作用下研究器件的电学双稳态性质，可考察光-电存储器件的性能。一般方法是，用不同强度的光辐照器件，并同时测试样品的 $I$-$U$ 曲线；对比器件在光照下与暗环境下的电流变化，研究光照下的电流增量。

如图 5-25（a）所示，在 1.1mW/cm² 的光照下，开态的电流增量比关态的电流增量大 1 个量级。考察在不同光照强度下存储薄膜在 1V 的扫描电压下开、关电流增量情况，可知，当光强增强到 3mW/cm² 时，开态电流增量（$\Delta I_{on}$）可达 $6.26\times10^{-6}$A；而同样条件下，关态电流增量（$\Delta I_{off}$）只有 $3.05\times10^{-7}$A，如图 5-25（b）所示。

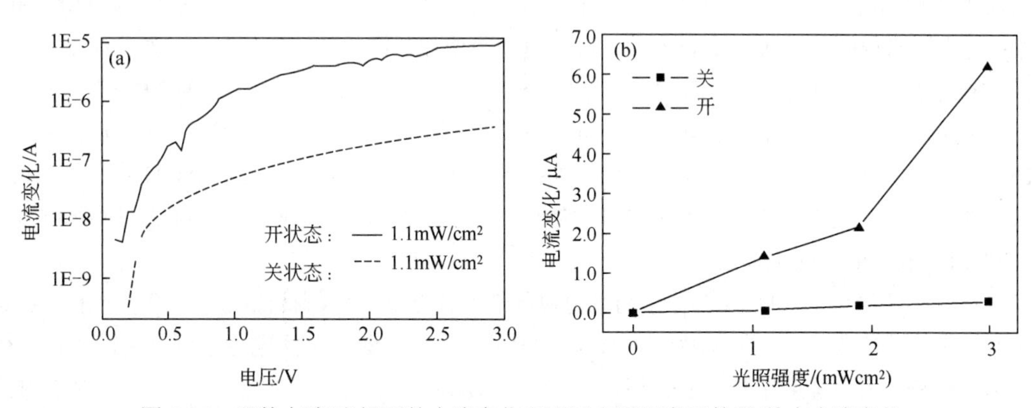


图 5-25 器件在暗/光场下的电流变化和不同光照强度下的开/关态电流变化

由此得出结论：在光场下增强了薄膜在开态（On）的电流，从而提高了 On/Off 开关比值。所以，光电协同作用可提高储存器件的开关比，这对优化器件的性能是有利的，高的电流开关比对于提高储存分辨率、降低误码率具有重要意义。

进一步考察器件 ITO/DBA-2/Al 在暗场/光场下的 *I-U* 曲线，结果表明 DBA-2 有机薄膜具有良好的可逆开关性质（见图 5-26）。具体分析如下：在紫外线照射下，扫描曲线电压先从 0V 开始，以 0.1V 为增幅速度正向扫描（如曲线 5 所示），开始时薄膜处在高阻态（即关态），但当正向偏压施加到+1.0V 时，电流值出现第一个突越，电阻变小，表明薄膜从高阻态转变到中间电导态（Low-conductivity State，LC-ON 态），导电性转变前后的电流比值约 3 个量级（+1V 时比较）。该存储器件从 Off 态写入 LC-On 态的阈值电压即为+1.0V。

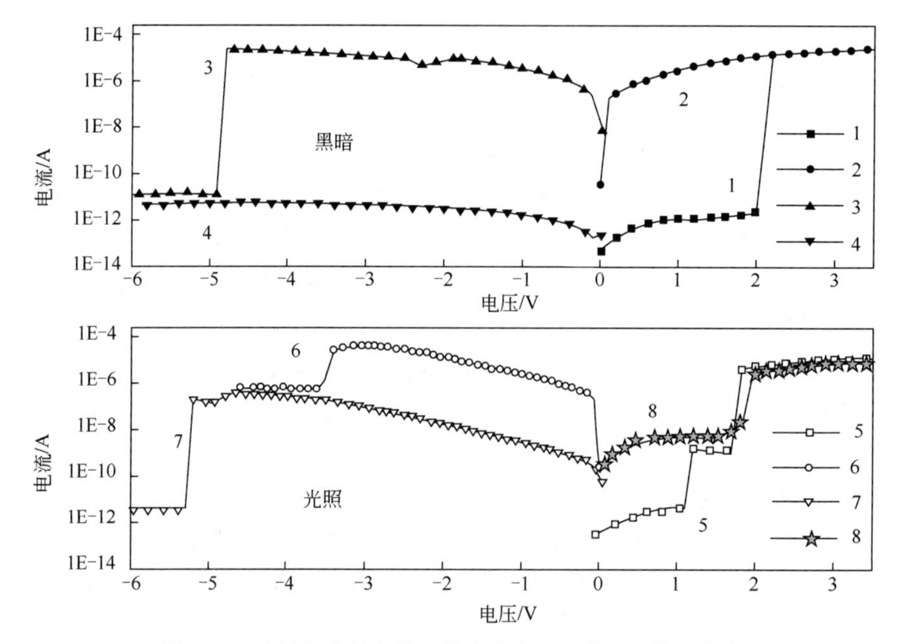


图 5-26　暗场和光场条件下的电储存器器件 *I-U* 特性曲线

扫描电压继续增大，当正向偏压施加到+1.7V 时，电流值出现第二个突越，电阻突变更小，表明薄膜从中间电导态（LC-On 态）转变成更低的电阻态（HC-On 态），见曲线 5。当继续再次正向扫描时，这时处在 HC-On 态的薄膜的导电性与之前在暗环境测试下的薄膜的 HC-ON 态表现出相同数量级的高导电性。继续对薄膜施加反向电压（0～6V），如曲线 6 所示。薄膜首先表现为低阻态（HC-On 态），电流值随着电压增大而升高：但当负向偏压加至−3.4V 时，电流从 $2.53\times10^{-5}$A 下降到 $4.07\times10^{-7}$A，薄膜从低阻态（HC-On 态）转变到中间电导态（LC-On 态），如曲线 6 所示。继续增大负向电压（−5.2V），薄膜可以从 LC-On 态转变回 Off 态（曲线 7）。若当薄膜处在 LC-On 态时施加正向电压扫描，薄膜还可以在+1.7V 时从 LC-On 态转变回 HC-On 态（见曲线 8）。

在光照的作用下，DBA-2 分子的光电协同作用使存储 *I-U* 特征曲线与黑暗条件下时明显不同，特别是出现了一个新的中间电导态（LC-On 态）。这个中间电导态可以通过两种途径实现并保持。适当强度紫外线照射下，+1.7V 写入阈值电压或者−5.2V 的擦除电压。对于阻值型存储器而言，不同的电导态可被指认为不同的信息，在这里如果将 Off 态电流值定义为信号“0”，中间电导态（LC-On 态）为“1”，高导态（HC-On 态）为“2”，则利用光电协同作用，实现了有机薄膜的三位元的信息存储。其中，在暗条件下，从“0”（Off 态）到“2”（HC-On 态）写入阈值电压为+2.0V，反向擦除电压为−4.8V。在紫外线的协同作用下，从“0”（Off 态）到“1”（LC-On 态）的写入阈值电压为+1.0V，擦除电压为−5.2V；而“1”（LC-On 态）到“2”（HC-On 态）之间的写入阈值电压为+1.7V，擦除电压为−3.4V。储存器件 Off、On1、On2 态之间的转变关系如图 5-27 所示。

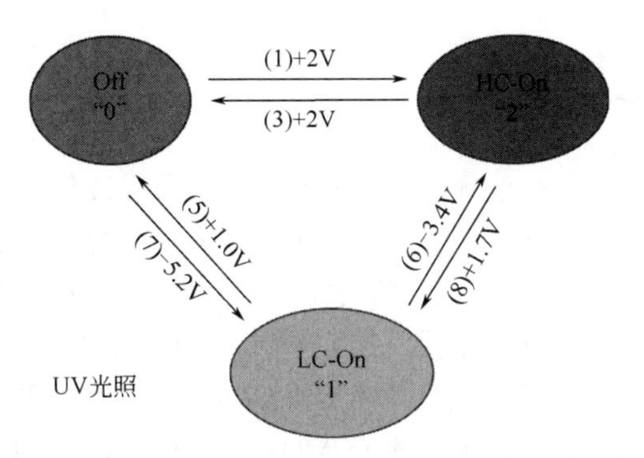


图 5-27　储存器件 Off、On1、On2 态之间转变所需的电压示意图

（6）器件稳定性测试

电流-时间曲线可用来测试器件的稳定性，通过电流-时间曲线可获得器件在开关（On/Off）状态下的保留时间（即维持时间）。图 5-28 给出以有机分子 DBA-1 为活性层的存储器件的维持时间（$4.5\times10^4$s），维持时间长表示存储状态在电场撤除时的保留时间就长，器件的稳定性能好。在外加电场可使 DBA-1 有机薄膜由 Off 态转变到 On 态，且在 3.0V 电压条件下连续 12.5 h 甚至更长的时间中，器件的 On 态没有出现明显的回落，表现出优异的电学稳定性。On 态和 Off 态的转变过程对应于存储器的“写入”和“擦除”过程，测试该器件在导电性转变前后（0～5.58V）的开关比在 $10^4$～$10^5$ 量级之间。器件的开关比值高，可降低误读率，提高器件信息存储的灵敏度和准确度。

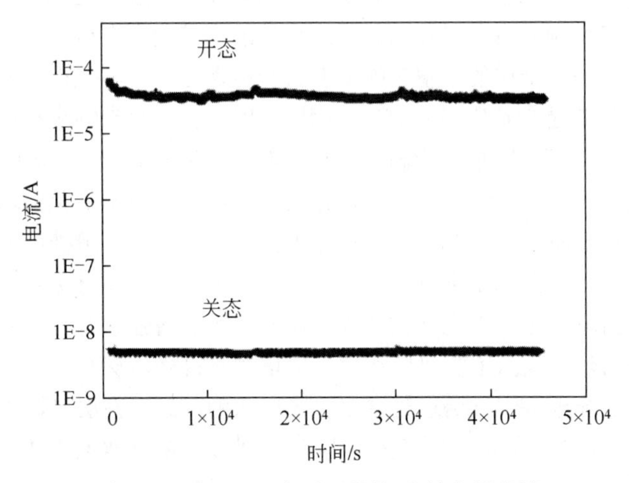


图 5-28　在+3.0V 电压下器件开/关态保留线

### 5.3.6 习题

1. 解释名词：电存储、有机电存储、电双稳态、电荷陷阱机制。
2. 有机电存储器件根据功能性分为几种？
3. 描述有机电存储器件的性能参数。
4. 描述用于有机电存储的机理。

## 5.4 有机光电探测器

随着科学技术的快速发展，由于光信号在信息承载量以及传输效率等方面的优势，极大地加速了信息技术的发展。在光信息技术的研究中，光信号的获取是最终目的，光电探测器作为获取光信号的“眼睛”，受到了广泛的研究。光电探测器是指能够将光信号转换成容易测量的电信号，以便进行后续处理的器件，其工作原理是基于光电效应。目前，基于硅或III-V族化合物材料的无机光电探测器已发展到相对成熟的阶段，例如通过将小型光电探测器组合形成的像素阵列与互补金属氧化物半导体（CMOS）或电荷耦合元件（CCD）集成，将采集到的模拟信号通过模-数转换电路，将其转变为数字信号进行输出，便成为图像传感器。经过半个多世纪的发展，光电探测器已经广泛应用于消费级电子产品、科研、军事及安全等方面。然而，随着现代科技的高速发展，对光电探测器的各个性能指标都提出了更高的要求，如在荧光显微中，要求其可实现超窄带光探测；在微弱光信号检测方面，对其探测灵敏度和线性动态范围提出了较高的要求；在可穿戴设备中，要求其可制备为柔性器件；在大面积制备方面，则对其成本及工艺复杂性提出了限制等。

近些年来，得益于有机半导体材料的快速发展以及对器件结构的设计及优化，有机光电探测器得到了快速的发展，使得其有望成为下一代商业化的光电探测器。迄今为止，有机光电探测器（Organic Photodetectors，OPDs）的一些关键性能参数已经超越了传统的无机光电探测器。在有机光电探测器中，可以从材料及器件结构两方面针对不同场景需求实现不同的光谱响应范围，如通过对有机半导体材料光学带隙的调控或将吸收光谱互补的有机半导体材料相结合，可以实现光谱响应范围覆盖紫外到近红外的宽带响应有机光电探测器；通过对器件结构设计，可以实现高抑制比的超窄带响应有机光电探测器，与无机光电探测器中通过将宽带响应光电探测器与带通滤光片耦合的方法相比，所制备的窄带响应有机光电探测器响应度更大、器件整体结构更为简单。由于有机半导体材料所产生的 Frenkel 激子的激子结合能较大，利用无机半导体制备光电倍增管及雪崩二极管的方法难以运用于制备倍增型有机光电探测器，科研工作者独辟蹊径地将一种电荷载流子通过电荷陷阱或者电子阻挡层的方式限制在活性层与电极的界面附近，在反向偏压下使另一种电荷载流子克服界面势垒实现隧穿注入，从而实现光电倍增响应。倍增型有机光电探测器的实现，有效地增强了有机光电探测器的弱光探测能力。与无机光电倍增管及雪崩二极管相比，倍增型有机光电探测器的工作电压更低，结构更为简单。除了上述光电特性优势以外，有机光电探测器的活性层可通过蒸镀或喷涂等方法实现大面积制备，其成本更低，制备工艺更为简单。此外，在图像传感方面，有机光电探测器阵列的活性层可通过蒸镀或喷涂等方法直接制备在读出集成电路（ROIC）上，所制备的图像传感器结构更为紧凑，极大地提升了图像传感器的分辨率及灵敏度。

## 5.4.1 有机光电探测器的基本结构和器件类型

（1）有机光电探测器的结构

同有机光伏器件类似，有机光电探测器的结构主要有四种：单层肖特基结构、平面异质结结构、本体异质结结构、叠层结构。其相应的器件结构如图 5-29 所示。

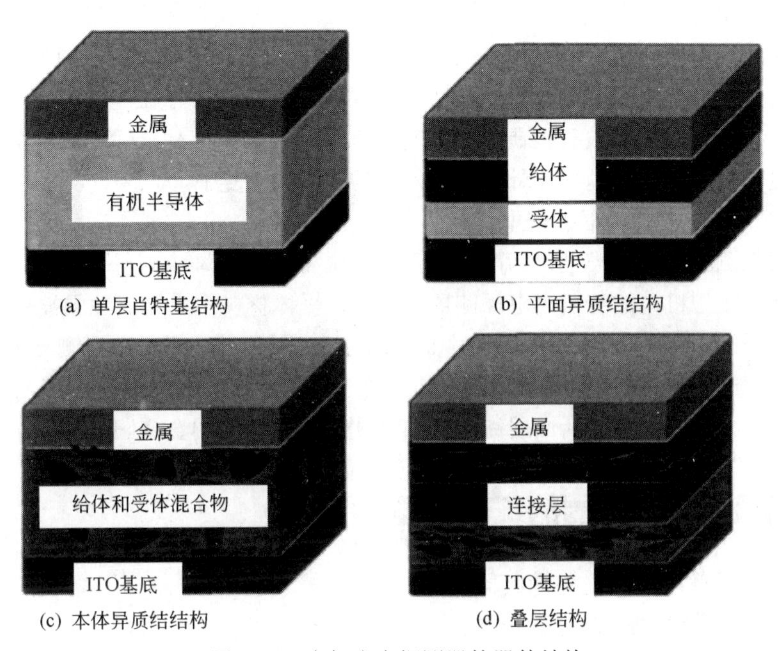


图 5-29　有机光电探测器的器件结构

① 单层肖特基结构器件　单层肖特基结构，即将单层有机半导体材料夹在功函数不同的两个金属电极之间构成的“三明治”结构。单层结构器件具有结构简单、成本低等优点。但是，激子分离的内建势来源于金属电极与有机半导体之间形成的 Schottky 势垒，激子只有扩散到金属电极与有机半导体材料的界面处才能发生分离。然而，有机半导体材料的激子扩散长度远小于活性层的厚度，大部分激子在向有机半导体材料电极的界面处传输的过程中就已经发生复合损失掉，因此激子的解离效率很低，只有部分激子能产生光电流。并且，即使激子发生了分离，也会因为电子与空穴在同一种材料中传输而增加了复合的概率。因此，早期的这类器件的光电转换效率一般只能达到 1%。

② 平面异质结结构器件　平面异质结（Planar Heterojunction，PHJ）器件的激子在给体/受体材料的界面上发生分离，分离所需的内建势主要来自给/受体材料的 HOMO（LUMO）能级差。能级差过小会降低激子分离效率，能级差过大又会降低激子的分离速度。激子分离后得到的空穴和电子在给体和受体材料中分别传输，极大地降低了发生复合的概率，这也是 PHJ 器件与单层器件相比最大的优点。另外，在 PHJ 器件中，可以通过选择合适的给/受体材料来有效地提高光生载流子的数量或拓宽器件的光谱响应范围。然而，由于 PHJ 器件的激子只能在给/受体界面处发生分离，而有机半导体材料充分吸收入射光所需厚度通常需要几十到一百纳米，受激子扩散长度的限制，大多数激子在输运过程中就会发生复合或被陷阱俘获，因此激子的总体利用效率低。

③ 本体异质结结构器件　与 PHJ 器件相比，本体异质结结构（Bulk Heterojunction，BHJ）器件中给体与受体之间形成连续互穿网络，两相之间的界面面积得到了显著增加，相当于构筑了无数个微小的异质型结，解决了 PHJ 接触面积不足的缺点。然而，这种结构也存在不足，例如 N 型和 P 型有机半导体材料共混后，材料的迁移率会随之大大降低，导致光生电荷传输到电极的时间也会大大增加。因此，保证激子分离后的电子和空穴顺利传输到收集电极是提高器件效率的关键之一。

④ 叠层结构器件　对于叠层结构的有机光电探测器，它一般由透明 ITO 电极、连接的多个光功能层、金属上电极组成。由于不同光功能层的光响应波段存在差异，叠层结构的有机光电探测器一般能够对更宽波长范围内的入射光产生光响应；但是合适的光功能层和中间连接层的选择是必须考虑的问题。此外，此种器件的制备相对复杂。

（2）有机光电探测器的器件类型

有机光电探测器的器件类型包括两类：正型结构和反型结构。

对于常见的正型机构的有机光电探测器，由给、受体材料构成的活性层被夹在 ITO 阳极和低功函的金属阴极（如 Al）之间。而对于常见的反型结构的有机光电探测器来说，通过使用高功函的金属改变器件的极性。具体地，ITO 充当阴极，高功函的金属（如 Ag、Au）充当阳极，由给、受体材料构成的活性层被夹在 ITO 阴极和高功函的金属阳极之间。

## 5.4.2　有机光电探测器的工作原理

（1）光电二极管型有机光电探测器

光电二极管型有机探测器是基于光生伏特效应的有机光电探测器件，由于有机半导体材料的光生激子具有较高的束缚能，光生激子需要在内建电场的作用下发生解离，分离后的空穴和电子分别沿给体相和受体相传输到两级并被收集。有机光电探测器在工作时一般要加上负向的偏压，其一般工作机理如图 5-30 所示。

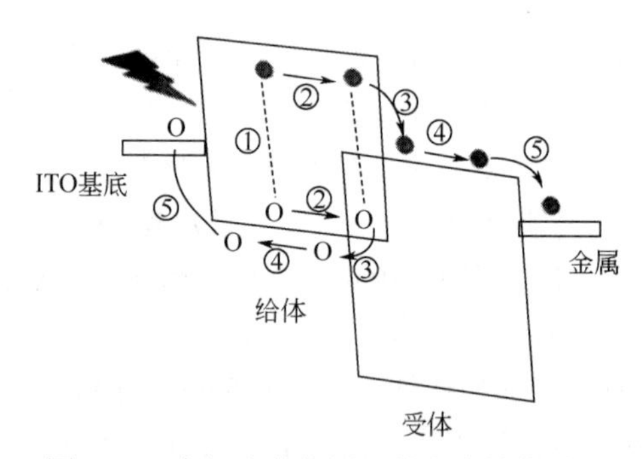


图 5-30　有机光电探测器的光电转换过程

① 活性层在光激发作用下产生束缚的电子-空穴对，即所谓的激子。

② 在有效的扩散长度内，光生激子扩散至给、受体界面。

③ 如果给、受体的界面电势差大于激子的束缚能，激子能够在异质结的界面处解离成自由电子和空穴，而无法到达界面处的激子则发生复合。

④ 空穴沿给体通道向 ITO 电极传输，电子沿受体通道向金属电极移动，传输过程受到载流子迁移率和内部缺陷的影响。

⑤ 电子和空穴分别被两电极收集，在外电路中形成输出的电学信号，收集过程受到界面缺陷和电极功函数的共同影响。

有机光伏器件（Organic Photovoltaic，OPV）和 OPD 器件的结构和工作机制比较相似，不同的是 OPV 侧重于从光能中获取电能，而 OPD 则希望通过获得的电信号来探测捕捉光信号；OPV 中激子分离和电荷传输过程全部由内建电场提供动力，而在 OPD 中除了内建电场作用外还可以依靠施加外加电场来进行改善；OPD 的光谱响应范围可根据特定应用进行调整，而 OPV 旨在吸收整个太阳光谱的光以提高光电转换效率。此外，OPV 的关键性能参数是光电转换效率（PCE）等，而归一化探测率和响应速度等对于 OPD 尤为重要。

（2）光电倍增型有机光电探测器

所谓光电倍增型有机光电探测器，其具体表现为单个入射到光电探测器件的光子可以产生许多电荷载流子，从而使得器件的外量子效率超过 100%。由于有机半导体材料高的激子束缚能，基于光电倍增管或者雪崩二极管的光电倍增现象在有机光电探测器件中很难实现。然而通过利用陷阱或者阻挡层辅助的电荷隧穿方式，研究者已经实现光电倍增型的有机光电探测器。这种光电倍增型器件的具体工作机理为：在暗态下，电荷俘获中心或者阻挡层能够有效降低器件的暗电流；在光照下，光生电子或者空穴被捕获或者阻挡在界面处而发生电荷的积累，在反向偏压的作用下，形成电荷的隧穿注入，实现光电倍增型的有机光电探测器。

### 5.4.3 有机光电探测器的性能参数

有机光电倍增探测器的关键性能参数包含：光响应度、量子效率、噪声、噪声等效功率、比探测率、响应时间、线性动态范围等。

（1）光响应度

光响应度（Responsivity，R）主要反映了 OPDs 光信号转换为电信号的效率，其定义为光电流密度和入射光功率的比值，是表征有机光电倍增探测器对不同波长入射光灵敏度的参数。对于 PM 型有机光电探测器来说，$R$ 越大与其对应的光电探测器对入射光灵敏度越高。

$$R=\frac{I_{\text{ph}}}{P_{\text{in}}}=\frac{I_{\text{light}}-I_{\text{dark}}}{P_{\text{in}}} \tag{5-15}$$

式中 $I_{\text{light}}$ ——光照下产生的电流；

$I_{\text{dark}}$——在暗条件下的电流；

$I_{\text{ph}}$——光生电流，等于 $I_{\text{light}}$ 和 $I_{\text{dark}}$ 之差；

$P_{\text{in}}$ ——入射光功率。

（2）量子效率

量子效率（Quantum Efficiency，QE）是描述器件光电转换能力的一个重要参数，其定义为在某一特定波长光照下单位时间产生的光生载流子数与入射光子数的比值。$QE$ 又分为外量子效率（External Quantum Efficiency，EQE）和内量子效率（Internal Quantum Efficiency，IQE）。其中 $EQE$ 定义为单位入射光子数与电极收集到电荷数的比值：

$$EQE=\frac{N_{\text{e}}}{N_{\text{p}}}=\frac{I_{\text{ph}}/e}{P_{\text{in}}/h\nu}=\frac{J_{\text{ph}}h\nu}{P_{\text{in}}} \tag{5-16}$$

式中 $N_{\text{e}}$——电极收集的电荷数；

$N_{\text{p}}$——入射光子数；

$h$ ——普朗克常数；

$\nu$ ——入射光的频率；

$e$ ——元电荷；

$h\nu$ ——入射光子的能量；

$J_{ph}$ ——光生电流密度。

所选材料的吸收特性、电性能和器件的设计都是影响器件 *EQE* 的关键因素。在传统的光电二极管型光电探测器中，器件的 *EQE* 小于 100%。然而，在光电流增益的器件中，器件的 *EQE* 要大于 100%，如雪崩光电二极管、光电导型光电探测器和光电晶体管型光电探测器。*IQE* 定义为外电路中产生的电子数与吸收的光子数之比，其中 *IQE* 与活性层对光的吸收率的乘积为 *EQE*。*IQE* 的表达式为：

$$IQE = \frac{(I_{light} - I_{dark})/e}{A_{abs}P_{in}/h\nu} = \frac{EQE}{A_{abs}}(\%) \tag{5-17}$$

式中 $A_{abs}$——活性层的吸收系数。

另一个与 *EQE* 有关的参数，即器件的增益（*G*）也是表征光电探测器光信号转换成电信号的转换率，定义为被陷阱俘获载流子的寿命（$\tau_{life}$）和自由载流子传输时间（$\tau_{transit}$）的比值：

$$G = \frac{\tau_{life}}{\tau_{transit}} = \frac{\tau_0 \mu U}{L^2} = \left[\frac{1}{1+(P/P_0)^n}\right] \tag{5-18}$$

式中 $\tau_0$ ——低功率下载流子的寿命；

$\mu$ ——电荷载流子的迁移率；

$U$ ——外加偏压；

$L$ ——载流子传输距离；

$P_0$ ——陷阱饱和时的光功率；

$n$ ——拟合参数。

众所周知，在具有光电倍增效应的光电探测器中，*EQE* 的数值等于器件的增益数值。

（3）噪声等效功率

噪声等效功率（Noise Equivalent Power，NEP）定义为 1Hz 带宽内信噪比为 1 时所需要的入射光功率，是表征探测器的信号无法与噪声区分开时最低的入射光功率。*NEP* 越小，探测器的探测能力越强。

$$NEP = \frac{P_{in}}{I_s/I_n} = \frac{I_n}{R} \tag{5-19}$$

式中 $I_s$ ——有用的信号电流；

$I_n$ ——噪声电流；

$R$ ——光响应度。

（4）比探测率

探测率（Detectivity，D）是表征探测器对弱光探测能力的一个重要参数，定义为等效噪声功率的倒数。然而在实际应用中，探测率的数值只与测量带宽 *B*、器件有效面积 *A* 有关，会影响对器件性能好坏的判断。故经常采用与测量带宽和器件有效面积无关的归一化比探测率（Specific Detectivity，$D^*$）来表征器件探测能力的好坏，其主要与噪声电流和光响应度有关，单位为 Jones 或 cm・$Hz^{1/2}$/W。其计算公式为：

$$D^* = D\sqrt{AB} = \frac{\sqrt{AB}}{NEP} = \frac{R\sqrt{AB}}{I_n} \quad (5\text{-}20)$$

式中，$I_n$ 为噪声总电流。若认为噪声总电流是和由暗电流引起的散粒噪声相等，则如式（5-21）所示：

$$D^* = \frac{R}{\sqrt{2eJ_{dark}}} \quad (5\text{-}21)$$

式中 $J_{dark}$——暗电流密度。

（5）响应时间

探测器的响应时间反映了探测器接受光信号的响应速度，包括上升时间（$T_r$）和下降时（$T_f$）。上升时间定义为从器件输出信号最大值的 10%上升到最大值 90%所需要的时间；而下降时间定义为从器件输出信号最大值的 90%下降到最大值的 10%所需要的时间。上升时间与下降时间之和为器件的响应时间。

（6）线性动态范围

动态范围（Dynamic Range，DR）描述在光电探测器工作光强范围内，量化光电探测器检测光强变化的能力，其定义为最大检测光电流（$I_{max}$）与最小检测光电流（$I_{min}$）之比。

为了增大探测器在实际生活中的应用，大的线性动态范围（Linear Dynamic Range，LDR）是必要的。*LDR* 是指在某特定范围内，光电流与入射光强存在着正比例关系。该范围内，器件的光响度 *R* 是一个常数，此时也意味着，在该特定范围内，可以精确地测量到入射光。*LDR* 的单位为 dB。计算公式为：

$$LDR = 20\lg\frac{J_{ph}^*}{J_{dark}} \quad (5\text{-}22)$$

式中 $J_{ph}^*$——器件在 $P_{in}$=1mW/cm$^2$ 光照下的光生电流密度。

## 5.4.4 有机光电探测器的活性层和电极材料

（1）活性层材料

活性层材料是有机光电探测器最为主体的材料，对有机光电探测器的性能起着关键作用。发展高效的给、受体材料是提高器件性能的重要手段。高性能的活性层材料应该包含以下特点：高的载流子迁移率、合适的能级位置、良好的成膜特性和稳定性等。

当前，有机光电探测器的给体材料主要为 P 型共轭聚合物，主要包括聚噻吩的衍生物（如 P3HT、PBDTTT 等）、窄带系的 D-A 共聚物、聚对亚苯基乙烯衍生物等。其中，P3HT 是较为常用的聚合物材料。有机光电探测器的受体材料最为常见的是富勒烯的衍生物，包括 PC61BM、PC71BM 等。

（2）电极材料

电极材料不仅要有良好的导电特性，而且要有与活性层材料相匹配的能级结构。对于传统的有机光电探测器，一般选用 ITO 导电玻璃作为阳极，这是因为 ITO 导电玻璃具有高的功函数和较好的导电能力，并且在可见光范围内具有较高的透射率；而选择 Al 金属电极作为阴极，这是因为 Al 功函数相对较低，并且价格便宜、性质相对稳定。对于反型有机光电探测器来说，一般选用 ITO 导电玻璃作为阴极，而选用高功函的金属（如 Ag、Au）作为阳极，器件具有更好的稳定性。

### 5.4.5 有机光电探测器性能提高的方法

（1）新型光敏材料的开发

有机光电探测器的探测范围主要由共轭聚合物的带隙决定。最大的探测波长$\lambda_{max}$可以由经验公式来估测：

$$\lambda_{max}=hc/E_g \tag{5-23}$$

式中，$h$为普朗克常量；$c$为真空中的光速，$E_g$为半导体的带隙。半导体的带隙在决定探测器器件的基本能力上起到关键性作用。为了拓展光谱响应范围，人们尝试合成新的窄带系聚合物用作可见至近红外的光探测。一般来说有两类常用的合成新的窄带系聚合物的方法：一类是合成推拉型结构的聚合物，它通过改变电子给体和受体单元；另一类是在两环之间引入次甲基基团，从而维持平面结构和延伸共聚物的长度。

（2）设计新型的器件结构

"体异质结"概念的提出，对有机光电子器件的发展有着里程碑式的意义，有效增加了激子的分离效率，提高光生激子的利用率。从有机光伏器件引入的级联结构光电器件吸引了广泛的科研兴趣。通过间隔层将多个结单元连接到一起，从而覆盖更广的光谱范围，可以同样有效拓展有机光电探测器的光响应范围。

（3）活性层的调控

体异质结光电器件的理想形貌是给体材料和受体材料具有较大接触面积的双连续结构，平均的域面积大小和激子的扩散长度（10～20nm）相称。这两种成分的相分离应该有利于电荷在各自连续的通道转移和传输到对应的电极形成光电流。偏离理想结构的相分离会作为复合中心，导致光电流的减小和暗电流的增加。活性层形貌的影响在有机太阳能电池中很早就已经被研究讨论，膜形貌受到化学构成、溶剂选择、退火、溶剂添加剂等多种因素的影响。同样地，有机光电探测器的性能严重依赖活性层的膜形貌活性层的成分构成会对器件的膜形貌产生影响，并且通过有效的调控给受体的比例来实现光电倍增型的有机光电探测器已经成为现实。

（4）电极修饰层的引入

在体异质结光活性层中，两相的网络结构源于给体材料和受体材料的相分离。由于活性层的形貌十分随机，每种相都可能与两电极相连形成表面缺陷态，导致较大的暗电流从而影响器件的性能，而引入电极修饰层可以很好地解决这个难题。界面工程被证明对聚合物光电器件的性能产生影响，包括聚合物光电探测器。界面工程提出了层连接对膜形貌和电荷的抽取/复合的重要性。通过各种形式的界面修饰工程，有助于钝化电荷缺陷态，更好的能级排列，方便电荷收集，优化膜形貌，增强材料的兼容性和改变电极的功函等。

（5）金属电极的优化

除了界面修饰，金属上电极在有机光电器件中也发挥着重要作用。在传统的体异质结有机光电器件中，活性层一般被夹在低功函的金属阴极和高功函的ITO透明阳极之间。然而，通过调控金属上电极，就可以改变器件的极性。在反型体异质结器件中，高功函的金属电极作为阳极而ITO透明电极被用作阴极。同时，金属上电极的功函数对于器件的内建电场起到主导作用。金属上电极的优化也是实现高性能的有机光电器件的重要研究方向。

### 5.4.6 习题

1. 名词解释：光电二极管型有机光电探测器、光电倍增型有机光电探测器、光响应度、量子效率、比探测率、响应时间。

2. 简述有机光电探测器的工作原理。

3. 有机光电探测器的性能参数有哪些？

4. 有机光电探测器结构和组成有哪些？

全书习题答案
扫码获取

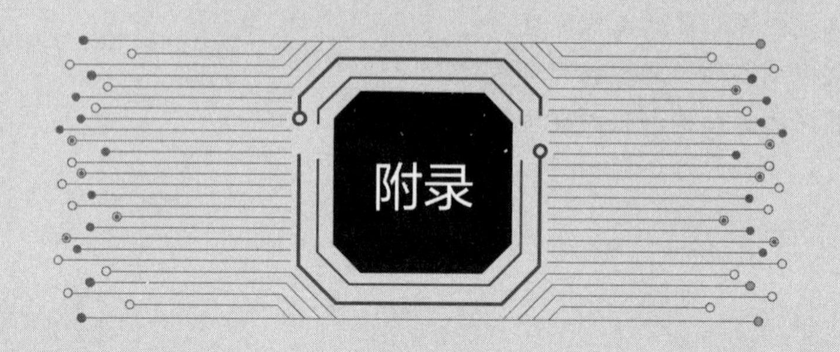


# 微电子课程思政教育的思考

## 1.背景知识

教育部于 2020 年 5 月 28 日印发实施《高等学校课程思政建设指导纲要》，旨在把思想政治教育贯穿人才培养体系，全面推进高校课程思政建设，发挥好每门课程的育人作用及提高高校人才培养质量。

微电子作为新工科背景下一门实用性很强的工程学科，包括了半导体器件物理、集成电路工艺、数字/模拟电子技术、集成电路及系统的设计、电路版图绘制、集成电路器件测试等多方面的内容；涉及到固体物理学、材料科学、电子线路、信号处理、计算机辅助设计、电磁学、量子力学、热力学与统计物理学、测试和加工、图论、化学等多个领域的研究。随着全球科技的蓬勃发展，半导体器件与集成电路系统的行业发展已经成为影响国家经济及国防安全的关键因素，半导体行业的发展壮大对于提高我国国际竞争力和社会民生具有重要的战略意义，因此，作为大学教师，传授微电子专业课程的知识，激发学生科技报国的家国情怀和使命担当尤为重要。

为了进一步落实专业学生思政教育，充分发掘微电子专业课程中的德育元素，并将其融入专业课程的教育、实践等环节，要求学校在进行专业知识教授的同时，应以课程为载体，为学生进行思想政治方面的建设，以知识传授与价值引领相结合为教育目标，力争做到立德树人润物无声，从而达到引领学生德、智、体、美、劳全方面发展的目的。

江南大学微电子科学与工程专业自 2020 年起全面开展专业思政教育，在开展思政教育改革中，进行了一系列的教学改革，通过激发学生独立思考的能力，培养学生科学思辨能力，帮助他们树立正确的人生观、价值观，强化创新能力、职业素养和工匠精神的养成。

通过专业思政教育教学改革的探索以及在课程教学中的实践，江南大学微电子科学与工程专业的教师团队形成了符合本校实际、贴合当代大学生的专业课程思政教育体系，总结在这里，谨供国内同行参考，并希望通过专业交流将国内微电子专业的思政教育工作不断完善，为培养符合新时代要求的微电子专业学生发挥作用。

## 2.微电子专业思政教育体系建设

微电子专业以设计、制造与应用集成电路为主要目标，是一门综合性很强的学科，在现代电子信息系统中占有举足轻重的地位，它是构成电子信息系统的基石，为各个系统提供硬件基础。

微电子学的主要研究内容是在半导体材料上构成的电路及系统，包含的主要课程有：半导体器件物理、固体物理、数字集成电路、模拟集成电路、集成电路工艺等。微电子专业的教学目标是培养学生掌握本专业所必需的基础知识，了解本专业的基本理论，灵活运用本专业的基本实验技能，将所学知识运用到相关领域的工作中去，同时指导学生在学习过程中了解国家微电子领域技术的最新动态，树立正确的世界观、人生观和价值观，最终成为国家的有用之才。

在“专业思政教育融入指南”的指导下，江南大学微电子科学与工程专业制订了专业教学与思政教育的设计思路，如附图 1 所示，教学目标的设定包含课程知识、实践能力和思想道德等内容，而思想道德的建设，包含政治信仰、社会责任、价值取向、理想信念等具体的思政内容，这些内容的传授，是和课程知识的讲述以及实践能力的培养有机结合在一起的。结合时代特征以及专业发展动态，引导专业学生进一步形成社会主义核心价值观，从而全面提高大学生的思想道德水平，使学生成为德才兼备的人才。

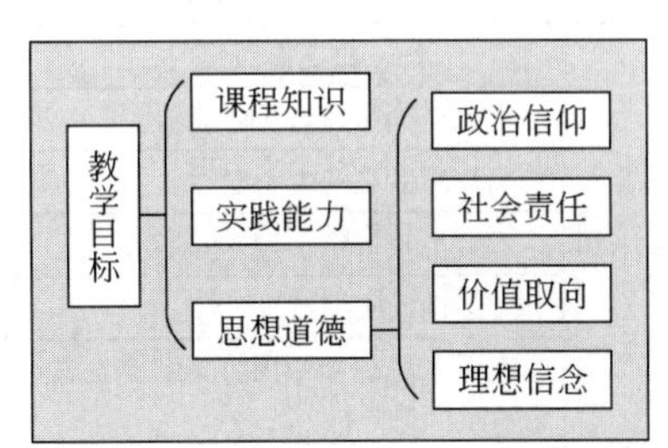


附图 1　微电子科学与技术专业教学与思政教育的设计思路

在具体教学过程中，专业教师是学生思想的主要引领者和启蒙者，其主要职业责任是教育教学和思想建设，所以专业教师是思政教育的执行者，是决定思政教育成果的关键因素。因此，将国家意识、人文情怀、科学素养、创新意识、工匠精神等元素与知识点有机结合，在看似平常的教学过程中达到知识传授、能力培养与价值引领相统一的目的是每一位高校教师必须做到的事情。微电子专业领域发展迅猛，日新月异，专业课程的任课老师必须紧跟时代的脚步，不断学习最新的专业知识，拓宽专业领域视野，同时也要不断强化思政意识的培养，认真学习与贯彻习总书记关于全国高校思想政治工作的讲话，与时俱进，勇于挑起历史的重担，强化专业课教学的政治责任。

教师在授课过程中，要主动做到教书与育人相统一，自觉进行言传身教。每学年按照规定对培养方案进行针对性的修改，并以教学大纲为依照，提前设计并丰富教学内容和教学方法，以专业课程为载体传输社会主义核心价值观，以润物细无声的方式让学生潜移默化地了解并接受当代中国年轻人应当有的理想和信念，成为学生思想上的领路人。

## 3.微电子专业思政教育的具体实施

专业思政教育的实施过程分为四个阶段：第一阶段主要是梳理专业课程所蕴含的思想政治教育元素和所承载的思想政治和教育功能，并修订教学大纲、教学日历和教案；第二阶段主要内容是丰富课程内涵，优化教学设计，并制作相应的课件和视频材料；第三阶段是优化课堂管理，通过课前、课中、课后、线上和线下等多个环节多种方式融入思政元素。通过集体备课、听课、教学研讨等形式，促进思政教改项目建设；第四阶段是通过阶段性总结和反馈，持续改进思政教育的建设效果。

按照学校的统一部署，专业教师在思政教育工作中拓展了专业教育的内容，使专业教育既包含课程教学、实践能力的培养，也包含思政教育的内容，增强了专业教育在人才培养方面的效果，尤其是在专业人才素质教育方面更是发挥了积极作用。

在进行专业思政教育改革的工作过程中，本专业同时开展了专业工程教育认证工作。在对中国工程教育认证指南的 12 条指标点的梳理以及建设工作中，我们发现，专业思政教育的认真执行，很大程度上和工程教育认证工作是能够有机结合在一起的，在工程教育方面，专业思政教育承担着多个指标点的建设任务。对于相应能力达成度的提高有很大的帮助。这也就意味着我们专业培养能力的不断提高。

例如，附表 1 所示为本专业工程教育体系中的第 8 个指标点的设计，在开展专业思政教育之前，绝大部分课程都是思政课程，开展专业思政教育后，我们及时修订了相关指标点的支撑课程及其对应的教学内容，学生在第 8 点“职业规范”的达成度得到明显提升。

**附表 1　本专业工程教育体系第 8 个指标点的设计及相关课程支撑关系**

| 指标点 | 指标点分解 | 原支撑课程 | 专业思政教育开展后的支撑课程 |
|---|---|---|---|
| 8.职业规范：具有人文社会科学素养、社会责任感，能够在微电子工程领域的实践中理解并遵守工程职业道德和规范，履行责任 | 8.1 践行社会主义核心价值观，具有推动民族复兴和社会进步的责任感，维护国家利益 | 思想道德修养与法律基础 | 集成电路工艺原理 |
| | | 马克思主义基本原理 | 微电子工程学 |
| | | 形势与政策 | 半导体器件 |
| | | 中国近代史纲要 | 形势与政策 |
| | | 毛泽东思想和中国特色社会主义理论体系概论 | 中国近代史纲要 |
| | 8.2 理解诚实公正、诚信守则的工程职业道德和规范，并能在微电子产业工程实践中自觉遵守 | 思想道德修养与法律基础 | 职业规划与就业指导 |
| | | 职业规划与就业指导 | 卓工计划（校内或校外） |
| | | 卓工计划（校内或校外） | 工程伦理和工程管理 |
| | | 毛泽东思想和中国特色社会主义理论体系概论 | 毕业设计（论文） |
| | 8.3 理解微电子工程师对公众的安全、健康和福祉，以及环境保护的社会责任，能够在产品研发和工程实践中自觉履行责任 | 新生研讨课 | 新生研讨课 |
| | | 职业规划与就业指导 | 职业规划与就业指导 |
| | | 工程伦理与工程管理 | 工程伦理与工程管理 |
| | | 卓工计划（校内或校外） | 卓工计划（校内或校外） |

可以看出，课程思政工作的开展，在专业人才培养工作中，能够有效地利用专业课程进行课程育人，能帮助学生树立正确的人生观、价值观。

总之，针对微电子科学与工程课程的特殊性，探索“智德融合”的专业课程教学模式，是我们下一步努力的方向。

## 4.专业思政教育展望

在新时代，针对专业人才培养素质的需求，中国高校将思政教育纳入专业教育内容中，对专业教育工作提出了新的要求和新的挑战。江南大学微电子科学与工程专业制订了专业教育和思政教育并重的课程设计思路，在专业教学改革中，在教材编写、课程内容设计、授课环节等各方面全面引入思政教育元素，对于专业人才的培养发挥着重要的作用。

笔者在专业思政教育方面的经验尚浅，需要在今后的一线教学工作中不断提高思想认识，不断提高思想政治能力，积极发挥立德树人的影响力，帮助学生树立积极的人生观和价值观，强化创新能力的培养。

# 参考文献


[1] NAKANE H，UJIIE R，OSHIMA T，et al. A fully integrated SAR ADC using digital correction technique for triple-mode mobile transceiver. IEEE Journal of Solid-State Circuits，2014，49（11）：2503-2514.

[2] LIN Z，MAK P I，MARTINS R P. A 2.4 GHz ZigBee receiver exploiting an RF-to-BB-Current-Reuse Blixer+ Hybrid filter topology in 65 nm CMOS. IEEE Journal of Solid-State Circuits，2014，49（6）：1333-1344.

[3] Jee S，Lee J，Son J，et al. Asymmetric broadband doherty power amplifier using GaN MMIC for femto-cell base-station. IEEE Transactions on Microwave Theory and Techniques，2015，63（9）：2802-2810.

[4] Su Y S，Wang C H. Design and analysis of unequal missing protection for the grouping of RFID tags. IEEE Transactions on Communications，2015，63（11）：4474-4489.

[5] 刘云场，等. 有机纳米与分子器件. 北京：科学出版社，2010.

[6] 贺国庆，胡文平，白凤莲. 分子材料与薄膜器件. 北京：化学工业出版社，2011.

[7] 王筱梅，叶常青. 有机光电材料与器件. 北京：化学工业出版社，2013.

[8] 文尚胜，黄文波，兰林锋，等. 有机光电子技术，广州：华南理工大学出版社，2013.